教育文化研究丛书

丁 钢 主编

国家出版基金项目
NATIONAL PUBLICATION FOUNDATION

樊洁 著

性别图景与家庭想象

家政教育文化的近现代转型

教育科学出版社
·北京·

总　序

我们为什么开展教育？这首先是一个文化的问题。教育活动作为文化传递与创造的核心，本质上呈现为一种文化现象，影响着民族的思想、道德、风俗、艺术乃至每一世代的认知图式，扎根于民族的文化处境与经验之中。教育文化研究建立在每个个体发展的基础之上，存在于对社会文化情境的理解之中，是对人们所处的教育生活予以倾听、理解和响应，并对日常教育行为和意义实践活动，以及历史与现实之间的教育文化实践的发生与变化做出反应的知识活动。

从这种认识出发，教育文化研究力图突破把文化分为器物、制度和理念三个层面的思维方式，基于不同的视域及语境去考察与探寻教育文化现象的发生发展，从关注宏观转向考察更广泛的基层社会生活与教育变迁，将研究视野下移至更加细致多元的教育文化生活，深入更为细致而多元的活生生的教育生活本身，书写更丰富的细节和实践经验，从而使一个更为广泛或更具整体性的教育文化理解建立在更为多元和更为丰富的经验分析基础上，并使之得到勾勒与呈现。没有细致的、实证性的和个案的深入研究，阐释只能流于空泛。而教育文化研究也致力于打破专精化的学科知识及传统，以更开放的、不断自我反思的精神面对社会问题进行现实意义的寻求。

由此，教育文化研究者在探索、发现教育文化是如何再现、表现和形塑人们的社会生活、身份意识、道德与情感、观念与行动，以及揭示这些教育文化现象在学校教育、公共领域、日常生活和物质文化等方面的实际作用与意义的过程中，运用跨学科的前沿理论视野和多学科的研究方法，形成解释教育文化现象及存在方式的思想、观念和方法的知识生产活动，拓展教育研究的新领域、新方向与新路径。

"教育文化研究丛书"作为一套别具一格的致力于学术开拓的研究丛书，秉承以上研究宗旨，特别呈现了中国教育文化实践的多元形态与丰富内涵。丛书作为教育研究的一项文化行动，基于丰富的历史与现实的实践经验，以强烈的文化关切与强调文化路向的阐释方式，不仅体现了一种文化主体的自觉，还呈现了在理解与尊重本土教育的文化价值的基础上，对如何更为适宜地塑造新的自我的深度思考。

呈现在读者面前的这套"教育文化研究丛书"由九部著作构成。

丁钢所著的《可视的教育：一个图像教化传统》，以跨学科的视野和研究方法，透过对历史变迁中日常教育生活与艺术媒介形式之间关系的探究，将中国历史中的教化图像作为研究对象，通过村童与塾师的生活寓言、讲学方式与空间结构、屏风空间及叙事意向、男耕女织与社会道德契约和嵌入生活的对相杂字等研究议题，呈现了一个独具特色而源远流长的中国图像教化传统。教育图像渗透于生活各方面，给人以视觉感受。当它们反映日常生活、文化、思想和情感世界时，成为一种公共性的对话空间及嵌入生活的独具特色的教育方式。本研究为教育文化研究提供了别样的图像诠释与知识生产路径。

周勇所著的《小说与电影中的教育研究》，从对个体及社会影响很大的非学校教育领域的小说与电影入手，从教育文化研究等角度解读鲁迅、沈从文的经典小说，以及侯孝贤、王家卫、陈凯歌的著名电影作品，揭示其中蕴含的现实社会文化背景乃至日常生活中的教育问题，并为教育文化研究和教育社会学等理论研究贴近生活世界提供经验事实基础，拓展与更新教育理论界既有的刻画学校教育的小说与电影研究，为丰富教育文化研究等理论研究的视野与议题提供新的探索路径和范式参照，同时彰显了将电影及小说引入教育研究的学术价值。

葛孝亿所著的《学业：一个中国家族的教育生活史》，基于人类学田野工作和历史研究，主要运用历史文献、口述史与生活史等研究方法，收集了大量与毛氏家族有关的家族文献、地方史料与口述史料（尤其是教育方面的史料），在历史文献与口述史料交叉互证的基础上，讲述了中国南方内陆省份江西省吉安市郊区的一个家族性村落江头毛家村毛氏家族的历史故事，涉及家族的迁徙史、村落的日常生活、家族的教育观念和教育活动，以及经由教育带来的家族成员的职业变化、社会地位的升降等，并基于对这些事件的叙述，讨论了教育作为重要的文化动力机制，对家族成员的社会流动及个体生命的影响，以及这种流动对于家族结构特别是社会结构所产生的影响。

司洪昌所著的《中国县域学校分布与空间探析》，从空间视角描述中国基层学校的分布，将其放置于县域之中来描述与解释，尝试重述近代以来学校的空间分布趋向、学校分布内在的微观运行机制，通过具体而微地分析学校与人类聚落之间的关系，从理论上描述了胡焕庸线两侧的县域空间类型及其与学校空间布局的文化关联，也从现实出发，描述了特殊类型县域之海岛、飞地、乡镇、村落之中的学校空间分布，并基于具体情境分析影响学校分布的社会与文化因素，理解学校的空间分布，为教育研究提供一种新的空间视野以及政策制定研究的"空间维度"。

吴旻瑜所著的《安身立命：中国传统营造匠人的学习生活研究》，从教育文化研究的视角，以近世营造匠人为样本，切入"工匠"这个在传统中国数量庞大、地位重要但又往往为人所忽视的群体。作者走访苏州香山，拜访香山帮匠人后代，搜寻"样式雷"家族的遗迹，结合碑刻、史志、家谱、族规、实录等史料，并对比明清之际的中国士大夫和文艺复兴时期的欧洲知识分子对营造和建筑的不同参与方式，试图用一种"类型学"的方式进入营造匠艺内部，考察营造匠艺的范畴类型，还原中国近世匠人的学习生活。

王独慎所著的《身体、伦理与文化转型：清末民初修身教育的历史图景》，聚焦于清末民初（1904—1922年）新式学校开设的"修身科"，力图透过修身教育的变迁呈现中国近代社会文化演变的内在脉络和历史图景。作者对"修身养性"和"修齐治平"的修身传统进行了理论梳理，继而在教育场域内部考察修身科与现代教育学科的建立、教学文化的转型之间的关系，揭示现代教育的特性；从修身教科书编撰者群体的特征、教科书中伦理谱系的变迁、身体操练与现代性身体的生成等侧面考察修身教育与社会文化的互动。这些不同面向不仅呈现了修身教育的演变历程，同时揭示了"修身"这一文化大传统是如何参与到中国现代文化建构中的。

毛毅静、王纾然所著的《隐约有光：近代上海城市、社会性别与女性职业教育》，将近代女性置于时代和社会嬗变的大背景下，研究新兴的城市公共空间中一群中间阶层女性的求学、就职的心路历程，以"非定向的记传式采访"的口述内容和原始档案还原部分真实历史，并从接受教育和从事职业的女性的主体视角描述女性的受教育过程和职业生涯，以及女性在教育中获得的社会认同和自我实现。同时，该书从妇女史学、文化研究的视野，考察迂回彷徨在闺门与职场内外的一代女性的生存位置与教育立场，为理解教育与女性的职业发展和自我实现之间的关系提供了可能。

陶阳所著的《生活濡化与知识演进：近代学人的早年学习生活图景》，运用个案深描和群体画像的历史叙事方式，呈现了一代知识分子早年的学习生活，探讨了早年所继承的文化遗产对个体文化生产的影响，涉及家宅和自然空间中的新旧知识和情感、学堂小社会中的师生交往、民间社会的礼仪和风俗，以及日常生活中的物件和身体感觉。这些异质性的文化符号和因素构成了个体早年学习生活五彩斑斓的景观，而从中所吸收的认知模式、情感结构、交往方式、文化心理与具身观念，则为个体的学术研究、文艺创作、社会行动、观念形塑等文化生产提供了重要的滋养。

樊洁所著的《性别图景与家庭想象：家政教育文化的近现代转型》，追溯了前现代中国的家政知识生产实践与性别职能的关系，分别从经济话语、媒介展演、知识体系与家庭观念重塑等多重维度，考察与呈现了近现代家政教育文化的转型过程，以及伴随这一过程的 20 世纪初中国性别图景与家庭想象的话语建构，阐明了家政教育何以嵌入知识分子寻求现代家国关系与性别职能的全新阐释途径中。本书认为，家政新知识通过为家庭性别角色提供现代性阐释方式实现了对女性职能的重构，家政教育文化的近现代转型与女性在家庭中获得新知识并形成"现代性自我"的过程密不可分，女性也由此成为促进中国社会文化现代嬗变的重要角色。

　　本丛书的出版得到了国家出版基金的资助以及教育科学出版社的鼎力支持，在此深表感谢。作为我国第一套教育文化研究丛书，其中的著作选题独特、方法新颖、理论前瞻，而且可读性强，反映了教育文化研究的最新成果，也体现了作者们对于教育文化研究的执着与不懈努力。然而，学无止境，探索依然在路上，诚邀更多志同道合的同人，共同推进教育文化的研究与繁荣。

丁钢

2023 年 2 月于沪上闲云斋

目　　录
CONTENTS

第一章

绪论

第一节　如今的家政教育

一、从现实的生活世界出发

今人提及"家政"，眼前不免浮现出林立于城市街衢的"家政服务中心"，其往往与家居保洁、保姆月嫂、母婴护理、幼儿托管、陪护照料等服务联系在一起。如今我们生活在一个"后家政"时代，"家政"业已成为一种"职业化"的专门知识领域，而家政的"职业化"趋向导致家政服务"商品化"，家政服务成为一种可出售的、可交换的以及应城市家庭生活需求而生的付费服务。"家政教育"相应地被降格理解为仅仅是针对家政从业者的职业技能培训。尽管现今仍有一些学校保留了家政课程（例如我国台湾地区的学校，但也已陆续将课程更名为"生活应用科学""人类发展与家庭"等），却难以掩饰其边缘化的尴尬处境。而在中学教育体系内，家政课就更不受重视了，时常被主课教师"借课"。家政教育在今日的困境可见一斑。

值得关注的是，2019 年 7 月 5 日，国家发展改革委办公厅等部门联合颁发《关于开展 2019—2020 年家政培训提升行动的通知》，以期"通过开展家政培训提升行动，促进各地完善课程设置，推动形成以政府培训为基础、企业培训和实训基地培训为主体、院校培训为支撑的家政人才培训体系，提高家政从业人员的素质，吸引更多劳动者从事家政服务行业，为家政服务高质量发展提供优质人才支撑"。为响应政府倡议，高校纷纷设立家政教育专业。据不完全统计，该文件颁发前，我国仅有 30 多所高校开设"家政学"或与家政教育相关的专业。2019 年 12 月，则有 72 所高职院校新设"家政"相关专业，本科和中职院校"家政"相关专业招生数较 2018 年有所提升。可见，在这一政策影响下，家政教育获得了密切关注。

事实上，在这一政策发布之前，"家政"一度成为解决城市家庭生活需求的方案之一。"家政"商品化的运作逻辑彰显出社会发展处于结构性转变的进程中。诚然，如今家政的"商品化"与"职业化"倾向，以及现代家政教育的"性别化"倾向，共同折射出中国近现代社会（特别是改革开放后）结构性迁变与性别、教育彼此互动的情况，我们可以将之视为近现代家政教育的"后跋"。尽管《关于开展 2019—2020 年家政培训提升行动的通知》下达之后，各地高校陆续响应，开设家政教育专业，但政策的发布已足以从侧面印证家政教育面临的尴尬境地。这一情状源于今人对于"家政"与"家政教育"所形成的刻板印象，主要表现为两种倾向：第一，视"家政"为一种低技术与低知识水平的工作，或干脆简单与"做保姆"等同；第二，理所当然地将"家政教育"当成女性特定的知识领域，与男性毫不相关。上述刻板印象的形成与家政教育的发展过程有密切关系。近现代家政教育在发轫之初便被鲜明地构建为女性化的知识领域，而非两性共同参与的领域。事实上，如果回溯其历史，对中国传统家政教育的思想内涵有进一步的理解，便会深深怀疑这些偏狭定论的由来。那么，家政教育是否为女性专门的知识领域？本书拟回溯家政教育的历史，探析其在近现代转型中不同视角下的文化内涵，找寻产生上述偏误的原因，以为现今的家政教育发展在文化与社会层面提供镜鉴和反思。

二、从学理的视角出发

家政教育所关涉的虽然是最普通不过的生活领域，却是能够用以构建现代个体性别角色与生活形式的重要知识范畴。因此，家政教育是社会文化迁变与性别秩序的综合缩影，理应成为当前跨文化与跨学科研究的焦点之一。

（一）性别研究的视角

家政教育知识体系所形成与运用的场域是家庭，而家庭同时也是性别关系彼此互动的场域。性别秩序与性别关系的互动往往会影响家政教育的理念。在女性研究领域，如果说对妇女史的研究普遍是在以男性观点全面统摄的历史发展进程中，探寻女性的角色、地位与自我形塑的脉络，那么这样的研究便有可能使得男性角色处于抽象而模糊的位置。传统时代的士人男性常常是家庭权力的持有者、国家政策的制定者，以及女性传记与传世家训的撰写者。步入近现代，男性知识分子又担当了现代国家蓝图的缔造者，以及科学新知识的启蒙者与传递者等"先声"角色。男性观念的力量恰恰体现在它无须为自己辩解，无须诉诸话语使自己合法化这一事实上（布尔迪厄，2017）[8]。根据布尔迪厄的观点，性别分工的延续为男性长久地统治公领域的权力再生产提供了合法性。与之相应的是，女性则注定要致力于私领域家庭空间的象征财产的再生产（布尔迪厄，2017）[133]。因此，男性在家庭领域具体的职能与经验往往被忽视，他们在女性研究中时常处于"不在场"状态。这一现状进一步导致多数研究者认为家政与家政教育历来便是一个与男性无关的领域，从而仅以女性经验作为研究内容。此外，女性完全处于性别秩序中"被统辖"的一端，性别关系中彼此协商与合作的面向被忽略，也间接将男性参与家政事务的过程排除在外。

事实上，传统意义上的家政在明清之际便已成为一个相对具体的知识领域。其中的权力分配与知识生产过程是在男性主导之下，通过两性协作参与而进行。作为士人家庭生活的核心，家政教化的内容关涉家户内外的日常生活、亲属关系、财产与家庭事务的统筹等复杂多元的知识体系。近代以来，受西方启蒙思潮与日本家政学思想的影响，在官方意识形态的倡导之下，清末民初家政教育被构建为一个女性化的学科，中学特将"家政"或"家事"列为女子教育的重要课目。① 值得注意的是，男子教育却并不包含此课目。换言之，家政教育在近现代发轫之初便是针对女性而开设课程。这一关键性的嬗变表明，近代以来家政教育课程的设立，已经在一定程度上改变了传统家政教化的范畴与定义，从传统到现代的家政教育历经了由男性知识领域过渡到将一部分统筹管理权力让渡于女性后的两性共同参与模式，再全然转变为女性专门的知识领域的过程。倘若以更为全面的性别权力的分析视角来看待这一转型过程，便会发现家政教育近现代转型过程中丰富与细微的历史变化已经在"制度化"与"性别化"的过程中逐渐面目模糊，终至难以溯源。

因此，本书在提出问题之初就不厌其烦地强调：当我们以"后置视角"审视百年之前的历史文化语境时可以发现，家政教育"性别化"的历程，或者家政知识"性别化"的生产，并非理所当然之事。它不应被视为一种毋庸置疑、无须进行专门考察的母题。无论是实践层面的家政，还是观念思想层面的家政教育，皆是两性共同参与的价值体系。如果试图扭转人们对家政教育所持的"单一性别"认知，使得男性角色不再"缺席"，就不应仅仅聚焦于单纯的女性视角，而忽视对性别权力在家庭与社会领域更为多元复杂的互动的考察。

（二）近现代家政教育文化构建路径的视角

在目前相当可观的研究与文献中，大多数研究都将近现代家政教育的构建路径定义为"发端于西方，经由日本传入中国"。这一定论式言说仅聚焦于家政教育在近代以来所经历的教育思想交流与学科建制过程，而忽视了对于中国本土文化脉络的探索，以及对更为复杂丰富的社会文化意涵的考察。这一情状引出了新的问题："全然源于西方或间接取于日本"的定论是否以问题的笼统与简化作为代价？就更为丰富的社会文化语境而言，化约式的定论是否会带来新的遮蔽？

---

① 1919 年 5 月 24 日中华民国教育部规定女子中学课程主要包括国文、修身、家事及园艺、缝纫等科目。参见：朱有瓛.中国近代学制史料：第三辑上册 [M].上海：华东师范大学出版社，1990：373.

答案不言而喻。首先，家政教育在近现代历经的一系列话语构建与价值交锋中的复杂嬗变，远远不止仰赖这一化约的路径而开展。对任何一种新知识或新观念体系都是"以接受者的方式来接受"的，对家政教育新知识与新观念的接受过程亦不例外。阐扬新知易，而落实新知难，思想观念与知识体系的舶来与译介还需"本土化"的落地与实践。家政新知识的构建与传播亦有赖于知识分子与意识形态之间或对垒或联袂的"本土化"建构过程。那么，这其中的"本土"价值源于何处？"本土"的知识精英又是以何种方式将新知"化"为己用？欲回答家政教育"西力东渐"下的转型命题，还是要对"本土"的社会背景详加审酌。探寻家政教育近现代转型的基本动因，需要向更为根源的中国传统去追索。

（三）学校之外的社会文化视角

目前，以历史文献为主要论据的研究方法较明显的特征是习惯于将考察视域局限于官方学制与课程改革文献中，而忽略了更为广泛丰富的社会文化领域。重视官方学制文献的研究者往往会做出一种假设，即官方所举办的学校教育在家政教育的近现代转型中起到非比寻常的作用。当然，这是不言而喻的。但是，一种教育文化的转型仅仅发生在学校当中吗？根据威廉斯（Raymond Williams）在《文化与社会》中提出的"文化是日常的"（culture is ordinary）观点，文化不仅是一个时代高级的精神或教育制度，更是一种生活方式（the way of life）（威廉斯，2018）[57]。以往的史学研究较侧重于探讨制度实行对于日常生活的影响，聚焦于制度的有效性与局限性问题。事实上，制度往往是"内在化"于日常生活的。这需要我们从日常生活的角度看待其中的制度性因素，去理解日常生活与制度、国家和社会变迁发生的一系列互动关系。易言之，我们应将日常生活与非日常生活的制度化领域打通，从中建立起微观历史与宏大历史间更为紧密的关联。[①] 因此，从这一视角而言，近现代家政教育的构建过程，也是承载

---

① "日常生活"理论区分了日常生活与非日常生活的制度。就历史学而言，日常生活与非日常生活的制度并非泾渭分明。"生活与制度"的概念，既要超越"制度与生活"的研究思路，更要超越"国家与社会"的研究视角，建立起微观历史与宏大历史间更为（转下页）

社会价值的结构性迁变与知识转型的过程。知识精英们以"家政教育"为中心的诸种论说，从来都不只谈论家政本身，还牵涉个体身份、性别、经济、现代性、道德、国族与权力等。亨特（Lynn Hunt）曾经提出，一切教育、经济、社会与文化都是政治的，其间充满了权力的博弈。因此，就文化研究一以贯之的目标而言，也许其正是通过对各种文化体系的考察，去研究话语中权力运作与彼相对垒博弈的机制，构建舆论的媒介手段，以及形塑知识生产的方式。（亨特，2011）[7]

综合上述观点，本书试图强调的是，家政教育的近现代转型与社会文化结构的嬗变同栖共生。首先，这一过程不是一种超越历史、恒常不变的静态过程，而是在历史脉络中构建个体身份、家庭与民族国家关系的动态过程，裹挟着大量意识形态、性别角色与媒介话语之间的动态博弈。其次，近现代家政教育绝不仅限于单一教育场域内的知识生产活动，而是一种在更广泛的社会层面的知识转型与知识生产过程。这意味着家政教育远不只是学校内部所开展的学科教学，它还同时以更为多元鲜活的形式存在于有关日常生活与社会舆论的话语构建中。

因此，如果想要考察家政教育由传统到现代的各种细微与生动的转型路径，仅关注家政教育的学制与课程内容是远远不够的。我们不应忘记，民国初期伴随着家政教育发轫的重要迁变是近代报刊媒介的兴起，这不仅意味着知识传播方式的工业化与商业化，更意味着知识生产形式的大众化。报刊媒介中的知识生产不仅是增加销量的必要途径，同时也被急于"开启民智"的知识精英所用。实际上，就这种社会文化的迁变而言，大多数女性很可能在学校课程体系之外的报刊媒介中获得了相当可观的家政知识与科学观念。她们的智识思想与家庭观念在很大程度上是通过更为广泛复杂的社会话语舆论塑造的。上述情状也足以说明，社会舆论与文化因素导致的知识生产的迁变与学校内部教育体制下的知识教授是同等重要

（接上页）紧密的关联。参见：常建华. 生活与制度：中国社会史的新探索 [J]. 历史教学（下半月刊），2021（1）：25-30.

的。根据威廉斯的观点，教育的内容实际上就是我们实际社会关系的内容，只有社会关系发生广泛改变，教育才有可能改变（威廉斯，2018）[57]。因此，家政教育文化的近现代转型的考察视域便应该包含学校课程之外的那些更为复杂的社会文化。

从上述三种不同的视角出发，本书将与狭隘和静态的考察模式保持距离，试图以更多元的视角还原家政教育文化在先后继承中西方思想文化传统背景下的发展脉络，由此探讨近现代意义上的家政教育在转型嬗变的过程中，是以何种方式参与到性别与国族的复杂互动中的。

第二节 学术视域中的家政研究

总体而言，国内关于家政教育的研究起步较晚。国内学者现有的研究成果主要聚焦于家政教育课程、家政教育学科建制过程、家政教育与职业教育的关系，其主题较为单一化，研究群体数量偏少，研究内容涉及初等、中等及高等教育等各个教育阶段的课程、培养模式、实施路径等方面。近年来，随着国家对家政教育日益重视，关于家政教育的文章数量呈逐步增长的趋势，研究的主题涉及教育课程、家政学科、女子职业教育等诸多领域。

笔者通过关键词"家政""家政教育"，在中国知网（CNKI）数据库中检索到528篇文献，剔除无效文献后最终得到43篇文献。在进行关键词分析之后，发现国内关于家政教育的研究主要涉及"家政学""家庭伦理道德""家庭生活质量""现代性""婚育观念""家政学理念"等诸多主题，也涉及家务劳动、劳动教育、生计教育、综合实践活动、劳动技术课等诸多中小学课程的相关内容。硕博论文或许比期刊论文更能反映家政教育研究的最新动态。已有研究的视角主要集中于三方面：其一，考察时期集中于晚清民初时期，重点研究民国中小学与高校家政教育的发展历程，其中不乏关于"修身"与"女子教育"或"职业教育"之间关系的探讨。这类研究主要包括张丽的《民国时期学校家政教育初探》、张密的《民国时期高校家政教育发展历程研究》；其二，注重在中外女子教育交流史中提炼出家政教育发轫的过程，这类研究包括王晓慧的《近代中国女子教育论争史研究（1895—1949）》、林美玫的《妇女与差传：19世纪美国圣公会女传教士在华差传研究》、黄湘金的《从"江湖之远"到"庙堂之高"——下田歌子〈家政学〉在中国》；其三，聚焦国外家政教育发展历程，如许美瑞的《美国家政教育发展之研究》等。通过知识图谱的初步分析不难发现，国内有关家政教育的研究与女子教育研究密切相关，并主要聚焦学校教育场域。

　　不容忽视的是，国内关于家政教育研究的论著总体数量偏少，而且对于近现代家政教育历史发展中"性别化"构建的过程的研究尚付阙如。鉴于本书研究的主题是近现代中国家政教育文化的转型，并重点关注这一转型过程中"性别化"的知识生产过程，以及这种"性别化"的知识生产方式对于女性自我主体意识与家庭地位的影响，因此，文献综述拟将研究的范围进一步扩充至更加广阔的研究视域，这意味着有相当可观的跨学科研究将为本书的追问与对问题的理解做出贡献。这些研究主要集中于20世纪末，大致分为如下几种视角。

一、传统中国家政思想观念的研究

　　这一视角下的代表性研究自20世纪90年代始。汉学家周绍明（Joseph P. McDermott）关于南宋士大夫家庭理财计划的研究表明，两性在家庭经济活动中的权力地位与性别分工在历史中具有长久的渊源。通过回顾宋代士人文集和理学家的治家论述，周绍明指出，男性家长多半居于资源监督与控制的角色，主要掌管钱财的流向与使用情况。而女性作为"财务总管"，往往居于辅佐地位，负责处理账簿、投资经营、监督仆婢、鞠育子女与照顾老弱等事项。（McDermott，1991）周绍明的研究还表明，家庭经济分配已经属于传统家政的知识范畴，但他并未明确论证这一知识范畴的构建情况。

其后，有中国台湾学者跟进这一进路，继续追问传统家政的发展。尤雅姿的《由历代家训检视传统士人家庭之经济生活模式》以文化人类学视角考察传统士人家庭中的基本经济制度，并对传统士人家庭中互惠式交换的资源分配模式及再分配式交换的资源管理模式进行评析。她指出，家庭作为一个基本的经济、政治和社会单位，其经济体制、亲属制度与价值意识形态皆有密切呼应。这一关系首先表现在男性权力在传统家庭结构中从人伦秩序延伸至生活资源的生产与分配。易言之，男性不仅位居行政管理中心，同时也身处经济分配的中枢地位。其次，作者展开论述了家庭结构与性别分工结构形态如何影响家庭的经济行为体系。就士人家庭中的男性角色而言，"诗书为业"与"耕读并重"的家庭经济实践活动生产出了一套保守而实用的家政知识，以辅弼子代经营家族幸福；就女性角色而言，其在经济分工模式中主要的职责为家务的操持维系与妆奁资源的妥善处理。尤雅姿着重论述传统家训对于文化价值形态的传递，但她同样未对家政知识的生产情况有所着墨，因为家庭经济分配亦属于家政的知识范畴。

　　周叙琪的《明清家政观的发展与性别实践》开始涉及对家政知识生产的历史考察。通过家庭日常生活事务与人伦秩序这两个重要维度，作者旨在论证：家政知识的生产、实践与迁变过程，凝结了士人阶层对于理想家庭生活与性别秩序的想象和构建。与先前研究相比，周叙琪首先延续了男性作为家政"管理者"具有相应的威权与职能，女性则被定义为家务的"代理操持者"的基本假设。其次，通过对明中期至清代士人家政实践与知识生产活动的考察和梳理，作者提出，家政在明清时期已经形成一种相对具体的知识领域。值得注意的是，这种知识生产的工作最初是由士人男性所主导的。但由于社会经济迁变对于士人阶层的冲击，知识生产活动和士人身份认同产生张力与龃龉，女性逐步由"代理操持"家务者转变为家政的实际经营者，并间接构建起自己的权力基石。这一发现又印证了作者提出的第三个重要观点：家庭内部的权力分配状态并非一种静态的制度，而是动态的持续构建的过程。

　　上述研究都较为一致地肯定了士人男性在传统家政实践与教化中的主

导地位。尤雅姿着重探讨了家庭经济生活的价值传递，周叙琪则开始切入传统家政知识的生产方式，并且关注到女性在"代理"家政时的实践与权力构建活动。在20世纪末，诸如白馥兰及曼素恩等的研究论著，都倾向于将女性主持家政并参与家庭道德建构作为女性获得一部分能动性与主体性的例证。赵园在《家人父子：由人伦探访明清之际士大夫的生活世界》中进一步澄清，女性所取得的"钥匙权"并非家庭财产的"所有权"，而仅是财产的管理权。换言之，女性并无权处置夫家财产，其所能处置的仅是自己的妆奁财产。这一观点与周叙琪所提出的观点类似，即女性执行家政内务的权力正是来自"夫妇一体"的互补性。尽管妇女通过全权代理家务而掌握了一定的管理权，可是她们仍需处理庞大的家庭事务，这也在一定程度上导致女性的家务劳作变得更加隐蔽而难以被发觉。

上述研究均涉及传统家政实践中性别权力的探讨，其中共通的观点在于：第一，家政实践与家政知识的生产是相辅相成、相互作用的；第二，家庭财产的管理在家政实践与知识体系中占据重要位置；第三，女性通过委任家政而在家庭场域获得一定的权力，但这一权力依旧只在性别秩序之下发挥效用。

然而，由于传统女性受教育程度普遍较低，以及其书写表达权力受到限抑，家政教育研究中关于女性自身发出声音的文献少之又少。上述研究所采用的文献，大多取自士人男性为家中女性所撰写的传记或墓志铭。刘静贞对宋中期女性墓志铭的研究发现了这样的历史情况：士大夫在为其妻母撰写墓志铭时塑造出女性"无外事"的形象，本质上是对于理想性别秩序的坚守与延续。这类墓志铭对于女性的家内劳作往往泛泛记述，言辞含糊笼统。（刘静贞，1993）在"无外事"的性别秩序下，女性难以在家政知识的话语与文本中发出自己的声音。但是，如何界定家政的范畴不应成为宋代士大夫们独自面对的问题，这同样成为后世男性知识精英须面对的问题。如何在士大夫的笔间找寻女性家政劳作经验与社会生活的真实面向？女性是否有可能以自身经验去建构家政知识？探寻新的社会语境下这一历史情况所发生的变化，需要转向另外的视角。

二、家政教育跨学科研究中的性别向度

20 世纪 90 年代正值学术界从妇女史研究转向性别研究的阶段。性别问题作为后结构主义解读历史的一个视角，主要聚焦于"性别身份如何被构建"的问题。从这一视角出发，性别就不再是一成不变的概念，而成为一种话语构建的产物。当今性别研究的视域已延伸至各种跨学科领域，在深度与广度上均已超越了单纯的教育史、妇女史或文学书写历史的范畴。

（一）女性书写的研究

高彦颐在《闺塾师：明末清初江南的才女文化》中提到，在社会与历史的实际情形中，传统女性的活动已经超越了她们所处的内闱，她们被认可的成就已不再局限于主中馈与女红等范畴。[①] 魏爱莲曾提出"书写女性"（writing women）（方秀洁 等，2014）[77] 的概念，以指称那些以书写与文本的实践产生空间性别化与自我标识的女性群体。才媛写作为其拓展女性的文化身份提供了契机，尽管其写作总是立足于家庭或内闱，然其创作文本所产生的社会文化影响却并不止于私领域，这也使得才媛的创作文化引起了巨大争议。罗莎莉在《儒学与女性》中认为，书写与创作兼具私密性和公共性，女性自我再现的欲望与妇德的要求使得才媛的书写创作暧昧地穿梭于"公/私"之间（罗莎莉，2015）[129]。随着明清"书写女性"成为一种特定的文化现象，关于女性"德才之争"的聚讼便接踵而至。曼素恩在《缀珍录：十八世纪及其前后的中国妇女》中便探讨了才媛写作与道德失检的关联，认为无论才媛地位如何，成为写作主体的女性就是对传统性别秩序与儒家伦理根基的僭越和挑战（曼素恩，2005）[18]。以曼素恩的《张门才女》与胡晓真的《才女彻夜未眠：近代中国女性叙事文学的兴起》为代表的关于传统才媛文化的研究形成了一种具有共性的观点：尽管世家望族女子的教育与所谓"才媛"文化在明清之际已经逐渐成为引人瞩

---

① 这类研究包括：曼素恩. 缀珍录：十八世纪及其前后的中国妇女 [M]. 南京：江苏人民出版社，2005；高彦颐. 闺塾师：明末清初江南的才女文化 [M]. 南京：江苏人民出版社，2005；等等。

目的文化现象，但女性书写的传统却总是建立在与妇职劳作扞格的张力之上。①

上述研究主要围绕女性书写与妇职的张力关系，这引发了本书对于劳作与书写之间关系的进一步追问。如果将视域转向对近现代媒介中女性书写的研究，可以发现新闻、论说、社会小说、科学普及性的文类在近代文学研究中均得到了广泛的探讨。陈平原等著的《教育：知识生产与文学传播》特别关注了近代兴起的文学媒介与教育的关系，民国时期报刊媒介的编辑工作是近现代知识转型中重要的一环。自清末至民初的十数年间，新旧交替之际的知识分子王蕴章持续为商务印书馆主编《小说月报》与《妇女杂志》两份刊物。这两份刊物都在"五四"之后历经重大变革，被视为守旧派的王蕴章最终谢幕退场，让权于拥抱"妇女解放"的新文学阵营。这一过程向来被诠释为新旧文化势力的交锋。胡晓真在《知识消费、教化娱乐与微物崇拜：论〈小说月报〉与王蕴章的杂志编辑事业》一文中试图重新认识王蕴章在编辑事业的基础上所做的"灌输新理，增进常识"的通俗教化工作。以商务印书馆为代表的近代出版机构都具有盈利与启蒙的双重任务，王蕴章所编的两份刊物也同时呈现出现代的"知识与信息的消费化"与传统的"道德与教化的娱乐化"两种趋向交错的图景，这一过程足以展现出以王蕴章为代表的近世编者将报刊作为通俗教育载体的意图。

林郁沁的《闺房里的化学工业——民国初年的家庭制造、知识与性别》描述了民国初年报章杂志推出科学知识专栏教授闺秀女性在闺阁中自行制备化妆品与日用品的情况，强调了民国初年"知识生产"（knowledge production）与"知识分配"（knowledge distribution）的文化现象。尽管当时的闺秀们未必使用这些化工知识进行真实操练，但男性的科学的"阳性知识"被构建为适用于闺秀"家庭化生产"的"阴性知识"，至少可以说明民初社会所经历的一种知识转型与再分配的过程（林郁沁，

---

① 具体参见：胡晓真. 才女彻夜未眠：近代中国女性叙事文学的兴起 [M]. 北京：北京大学出版社，2008；曼素恩. 张门才女 [M]. 北京：北京大学出版社，2015.

2013）[271-294]。

从上述研究可以得知，性别已经成为媒介与书写研究的焦点之一，但多是男性知识精英的观点，并未对男性观点与女性声音做出区分。正因如此，知识女性在公共领域、报刊媒介的发声较少得到讨论。顺着这一路径，胡晓真在《杏坛与文坛：清末民初女性在传统与现代抉择情境下的教育与文学志业》中，马勤勤在《作为商业符码的女作者：民初〈眉语〉杂志对"闺秀说部"的构想与实践》中，均将视域扭转至公共领域的女性发声，两者都关注了身为闺秀、女学生、女教师的"女作者"们在民初通俗文坛上的角色与位置，以及她们进入文坛所需借助的大众文化产品的生产、消费方式以及教育志业的开展。然而，"劳作的经验"作为一种特定类型的女性书写，几乎从未受到学界的关注，正因如此，对于女性自己主持家政的经验的书写与新知识传递的忽视也就不足为奇了。所以，这成为本书从"女性书写"与"劳作"关系的视角去探讨智识女性家政经验的书写与家政知识的生产的契机，这样的探讨或许可以展现出那些在学校制度化教育中难以企及的丰富面向。

（二）技术、经济与社会学视角下的性别研究

家政知识的生产很大程度上源于实际劳作。前人研究存在的一个问题是普遍对家政教育的发轫机制做出常理化与简单化的归纳处理。事实上，技术史与经济史对女性劳作的价值与生产性效能有相当深入的探讨。白馥兰在《技术·性别·历史：重新审视帝制中国的大转型》中提出女性劳作价值会因公私属性的划分而不同，这种区分还基于两种不同的内在属性，即"女性工作"（womanly work）与"妇女劳作"（women's work）。尽管很难从中文译本的用词体认到深层次的差别，但"女性工作"一般被解释为"女性天职所规制的工作"，意指那些儒家正统所认为的与性别"天职"联结在一起的劳作。该词与葛希芝所言的"纳贡式生产方式"相类似，强调性别劳作的道德与象征意义，如明清时期的"纺织"。"女性工作"旨在将女性确立为民族国家生产领域的活跃主体，女性在家庭中扮演着丈夫的重要补充的性别角色，同时也是家庭生产与经济的重要支柱。典型的

"女性工作"以传统农事中的桑蚕、纺织与女红等为代表。然而，"女性工作"成果的交换价值与经济价值并不真正重要，凝结于物质产出中的德行价值与社会秩序的象征意义才更为重要。"妇女劳作"则被阐述为"女性作为生产者所进行的物质财富的再生产工作"，强调性别劳作的经济价值与利益，明显具有经济意涵。高度商业化的桑蚕养殖被视为典型的"妇女劳作"。值得注意的是，在儒家正统理念中，具有道德意涵的劳作一般会成为女性的"主业"（即"女性工作"），而具有经济生产意涵的劳作则被视为"副业"（即"妇女劳作"）。正因为这两种概念的区分，一些女性劳作内部开始出现分化，最为明显的是，刺绣与女红的劳作内容近似，性质却相异。白馥兰认为，女性的刺绣与男性的写作同属于类似于"文"的范畴，"文"的训练是与修养、文雅及礼貌相联的复杂观念的一部分。刺绣作为身体行为文雅惯习的训练，更被视为一种象征资本，而非物质资本。而黄宗智等学者将"女红"一类的技艺性劳作归入"妇女劳作"范畴，近似于葛希芝所称的"萌芽资本主义生产方式下私人家庭的经济活动"，与西方"手工艺"概念可相提并论，这相当于消弭了"主业"和"副业"之间的差异。但儒家正统并不认为那些与"精巧"或"技艺"概念相联的"手工艺"称得上是道德象征层面的"主业"，而只视其为具有经济效益的"副业"。这一区分在儒家正统的经济学思想中是绝对根本性的。这两种概念为解释民初时期知识精英对女性家政劳作的话语构建的本质逻辑提供了重要的视角。在近现代语境下家政教育知识生产的重要意义正体现在推动女性象征性劳作向经济性劳作转变。

加拿大麦克基尔大学东亚系副教授方秀洁（Grace S. Fong）的《女性之手：中华帝国晚期及民初妇女日常生活中作为一门知识的刺绣》同样聚焦于对女性技艺的探讨。但与高彦颐和白馥兰所"解构"的那些对于女性地位与主体性的探讨有所不同的是，她认为，尽管女性以技艺在家庭生活与社会经济生活中做出了自己的贡献，但其活动与影响范围仍然在很大程度上受限于儒家正统意识形态。因此，她援用德塞托日常生活批判的观点来探讨女性技艺，旨在提供在其他情形下所不显的女性经验模式。（方秀洁，2010）[211-247] 她认为，刺绣在女性诗歌中的象征性体现，即刺绣的"文本化"，是一种在日常经验中将书写与刺绣习行相结合的一种迹象。刺绣的话语，体现了由刺绣图谱构成的话语与知识领域开始具有权威的意识。

沿着这一视角，我们还可以反思中国近现代性别与国族议题中值得玩味的一个现象。众所周知，清末亡国灭种的危机掀起了有识之士对于女子教育的重视。以梁启超为首的知识分子将国家贫弱归咎于女性，女性遂开始成为国家的"问题"。而曼素恩就曾质疑，在晚清甲午战争以前，女性从未被视为国家的"问题"，即便在洋务运动时期，也未曾提出改造妇女的政治要求，说明他们曾经认同女性在家庭中创造经济价值的性别职能。（Mann，2008）[113-128] 但在甲午战败之后，知识分子开始批判女性不事生产，令国家陷于亡国灭种的边缘，女性继而成为知识分子改造与规训的对象。由此现象足可见家政教育的知识建构和实践目标两方面都与现代国家的建设息息相关。因此，从性别与国家层面去探讨女性教育的研究成为一种必要。

（三）女性、家庭与民族国家的研究

从对性别与国家关系的探讨出发，刘慧英在《女权、启蒙与民族国家话语》一书中试图以马克思主义经济观点来回答女性缘何在清末民初成为国家的"问题"。她认为，现代交换性生产的出现导致以"使用"为目的的传统生产衰落，公私领域的生产活动开始分离，家庭不再是一个"生产单位"，而成为一个"消费单位"。在家庭属性发生改变的同时，女性在家庭中劳作的社会价值随之改变，女性不再为公领域的整个社会劳作，而仅为私领域的家庭与丈夫而劳作。换言之，女性劳作只在家庭领域具有"使用价值"，而并不在社会领域具有"交换价值"。显然，在 19 世纪末知识分子寻求现代国家建设的途径的过程中，女性创造经济价值的能力受到重视。女性开始与现代国家建设紧密关联。

陈姃湲的《从东亚看近代中国妇女教育——知识分子对"贤妻良母"的改造》富有一定的创见。与以往从官方教育法令、学校章程与女子教科书层面进行研究不同的是，她尝试以观念史的方法切入，从东亚女子教育交流史的视角去探寻知识分子构建"贤妻良母"话语的历史脉络，通过中日交流互动的历史情形去探求中国近现代女子教育宗旨与理想的转变过程。她在研究中指出，"贤妻良母"的教育宗旨至少包含两项共同意涵，一是作为核心论述框架的国族主义，二是作为教育目的的西方女性意象的构建。同时，它并非一个静态的传统意涵，而是一种在知识分子寻求现代国家建设中动态互动的构建过程，表征着关于启蒙国族与性别教育宗旨的论述在不同时期与发展阶段的东亚环境中流变的内涵。

目前，相关研究成果主要呈现出两种不同的研究取径：一是从中外交流史或国际关系史的角度讨论东亚文化圈的知识分子对女性的观点和期待，特别强调西方与日本"贤妻良母主义"在中韩等国的扩散和影响。黄湘金的《三部日译〈女子教育论〉在晚清中国》是这一取径的代表。该研究聚焦于清末民初中国对日本三部不同的《女子教育论》的译介与遴选问题，从侧面揭示出官方意识形态统摄下的中国有识之士在对国外理论的选择性借鉴中逐步建立起我国女子教育体系的过程。

另一种研究取径则是从教育制度化的视角讨论近现代意义上的家政学科在高等教育中的建制与发展。这一取径的代表是舒海澜（Helen M. Schneider）的《治国之家：家政与近代中国的形塑》。舒海澜从 1920 年以后燕京大学、金陵女子大学、华南女子大学等高等院校家政系的设立出发，系统论述了日本与美国对中国高等教育中家政学科发展的影响。作者观察到高等院校家政系的设置目的是培养家政师资，即造就职业妇女，而非照顾家庭的主妇。书中特别针对战时家庭教育实验区家政教育的实际运作与改革开放以后家政教育的复兴展开了探讨。

前文提及的刘慧英与陈姃湲的研究，均借助女性与民族国家关系的论述带出女性与家庭关系的论述，而这一点在过往的研究中较少得到讨论。舒海澜的《治国之家：家政与近代中国的形塑》特别强调了知识分子对于家庭改革的具体措施，在同质化的声音中提炼出"家庭"的论述。作者倾向于认为，"幸福家庭"似乎只能为强国强种而存在，其合法性仅能从国族中获取，而对于是否还能从其他话语能量中获取并维系合法性，作者并未加以探讨。游鉴明对近代女子体育的研究指出，女子体育固然是为强国强种，但亦不妨碍个人对强身健美的追求；卢淑樱在《母乳与牛奶——近代中国母亲角色的重塑（1895—1937）》中对哺育方式与母职经验变化的研究，描绘出了女性在面对母职角色与个人意愿之间的矛盾时，尚能在有限的话语空间与现实条件下灵活做出妥善安排的经验，并经由哺育问题引申出社会舆论与母亲主体经验对于国族主义话语的不同反应。由此可见，历史中的女性在面对家庭与国族的话语构建时，并非处于全然被动的境地，她们在尽可能地平衡女性角色与个人意愿。上述研究均表明女性个体与国家的宏大目标之间时而扞格又时而一致，呈现出复杂的历史图像。

葛淑娴（Susan L. Glosser）在对尤怀皋的研究中探讨了"五四"时期知识分子对于家庭想象的时代局限性。即便是那些率先眼观寰宇的知识分子也难以例外，家庭始终被视为人们生活的核心，他们对于家庭的想象亦不可能逾越至家庭之外。家庭论述的局限性更在于，谈及"家庭"，势必与国族立场相连接，形成一种关于家庭的僵化论述。（张仲礼，1994）[113-128] 葛淑娴的代表作《中国人的家国观》启发本书对传统宗族家庭到核心家庭的历史发展进行深入考察，并将小家庭的理想与近现代家政教育的内容取向紧密结合起来，这有利于本书从家庭观念迁变的视角考察家政教育的现代转型。

赵妍杰的《家庭革命：清末民初读书人的憧憬》主要聚焦于晚清民初中国社会在西方思潮影响下所发生的"毁家废婚"的家庭革命。其创新之处在于，不同于以往仅强调西方器物、制度与思想观念对于中国社会的冲击和影响，作者还关注到了由西方舶来的情感与欲望对于现代中国家庭观念的塑造。例如，她认为"五四"之后知识分子对爱情和新式核心家庭的向往便是"西欲东渐"的具体表现。与传统的重视家庭责任的婚姻观念相比，接受思想洗礼的知识分子更希望从婚姻家庭中寻求情感的满足。因此，本书将在古今中西的宏大框架下比较与审思那些促使近代中国家庭观念发生迁变的思想资源。

（四）社会学中的性别研究

尽管教育史研究、历史研究和女性研究都关注到了家庭观念在近现代社会中所发生的迁变，但这些研究更多着眼于家庭结构的一种理想型构建，而在家庭中如何安顿个体成员的情感以及处理成员之间的关系，是历史研究长久以来忽略的方面。赵妍杰在《家庭革命：清末民初读书人的憧憬》中勾勒了民初知识分子对于"毁家废婚"的一种乌托邦式构想，她也批判了这种构想实则是对人类社会性心理的一种根本挑战。以解放情感为起点的家庭革命，很可能会造成人的无情甚至人类道德的退化。由此可见，家政教育关注的是缔造一个更完善的家庭，家庭中的情感问题因而成为一个值得深入发掘的领域。

尽管"情感"往往被认为是一种隐藏于个体内部的心理与精神特质，但若从其外部表现观之，"情感"更多地被视为一种社会行动。例如，孔德（Auguste Comte）在关注"社会秩序如何可能"这一社会学中心议题的过程中，特别突出"情感"的功能，明确提出个体情感和社会情感的概念特征及彼此的关系。"情感工作"（emotional management）的概念最早来自美国社会学家霍克希尔德（Arlie Russell Hochschild）的著作《心灵的整饰：人类情感的商业化》。我们习惯于将心灵与肢体的各种精妙配合所完成的劳作称为"体力劳作"。根据霍克希尔德的研究，情感劳动要求女性在社交生活中诱发或调动自己的感受，以使他人在身心上产生舒适与愉悦的状态；同时，它要求女性在意识（mind）与感受（feeling）之间相互协调，并形成一种关于"情感工作"的知识。①

"情感工作"是维系婚姻关系的必要条件。易洛斯（Eva Illouz）在对宋代女性婚姻状态的研究中就指出，如果说"经济生存"是前现代婚姻的主

---

① 霍克希尔德使用"情感劳动"一词意在指出，女性被希望通过情感的"整饰"而创造某种公开可见的面部表情和身体展演（display）。公领域的"情感劳动"是为了某种报酬而出售的，因而具有交换价值。在本书中，我使用"情感劳动"的同义词"情感工作"或"情感整饰"来指称女性在诸如家庭生活的私领域脉络中关于情感所做出的类似的行动，这种私人脉络中的"情感工作"主要具有使用价值。参见：霍克希尔德.心灵的整饰：人类情感的商业化 [M].上海：上海三联书店，2020：105.

要使命，那么现代婚姻的主要使命则是"情感生存"，缔结婚姻关系的双方被要求必须在日常生活中维持亲密关系浓厚的情感质地（Illouz，1998）[169]。婚姻家庭中的"情感工作"成为幸福家庭论者为女性寻求的一种能力的象征，它不再将自身神秘化，而是被归入一种规范化的知识领域。

　　情感工作还涉及女性在家庭中的角色履行。帕森斯曾提出"制度化的角色关系"这一概念。他首先将行动者所处的地位和承担的角色视为社会结构的最基本单位。在帕森斯看来，社会系统是由有着权利和义务关系的社会角色构成的，并形成诸如工具性的、表意性的和道德性的行动取向模式。这些具有特定取向的行动者之间的互动最终还会受到"规范"（也是行动系统的最高系统）的制约，从而使行动者彼此形成"制度化的角色关系"。[①] 关于"制度化的角色关系"的理论可供人们理解与诠释幸福家庭论者对于女性家庭职责的构建逻辑。易言之，个人幸福感的价值理念是当个体扮演了一定的社会角色时才逐渐形成的。

　　既然"情感工作"被视为一种具有社会意义的"劳作"，那么它就具有一切劳作的属性，因此便涉及劳作的标准，奥克利（Ann Oakley）在《看不见的女人：家庭事务社会学》中提出了"家务劳作规则的标准化机制"。她认为，心理上的奖励源于对标准和例行常规的简单遵守，尽管这些标准和例行常规最初的建立是为了将主妇从那些低效率与杂乱无章的家政劳作境遇中解放出来，但它自身具有评价的客观性。从这方面而言，奥克利为家务劳作提出"标准"所具有的四种功能性意义，并使得女性劳作因"标准"的存在而可以被衡量。（奥克利，2020）[152] 综上，社会学领域的性别研究均有助于本书形成更具洞察力的视角，以观察分析女性在家庭中所履行的性别职能对于家政教育内容取向的形塑。

———————————

① 帕森斯把行动者所处的地位和承担的角色看作社会结构的最基本单位。换言之，社会结构指的是各个地位角色之间稳定的制度化关系。帕森斯将行动系统由低到高分为四个附属系统：行为有机体（含有各种需要的生物特性）、人格系统（动机、目的、角色、个性）、社会系统（制度化的角色关系）和文化系统（价值规范）。参见：帕森斯.社会行动的结构 [M]. 南京：译林出版社，2003：174.

三、对既有研究的评述

通过对既有文献的梳理，本书首先归纳出近现代家政教育的概念与文化内涵建立的三种路径。第一种路径是就我国本土历史文化脉络而言的，它继承了中国传统家政实践与家政教化观念的余绪，并且在明清时期形成关于日常生活事务与人伦秩序的具体知识领域，其最早的实践主体为男性士人阶层。第二种路径是就学科发展视角而言的，肇端于17—18世纪的西方现代家政学科，大致在19世纪末20世纪初以教会教育与留美、留欧学生为文化介质传入我国，根据这一路径所形成的研究取向，大多依循家政教育学科发展的历史脉络，厘定出近代有识之士取径国际构建家政教育课程体系的过程。这一过程包括民初中小学校课程在官方意识形态的影响下移植"日本模式"，20世纪20年代之后家政教育学科借鉴"美国模式"，20世纪30年代本土力量对于家政学科与课程系统进行一系列开发。第三种路径是就教育交流史的视角而言的，主要聚焦于19世纪末经由"西方化"的日本传入中国的家政教育制度及课程体系。这一视角首先聚焦作为家政教育前置性议题的女子教育，并以中外女子教育交流史之视角探讨东亚文化共同体关于女性教育宗旨的一系列互动，而率先眼观寰宇的男性知识分子的先声构建活动是这一互动过程的主要驱力。

其次，总体观之，就当前学界对于家政教育的研究而言，仍旧可以看出一些不足之处，这成为本书在此基础上拓展新视角下的家政教育研究的动力。

第一，对于家政教育的关注点较为集中，多呈现出对于学校体制内部家政教育发展的概述与分析，具体则包括对于官方颁布的女学章程文献的简要回顾梳理，或对于家政教育课程设置变化的简要概观分析，缺乏对历史中女性真实经验的考察与解读，导致对家政教育发展与转型历程的观察流于政令文件的表面，未能深入女性获得家政知识的途径与治家经验层面，以及女性家政劳作与女性生活的其他方面的关系，因此无法更细微地考察家政教育对于女性在建设现代国家语境下的主体地位的构建作用。

第二，在研究时段方面，多集中于晚清民国，特别是"五四"时期与20世纪三四十年代，对于中国传统家政教育的关注较少。中国传统"治家术"对于近现代意义上的家政教育的形构作用，无论从实践层面还是教育宗旨观念层面都具有无法化约的思想资源与脉络意义。欲勾勒出家政教育在近现代的转型过程，必须将家政教育的完整光谱作为一种"长时段"的总体进程，通过考察家政教育的"前史"来更深入地理解其近现代转型的意义。

第三，既有家政教育研究对于家政教育概念的界定往往含糊不清。鉴于家政教育在近现代发轫与转型的客观历史原因，家政教育在很大程度上是与女学一同兴起与发展的。因此，女学作为家政教育的前置性议题，往往与家政教育的内容取向与课程设置含混而重叠。目前研究未能清晰地梳理女学与近现代意义上的家政教育在具体方面的异同，亦未对产生这些异同的社会机制与话语机制做深刻的分析。

第四，研究方法与理论视角的创新性仍显不足。以往的研究多是相对单一地运用一种学科性质的研究方法进行分析，例如单纯使用历史学方法，使得研究缺乏理论深度与反思，有"述而不论"之虞。

目前以历史文献为主要论据的研究方法较为明显的特征，是习惯于将视域局限在官方学制与课程改革的政令资料中，而忽略了更为广泛与丰富的社会文化。如欲考察家政教育由传统到现代的各种细微与生动的转型，仅关注家政教育的学制与课程内容是远远不够的。重视官方学制文献的研究者往往会做出一种假设，即官方所开设的学校教育在家政教育的近现代转型中起到非比寻常的重要作用，当然，这是不言而喻的。但是家政教育文化的转型却并非仅仅如此。民初时期伴随着家政教育发轫的是社会文化各方面的重要嬗变，诸如经济论说的西来、近代报刊媒介的兴起及新家庭结构与观念的变迁，这不仅意味着知识内容的转向，还包括知识生产方式与传播方式的转型。如果联系这种社会文化迁变，可能会发现女性很可能在学校课程体系之外的报刊媒介的阅读经历中获得了相当可观的家政知识与科学观念，其智识思想与家庭观念在很大程度上仍然是通过更为广泛复杂的社会话语舆论塑造的。

因此，本书试图以更加多元与丰富的社会文化的视角，勾勒与阐明家政教育在历史转型过程中的复杂机理，特别是这种历史转型对于近代女性地位的构建作用，以及其在推动 20 世纪初中国社会文化迁变的整体进程中所扮演的重要角色。

第三节　问题意识与研究方法

本书以社会文化迁变下的知识转型为背景，从经济、媒介、知识体系与家庭观念等多重视角展开分析，追溯传统的家政教育文化由男性士人知识领域转变为近现代专授女性的知识领域的过程，以及近代知识分子在寻求现代国家建设途径中对于性别秩序与家庭图景的想象，这一"性别化"的构建过程同时也是家政教育近现代转型的过程。

审视中国传统家政实践，两性共同参与的家庭事务也必然在性别秩序的统摄之下，"内助"与"外事"在空间上的象征性区隔并非截然两分，这其中有实践意义上的交融，以士人阶层为代表的男性贡献了诸多形塑后世家政实践与家政观的经验、智慧与审思。倘若不将传统男性家政实践经验纳入考察范围，家政的溯源则过于单薄与局限。同时，在清朝晚期一系列社会文化与经济结构的复杂变革下，家政实践逐步由两性共同参与转变为由女性代理操持，近现代又定型为女性专职，这一过程使我们没有理由不对既有性别分工中的"自然化"与"恒常化"倾向做一番审视，这种审视有利于我们用更富历史性的眼光去考察近现代家政教育的转型与蜕变。

家政教育所关涉的虽然是最普通不过的生活领域，却是借以构建现代个体性别角色与生活形式的重要知识范畴。因此，家政教育是社会文化迁变与性别秩序的综合缩影，理应成为当前跨文化与跨学科研究的焦点之一。因此，本书的理论价值主要表现为以下四点。

其一，试图在呈现出性别图景与家庭想象的社会变迁的同时，为考察家政教育文化的近现代转型提供多重独特的视角，也为今天重新审思家政教育提供鲜活的历史参照。因此，本书需要梳理近代中国家政教育的历史进程，找寻家政教育文化的传统源头，并将其放置在 20 世纪中国社会文化发生的更为复杂的变革语境中去理解。

其二，本书尝试从报刊媒介这一载体与家政教育的经济面向、知识载体、教育实践出发，研究近代家政教育文化生成的过程机制，涉及家政教育文化转型的外部环境、内部机理等多个维度，在一定程度上有助于明晰不同家政教育理论在学校教学实践中的适用范围以及彼此联结的方式。鉴于我国关于家政教育的研究一直偏重于实践性研究，抑或强调对西方家政教育理论与实践的引介，对家政教育的历史发展及其所蕴含的社会文化意涵缺乏深入探讨，本书在借鉴社会学、文化学相关理论的基础上，以近代中国家政教育实践为基础，勾勒出家政教育文化演变的动态过程，在一定程度上为家政教育理论的本土化提供理论镜鉴。

其三，研究涉及历史文化脉络下家政教育的实践问题，特别是近代女性被要求承担的性别职能与性别话语的构建，都与有识之士关于现代国家建设的宏大叙事紧密相联。对中国传统中的家政教化进行溯源与考证，在性别秩序领域使传统士人男性的家政实践与教化浮出历史地表，将有助于纠正目前较为主流但仍失之偏颇的一系列观点，即家政教育学科向来是专为女性而开设的，而家政的践行者也仅应为女性，其知识体系强调女性的"天职"或"自然责任"。本书有助于扭转国人对"家政教育"所形成的刻板印象，丰富与深化家政教育研究理论，拓展家政教育研究的视野与知识生产。

其四，就实践价值而言，本书涉及家政教育与外部条件的关系及外部条件影响家政教育的方式与结果，有助于从更深层意义上为行政部门在家政教育方针的厘定、学校家政课程的设置与教学的开展等政策规范制定方面提供理论参考。特别是我国家政教育在经历 20 世纪初的艰难前行和萧索境地后，在 21 世纪有待被重新"发现"其应有的教育文化意涵，新时代的家政教育亦仍处于探索、尝试与创新的阶段。正因如此，追溯近代我国家政教育文化的历史嬗变，有助于为今天重新探索家政教育的新方向做出性别与历史的审思，以及从课程设置、师资培训、学生培育等方面汲取历史经验，推动新时代家政教育发展。

本书包含以下四个方面的内容。

第一，家政教育的跨文化溯源研究。通过对中国传统家政教化的梳理，考察前现代家政教化在士人男性的家国构想中的重要位置，并分析士人男性的家政实践与教化及儒家价值体系对近现代家政教育"性别化"构建的影响。家庭管理权的让渡并不是直接引发家政知识的近现代转型的原因，它反而在某种程度上导致了女性劳作价值的遮蔽，而这种劳作价值的历史状态是第二章所需要探求的问题。

第二，"生利"与家政教育经济面向的关系研究。通过对中国传统家政教化中"生产性"与"经济"的思想传统在民初智识阶层国族立场下的转变的研究，分析"生利"取向的实践如何构筑新的知识体系，而这些知识体系又催生了近现代意义上的家政教育。

第三，媒介中"展演"的家政教育与女性劳作的研究。媒介的兴起也催生了家政教育视觉化的呈现方式，公领域的"观看"与"展演"蕴含着变革的潜能与力量。也正因为媒介在民初时期的独特属性，本书第四章将重点分析女性劳作何以在媒介中经历由"遮蔽"到"展演"的转型过程，并且以由"遮蔽"到"展演"的理论视角去梳理女性劳作成果呈现方式的历史脉络，形成探讨家政教育文化在社会文化层面转型的一个独特视角。

第四，新知识体系与家庭观念的迁变研究。通过那些关于家庭幸福和改善家庭的论说来透察新知识体系的构建，以及女性如何被期望通过汲取新知识来实现在家庭中主体性的双重生产。这一知识与主体性的双重生产有助于我们厘清近现代家政教育在女性地位与家庭观念变迁过程中所起的作用。

第 二 章

家政教育的士人传统与跨文化溯源

传统意义上的家政在明清之际便已成为一个相对具体的知识领域，家政的权力分配与知识生产最初是在士人男性的主导之下，先以构建起一套渗透了儒家伦理的家庭秩序，并将之生活化与教育化的方式开展的。随着社会经济迁变与家政劳作的复杂化，女性以代劳与委任的协作方式参与家政内务，其权力的合法性来自"夫妇一体"的互补关系。但家政代理权的让渡并未直接引发家政知识的近现代转型，它延续了传统价值伦理中性别权力的分配模式与再生产过程，导致了女性劳作价值的"遮蔽"。

晚清民初眼观寰宇的有识之士都曾深深根植于传统文化之堂奥，并非"空着双手"为发轫之时的家政教育而张目。当我们回溯中国的家政教化传统时，会好奇那些有识之士在近现代启蒙思潮与"五四"锋芒所向的历史剧变中，如何在突破传统的同时"重建"家政教育的传统，并探寻其中有何承续，又有何断裂，其话语构建依循何种新的"语法"等问题。欲厘清上述问题，我们首先需要回溯中国传统家政教化的脉络以觅得解释。

第一节　家政教化的中国传统

中国传统家政实践与教化历史由来已久。最早可上溯至汉，明清时期业已形成一套较为具体的关于日常生活事务与人伦秩序的知识领域，其实践主体为"士人阶层"①，蕴含着士人阶层对于理想家庭生活图景的形构。传统"治家术"对于近现代意义上的家政教育的形构，无论从实践还是教育宗旨观念层面都具有无法化约的脉络意义，隐伏于这一脉络中的思想资源，无论是承袭的还是断裂的，其谱系都值得详细回视和考察。我们不得不向前穿行于明清以及更为早期的"前工业"时代，将家政教育的历史作为一种"长时段"（longue duree）的总体进程，通过考察家政教育的"前史"来更深入地理解其近现代转型的意义。

一、语义流变中的"家政"传统

自汉以来，"家政"一词便嵌身于家长权力制度脉络中。《释名·释亲属》在释义"伯父"时强调"伯，把也，把持家政也"。"伯"作为长子／家督，为家中权力之把持者与统御者，从《周骠骑大将军开府仪同三司冠军伯柴烈李夫人墓志铭》中"子奉母仪，夫闻家政，七族承和，九闱连庆"之表述可知，传统"家政"大致先从"政"之意涵脱胎，男性家长是家政之全权主导者。

据韩愈在《息国夫人墓志铭》中的记述，可知家政原为李栾把持，夫人何氏辅其内助，男性家长去世后，夫人被委以李氏家族之家政：

> 贞元十五年，灵州节度使御史大夫李公讳栾，守边有劳，诏曰："栾妻何氏可封息国夫人。"元和二年，李公入为户部尚书，薨，夫人遂专家政。公之男五人，女二人，而何氏出者二男一女。夫人教养嫁娶如一，虽门内亲戚不觉有纤毫薄厚。御僮使，治居第生产，皆有条

---

① "士人阶层"指那些不从事直接生产工作而食禄于人的贵族和官员阶层，他们通常依靠世袭的政治特权和管理人事物的学识能力来生活。原始社会虽然一般着重自然分工，但已经有少数特殊人物如祭司、巫师、武士等努力建立专业的特权，免除其一般生产工作的责任，此为职业阶级的开始。封建社会系统地建立了以阶级为基础的社会分工制度，如孟子所谓"治于人者食人，治人者食于人"，以现代汉语阐明就是将社会分为从事非生产工作的统治阶层与从事生产工作的被统治阶层，也就是说士大夫或士人阶层以做官、当兵、收税为职业，庶人阶级则须靠耕田、饲养、制作器物以求免于饥饿，此为阶级分工的基本形态。

序。居卑尊间，无不顺适。命服在躬，承祀孔时。年若干，元和七年甲子日南至，以疾卒。（韩愈，2013）[285]

由韩愈对于士人李栾之记述可知，"家政"作为一种"驭内"之职，首先是由士人阶层的男性所担纲的。同时，家政亦作为男性政治才能的重要面向被强调：

平阳柴君，讳进思，字昌美，故太尉中书令寻阳靖王之孙也。少而爽俊，长而忠悫，尤善骑射，颇晓兵书，靖王爱之。出则点亲兵，居则专家政。乾蛊之美，宗族称之。（徐弦，2000）[11074]

作为唐代评判男性才能的标准，"出则点亲兵，居则专家政"为区分"内"与"外"职能的标准，"出"可统率亲兵，"居"能督勉家族；内外皆能统御者方有资格成为"干父之蛊"，继承父业并胜任"家长"之名，同时受到宗族称信与赞誉。职以此故，传统家政事关家族内外人伦关系交错往复之统筹应对，士人男性一方面薪传列祖列宗的历史交付，另一方面勠力企及世俗成就与荣誉标准，家族事项的圆满整合成为其责无旁贷之职。

至明，士人张履祥征引《中庸》曰"文、武之政，布在方策。其人存则其政举，其人亡则其政息，家政亦如是"，"家法，政事也"，而"行法之要，一曰忠信，一曰精勤"。（张履祥，1983）[47]"法"与"政"为"行法"之宗，"政"字指人事权力运作与方策执行营布在方法论意义层面的综合。概观此时期，家政意涵的核心要旨侧重于统驭或治理，其实践亦内化成一种从整体上巩固父权制一元生活的伦理观念。

中国前现代社会总体是由"由家推及国"与"由私推及公"的差序格局所构的。在此逻辑下，男性主体实现自我完满的历程在"家国一体"的同心圆结构下展开，"家"是士人养成其德行与才能的微观世界，同时，由这一空间想象的同源性可以推衍出一种对"治理"能力贯通与迁移的笃信。南宋大儒朱熹曾言"有公家之政，私家之政。士君子修一家之政，非求富益之也，植德而已尔"（朱锦富，2009）[18]，家政修治与五伦道德互为经纬，且寓于"修齐治平"的家国阶序中："移之于官，则一官之政明，移之于国，则一国之政治，移之于天下，则天下之政理。"（朱锦富，2009）[19] 可见公家之政是私家之政的外延，因此有后世士人概观"居家理，故治可移于官"（孔子，2020）[40]。己身家政是儒士应负的责任，而通过管理家庭来学习如何治理国家，将家庭伦理秩序运用于国家政事之中，是将来具身儒业仕途最为自然化与合法化的方式，堪称"为政"生涯的完满典范。

晚明儒士祁彪佳则亲理家政，乐此不疲，料理"米盐琐杂""会计工账"等内务，其因亲力亲为耐得劳苦而不同于自命清高之文儒。因此，祁氏从政干练精明，为官常能治理繁剧琐细，不受吏胥奸欺，无不得宜于其躬亲理财之质素。[①] "家政"是"齐家"之有效途径，私领域的"家政修明"成为公领域"国舆天下"之前提，故而"修齐治平"的阶序逻辑在实践中具有价值本体论的合法性，士人主持家政的传统由此内嵌于儒家道德体系与等级秩序中，并占据关键性的坐标。

概述之，早期的传统家政主要涉及家庭内部权力与人伦秩序、人事权力运作与方策执行营布的一整套方法。隋唐之后，"家政"衍变为"家事"或"治家"，指在家庭事务中更为精细化与复合化的实践，包括家庭秩序的维系与家庭财务的合理用度等一整套知识体系。明清之际，"治家"更倾向于指维持与经营家产或家业所需的劳心劳力的具体实践，此时"治生"则侧重于维持生计与家业，耕读传家，与儒业生涯相辅相成，同时承载着士人阶层的人伦与道德规范及文化身份的实现。

---

① 祁彪佳曾在日记中自述其于崇祯十年末"灯下会计出人数"，于崇祯十一年"为老母会计岁租"，崇祯十二年为泥水、木作、石工等家业杂项估算工账，检点家产，"会计田亩"，亲自"会计石工"，并"点验砖料"。参见：祁彪佳.祁彪佳日记 [M].杭州：浙江古籍出版社，2017：301.

二、男性"治生"与传统家政教化观

对世俗化的颂扬作为早期现代性的一个离散元素，似乎可以在明代理学派别中寻得源头。宋明时期，随着朱熹理学与阳明心学的兴起，那些致力于质疑或颠覆正统儒家等级属性的思想家，重新阐释了"天理"与"性"的关系。这构建了"实学"与"经世"的形而上学基础。而实际上，晚明时期"实学"的支持者与异见者几乎一样多。从其积极面向而言，其核心首先在于对道德伦理的自觉陶铸，其次在于对实效之追求。（Reynolds，1991）晚明与清初，"实学"开始与指涉西方现代的科学技术与工业体系的普通专有名词相联系，但深嵌于其中的道德性成分并未被全然摒弃，它成为一种参与道德实践的研习。而此时的"实学"已涵盖了"人欲"或"情"这一类基本需求，以及对于实际的社会政治情状的考量。尽管在正统儒家看来，此一治世风格与法家理念关系密切，但实际上，"实学"与"经世"之本质不再依循正统儒家"惟名式"的信条，而以治事、济世与实效为先务。

明清时期的重要社会背景还包括人口增长、货币日益成熟、商品经济发展。在高度商业化的农耕社会中，人口增加意味着粮价随之上涨。士虽为四民之首，以诗书之业为基本方策，然依旧要面对最实际的生存问题，仍须考量米贵民穷之通患。耕稼务农是安本保守的营生本事，既能保障粮食的直接来源，也能维系儒士自食其力的高贵品性，"耕读并重"被认为是家计之大本。明代士人家政实践在重视人伦礼义的同时，兼顾家庭生产与经济统筹，具体表现为对家庭日常世俗生活与经济事务的重视与躬亲实践，包括家庭内部财务收支的计算与分配，以及家业的经营与扩大，这一系列生产性的家政实践统称为"治生"。

明清家政或家训文献可证，士人的"治生"与"治国"相辅相成，常有士人致富的轶事流传，强调其施政能力常可使其"自饶其家"。明士人茅坤家产多赀，便是凭借了茅氏本人"不尽用于官"的治家才智（茅坤，1993）[701]；清初儒者张履祥更不忌讳谈及谋生相关的日常琐事，从其《补农书》可知其对农事之熟稔，对经营田产之热衷（张履祥，1983）；而祁彪佳具文人情趣却不以"治生"为俗，亲自料理"米盐琐杂"与"会计工账"，其家政经验又使其从政为官干练通达（祁彪佳，2017）。

典型的士人"治生"既依凭生产性的"开源"模式，又仰赖抑制消费的"节流"模式。倡行节俭，彰显了对上天给予人类的资源负有责任的管理态度（罗威廉，2016）[180]，以及为家庭与社会更为宏远的利益而杜绝个人的放纵行为的价值理念（罗威廉，2016）[181]。一生南北流徙，饱尝动荡之苦的颜之推，留意到权力更迭之时社会经济领域最深刻的变动，认识到防患未然之道是勤俭治家、躬俭节用，即积极强化生产力和节制能源耗损，方能"以赡衣食"，不虞朝无禄位时顿失生计之窘境（颜之推，1980）[54-55]。从其家训中可知，无论是稼穑、蚕桑、园蔬、鸡豚之培育，还是经济作物如薪柴、麻芥之种植，皆是以一己之劳力技术开发有限的自然环境，以创造出士人家庭所需要的生活资源。"勤本之道，莫重于农"蕴含着对儒家理学正统的秉承，以及士人阶层强烈的精英意识。正如罗威廉所言，"治生"提供了昭示一个人道德本质的新途径（罗威廉，2016）[181]。

以农耕生产方式为治家之根本，蕴含着对儒家道德秩序与文化身份理想的因循，而产业之兴衰还取决于管理技术与经营之道，因此有"广积"、"纤啬"①、"节用"、"习苦"等集约式生产方式下的家政教化观。士人丁耀亢在其著述《家政须知》中，以财富用度与分配的形式确立了"治生"与"理家"的原则，真正落实管理还应有各种细则，全书共分为十篇演绎与传递治生致富之准则："勤本"（重视农耕并以此为基）、"节用"（节约用度，按节利用）、"逐末"（探讨经商之道）、"习苦"（个人基本的修身道德）、"防蠹"（妻妾与仆婢之管理，以及日常事务中常见弊害之防患）、"多算"（精打细算）、"广积"（因地制宜地经营与储蓄）、"变通"（探讨

---

① 《管子·五辅》中说："纤啬省用，以备饥馑。"尹知章注："纤，细也。啬，悋也。既细又悋，故财用省也。"

时世迁变与财富聚散之道）、"因时"（因循节令统筹安排农耕）及"十败"（枚举十种败家情形作为反面论述）（丁耀亢，2017）[3452-3458]。上述准则演绎了"治生"的几大面向，即基于核心的统筹管理技术，对于日常生活知识的应用、生活伦理与家庭秩序的维系。它不仅在实践层面形构了最有利于士人家庭经济生产的方式，从而传授了一套儒家生存法则，更融汇了士人对于文化身份、道德理想与性别秩序的思考，其教化致力于达成一种正统伦理秩序与世俗社会生存实践的有机调和。

在传统阶序格局的逻辑下，士人定义一己之身份时，往往将其社会角色植根于家庭伦理秩序中。例如清代儒士陈宏谋在其著述中屡次表明，家庭作为人类关系（即"天伦"）形成的主要社会场所，在士人道德体系中占据神圣地位。人们在家庭中各司其职（"安分"），彰显或实现家庭的和睦关系（"明伦"），从而不断证明与巩固儒家婚姻模型的合法性（罗威廉，2016）[402]。正如陈宏谋于《训俗遗规》开篇所言："正伦理，笃恩义，辨上下，严内外，居家之要道也。"制定与践履"家道"，"妥善治家"，则更是成年有志者在儒家道德体系内的首要责任与伦理实践。

家族伦理体系之归属感深刻影响着士人的生存意识与家政教化思想，其家政行为之施教，可归于王汎森之"下层经世"之实践，具有王朝之外政治教化的意味（王汎森，2004）[331-336]。基于"治生"的实践经验，家政教化倾向于传递经济治理的原则，同时衍承儒家的"经世"伦理，包括诚实、节俭与不虚浮的积极品性，这些品性可以通过"将治生劳作的实践经验结合在内"的教化形式来获得。士人家训或家书旨在直接表达对于子嗣的规训意图与成效期许，士人"训子"对象明确而特定，所传授的虽为独家心得，然教化内容却不失普遍适用性，承继了士人阶层世代累积的基于经验与实践的世故之情和人伦体察。同时，士人家政教化将对实践的理解裹挟在内，对于道德与修为的追寻始终秉持肯定而非遁避的态度，并与世俗功利性的"实利主义"保持距离。因此，"实学"并非字面意义上的"实际的学问"，而更作为一种同时关注个人道德伦理规范与社会、经济管理两方面的"真实的学问"（余英时，2014）[203]。至此，理学思想成为士人男性注重"治生"实践的理论性依托，"治生"实践也同时成为理学对于时代议题的回应。同时，士人从"实学"与"经世"的阐扬中获取了"治生"实践的合法性，它提供了一种身份性界标。

三、家政实践由男性到女性的让渡

自隋唐起，科举大行其势，儒业之躬习与功名之考取，日渐成为士人获取儒士文化身份的最显著途径。日夜展卷苦读、参与层层科试占据了士人绝大部分精力。科举确为士人提供了展露抱负之途径，而与此同时，士人也背负着现实层面的生存压力。明清以降的经济发展使得"治生"趋于复杂化与精密化，家庭事务的繁复与琐碎需要日积月累的劳心焦思，需要事无巨细地身心投入。

士人丁耀亢的家业在其打理之下已有田产二十余顷，比与其弟丁耀心分家时翻了数十倍，家境已是相当殷裕。然而，丁耀亢的治生实践成为其仕途的阻碍，他屡屡落榜，而其弟则由于未因"治生"琐碎杂务劳心，考取举人（丁耀亢，1999）[269, 286-287]。作为儒家之徒，其所浸淫之教育与业已预设的路径使其专注于儒业事功，一旦如商贾般关注细琐利益，开辟生财之道，沉湎于俗务，"得缀高科而跻权要"之理想便会落空。丁耀亢落榜之痛便被时人归咎于其对"利"之汲汲。治生理财的成功，家业的维系与扩大，其逻辑普遍建立于"积"和"节"的双向管控之上，"纤啬治生"意味着周密筹算、精细经营与锱铢必较等，这些恰为士人阶层所不愿安置于己身的特质，均与儒家价值体系中的重农抑商、对于利益与私产之否定、轻财重义以及尚廉观念相左。士人治家的才干被其性别角色的社会化要求所拒绝——"丈夫志四方，钱刀非所求"（柴静仪，2016）[428]。若以今日流行话语戏谑之，上述特质均与儒士"人设"不符。

明末社会经济迁变所致的"治生"复杂化，使家政实践与儒士身份发生了内在龃龉。[①] 相较于在儒业生涯中所获功名之"雅","作家"之"俗"自然被赋予了较低价值。何况声色征逐乃名士行径，言钱则俗。明士祝允明便有"不问生产，有所入，辄召客豪饮，费尽乃已，或分与持去，不留一钱"（张廷玉，1996）[4169] 的言论，可见"不问生产"与读书和治家之间"雅俗之辨"的背后，是士人阶层文化身份与生存现实矛盾心态的映射。

正是因为这种结构性矛盾，"治家"之才仅能施展于自家门内，士人往往自得于其"不事家人产"并蔚为主流。本长于"治生"与"营产"的明士茅坤，在罢官卸任后便放情于诗书山水，"而与治生事，半闻半不闻"，家业经营实则仰赖其妻姚氏"内则管钥米盐，外则按督诸僮奴臧获十余辈力田里"。姚氏"纺织之外，兼以放贷"，才使得"家亦稍稍起"。（茅坤，1993）[701] 士人唐顺之标榜其"癖于书，平生不一开口问米盐耕织事，则以孺人为之综理也"（唐顺之，2014）[694]。刘宗周之子刘汋为其所撰年谱中亦记述"平生不问生产，家政皆操自夫人"（吴光，2007）[355]。正是女性委身于家庭内务并综揽经济事务，才保障了士人进身儒业的物质条件。

综上，女性成为家政的实际操持者，此一观点已在较多史料中得以印证。陈鹏于《中国婚姻史稿》中有定论："妻得综揽家政，主持一切，自唐以后，已成惯例。"（陈鹏，2005）[558] 在家庭中，女性被全权委以内政，接受家政代理权的托付并甘愿"身任其劳"，使丈夫专注于"那些能够标明其阶级和地位的工作"（白馥兰，2010）[285]。相较而言，女性不存在文化身份与治家实践带来的认同性冲突，并无纤啬之俗与功名之雅扞格之题。家事虽纷纭，无劳君筹划，大多数女性将持家视为自己为士人丈夫分劳的重要职能，并以此反映她们对于丈夫和家庭的情感态度。因此，士人将家政全权交付女性操持代理，并倚赖其主持家政以稳固家庭秩序。性别

---

① 此外，商品经济的兴起无形中推动了另一种阶层地位的上升，即从商的人数大为增多，一些儒商去异地经商，经年累月客居异地，家业自然交由妻子全权打理，这成为涉商士人"不问家"的客观缘由，但这一情形在本书探讨的范畴之外。

秩序在传统家政实践中呈现出的流动性，亦形成了一种角色分工意义下性别秩序的协商模式。

第二节　传统家政教化的三种内涵

与传统家政教化的"青史故迹"对话，由明清时期的家政著述文献中撮述家政教化的基本内涵与其所形成的具体知识范畴。家政教化的实践聚焦于统御与管理，与之紧密相联的是儒家家庭事务与人伦秩序的维系。对中国传统中的家政教化进行溯源与考证，在性别秩序领域使传统士人男性的家政实践与教化浮出历史地表，将有助于纠正目前较为主流但仍失之偏颇的一系列观点，即家政教育向来是专为女性而开设的学科，而家政的践行者也仅应为女性，其知识体系完全被"性别化"。因此，本书对家政教育"前史"的追索并非仅出于史学考证的兴趣，更是出于以下问题意识：传统家政实践与教化作为近现代家政教育的本土性"源流"，对于后者的构建意义何在；士人男性的家政实践与教化及其内在的儒家价值体系，对于近现代知识分子的女学观与家政教育观有何影响。本书会将二者纳入从过去到现在的动态脉络中予以关联性考察。

一、家政教化中的道德意涵与经济意涵

士人躬亲治家所累积的家政知识体系，基于对从日常生活的经验层面中分离出的"纯粹知识"（pure knowledge）与"实践知识"（practical knowledge）（沙培德 等，2013）[5]的综合践履。而儒家价值体系与知识位阶中更受到尊崇的博雅性知识（liberal knowledge）（沈文钦，2011）[232-233]确定了知识、道德与象征性秩序三者相互连结嵌合，从而构成士人家政实践同时具备道德修为意义的根本前提。

前文论及士人以治生为要务，其自觉在于，家产并非处于无风险的恒定状态，正是"生产性"活动将家庭之外的自然资源与家庭之内的人之

劳作相联结，从而有组织地、反复地去获取、生产和分配物资（哈里斯，1988）[87]，以维系士人生活。同时，"生产性"实践作为一种自我修为始终具有道德价值。在家国一体的阶序逻辑下，作为基本生产单位的家庭，其生产事务与道德秩序之统筹成为"治国"之基始，"治家"实践的政治意义在于"家给民足"。然而，有相当可观的对明清时期社会经济情况的研究表明，实现"家给民足"并获得"大利"的生产方式，恐怕并非现代经济意义上使得全社会达到最大物质富足最有效的生产方式。正如白馥兰所述，事实上，对明清统治者而言，最为性命攸关的不是经济，而是象征性的秩序。农业象征着君臣之间的合法关系，并将生产性和非生产性职业之间的区分纳入儒家等级秩序，同时也确定男性和女性作为臣民各自"适宜"的职能，以及性别角色在技能与德行之间形成的社会秩序的教化意义。（白馥兰，2010）[27]大量颁布于明清并针对"利"进行制约的法令证明，农政为本的统治者倾向于认定"利"驱使子民"弃本逐末"，将粮食作物易换为商业作物。一如孔子所言"放于利而行，多怨"（曾仕强　等，2015）[117]，"利"被视为社会秩序不和谐之嚆矢，统治者倾向于抹除其道德价值，凡涉及经济性与盈利性的事务，均被统治者认为有导致象征秩序崩坏之可能。在这一观念下，"重农抑商"作为主流施政方策无疑昭示了"生产性"于象征秩序而言的"正确性"与"合法性"，并决定了"生产性"与"道德合法性"的联袂关系，继而导致"生产性"与"逐利"逻辑背道而驰。

然而，统治者仍需经济总量之增长以实现"家给民足"之鹄的。士人阶层所共享的经济伦理观念使之认为，作为生产单位的家庭的世代繁衍是文化与经济的自然需要（罗威廉，2016）[255]。因此，实现公领域"家给民足"之"大利"，以私领域的家庭为单位维持生产最为适宜。陈宏谋便认为土地开垦之计划既不应在国家层面大规模发动，亦不宜交由大的私人开发者，而应建立于小生产者家庭化的生产基础之上。于私领域而言，家庭内部劳动力的最大化动员，而非基于经营性的雇佣关系，成为发展家庭"生产性"的最主要途径（黄宗智，2000）[71-77, 306]；于公领域而言，"家给民足"的象征性秩序是以"无经济增长的发展"①维系的，即经济总量的增长并非通过劳动生产率的提高而实现，而是通过劳动力的持续性与密集性投入而实现，继而形成黄宗智所称的"过密型增长"或"内卷式"②经济发展格局。

综上可知，"生产性"的道德与经济的双重面向在儒家价值体系中形成了一种悖论式发展路径，如同一份"矛盾的遗产"，即便 1850 年之后商品化进一步发展，"过密型"经济发展格局依旧如故（黄宗智，2000）[312]，在民初的实业热潮与手工业国际化分工背景下，中国仍倾向于承担生产过程中资本投入较少而劳动密集的部分（黄宗智，2000）[124]。尽管在罗威廉的研究中，明清时期已出现促使人们在追求集体"大利"中重新评价"私利"之作用的努力，试图将"利"从长期道德理想主义的传统谴责中拯救出来（黄宗智，2000）[266]，特别是在亚当·斯密（Adam Smith）强调利润累积有助于形成理性市场后，晚清知识分子更愿意在建设现代国家的宏愿之下为"利"正名，他们不约而同地将经济发展视为国族复兴与现代国家建设之命脉。至此，"利"在国家层面开始获得合法性，这一系列思想观念的转变也开启了一种对于"生产性"兼具道德与经济传统的重新检视。

---

① 在这一点上，科技史学家认为封建社会晚期的统治者的保守性植根于被伊懋可（Mark Elvin）于 1973 年描述为"高水平平衡陷阱"（High Level Equilibrium Trap）的发展假说：中国农业和手工制造业的高水平不是靠着节省劳动力设备，而是靠着持续增加劳动投入发展而成的。伊懋可这一假说影响了 20 世纪 90 年代经济史学者所提出的"内卷式"或"过密型"的发展理论。这样一种生产模式既支持又需要人口增长。参见：李伯重.从历史中发现中国奇迹的根源（代序）[M]// 万志英.剑桥中国经济史：古代到 19 世纪.北京：中国人民大学出版社，2018：5.

② 明清时期中国的"内卷式经济"之提出是与同时期的欧洲经济发展相较而言的。黄宗智通过对长三角经济发展长程时段的研究梳理，提出了"过密型增长"或"内卷式发展"理论，他认为明清江南农业只有"增长"而无"发展"，即只有经济总量的增长，这一增长不是通过劳动生产率的提高实现的，而是通过劳动力的持续性与密集性投入而实现的，参见：黄宗智.长江三角洲小农家庭与乡村发展 [M].北京：中华书局，2000：71-77，130-131，310.而彭慕兰在提及"内卷式经济"时，特别指出传统女性技艺，诸如刺绣、女红与纺织，并非一种可有可无之劳作之点缀，而是一种能够产生与男性社会劳动等量齐观的经济效益的生产性劳作，参见：彭慕兰.大分流：欧洲、中国及现代世界经济的发展 [M].南京：江苏人民出版社，2003：85-99.但是女性劳作的经济效益在明清时期随着技术性生产的变革而降低，这是白馥兰在其研究中的观点，参见：白馥兰.技术与性别：晚期帝制中国的权力经纬 [M].南京：江苏人民出版社，2010.

但我们仍无法忽视，思想观念的转变与嬗递是一个反复而曲折的过程。受制于政治体制与社会结构而奠定已久的生产经济观念，在新的历史语境与历史动机下，须将传统家政知识与现代学科知识之间的互动纳入考量，此一历史动向可以为我们提供勘察家政教育近现代转型与性别劳作经验的参照与指引。

鉴于知识分子社会改革理想的特定立场下经济知识的译介与经济论述的形成，国计民生与性别议题由此提出，家庭性生产被构建为女性典型的"生利"途径。民初女性鲜有获取社会职业之机会，"生利"被视为一种家庭内生产性任务。传统家庭化生产所延续的"过密式"格局是否会继续影响民初女性家内劳作的实际价值？受观念与时局影响的复杂语境，在何种程度上影响了民初家政教育的取径？在国族话语下，经济论述中"实利性"和"生产性"与家政教育的联袂能否让女性通过家内生产的劳作创造经济价值而获得性别意义与社会意义的主体性？家政教育的"生利"与"实业"面向如何在学校教育体系中得以贯彻与实施，并被纳入现代国家的建设计划中？本书拟在第三章对这一系列追问展开论述。

二、性别秩序与被"遮蔽"的女性劳作观

明清之际的家政文献记述士人不问生产，其家业经营实则仰赖妻子"掌钥米盐"与"内管外督"（茅坤，1993）[701]。正是女性负起家庭内务之职，并综揽家庭经济事务，才得以保障士人儒业的物质条件。同时，主妇借由日常生活中细碎家务的精妙组织与统御筹划，逐步建立自己治家的权力基石。"持家有方"的描述则表明女性将身份认同与一定程度的创造性才能寄托于其实践中。白馥兰、曼素恩的研究都倾向于将女性主持家政并参与家庭道德建构的过程作为女性获得一部分能动性与主体性的例证。①

---

① 这些研究包括：曼素恩. 缀珍录：十八世纪及其前后的中国妇女 [M]. 南京：江苏人民出版社，2005；曼素恩. 张门才女 [M]. 北京：北京大学出版社，2015；白馥兰. 技术与性别：晚期帝制中国的权力经纬 [M]. 南京：江苏人民出版社，2010；白馥兰. 技术·性别·历史：重新审视帝制中国的大转型 [M]. 南京：江苏人民出版社，2017.

在家庭中，女性被全权委以内政，成为家政的实际操持者，并甘愿身任其劳，使丈夫专注于"那些能够标明其阶级和地位的工作"（白馥兰，2010）[285]。日本学者仁井田升基于中国古制身份法，对传统女性在家庭事务中所处的位置进行了历史学研究①，翔实论证了主妇除却负责家内事务，如主中馈（管理日常饮食）、督导妇工、接待宾客之外，还拥有内务管理之"钥匙权"②。但仁井田升认为，基于传统礼法之义，妇女主持家政并不符合道德标准（仁井田陞，1952）[255-266]。同样，赵园的研究澄清，"钥匙权"并非家庭财产的所有权，而仅是财产的管理权（赵园，2015）[28-31]。换言之，女性无权处置夫家财产，女性所能处置的仅有自己的妆奁财产。虽在实际情形中，礼法之间往往具有缝隙，妇女往往被委以家政，或在发生事情时不得不承担避难之事。主妇在礼法上和现实生活里因执行家务所掌握的管理权，是针对庞大的家内事务的管理权。在实际事务的执行上，所谓"三从"并非绝对的，就此而言，礼制的主张与社会的实情有相当距离。（仁井田陞，1952）[255-266]

周绍明的研究说明两性在家庭经济活动中的地位和分工情形有其长久的渊源。他采用宋代士人文集和理学家的治家论述，指出男性家长多半居于资源监督与控制的位置，掌管钱财的流向和使用，而妇女作为"财务总管"，则往往居于辅佐的地位，主要处理账簿和投资事宜，监督仆婢，照顾病人和老人，教导子女读书写字和礼仪等（McDermott，1991）。但我们仍不得不意识到，一个更为深层同时更为辩证的观点来自布尔迪厄的"诅咒的逻辑"（布尔迪厄，2017）[43]。这一逻辑通常体现在性别之间的诸

---

① 仁井田升这一研究是以20世纪40年代在中国华北农村所做的田野调查报告为基础，结合了明清戏剧小说中对中国家庭生活的描述，并综合欧陆地区的惯常法制和日本家务之习俗所做的历史比较研究，参见：仁井田陞.中国の主妇の地位と键の权[M]//仁井田陞.中国の农村家族.东京：东京大学出版社，1952：255-266.同一时期，滋贺秀三的代表作《中国家族法的原理》基于华北旧惯调查的资料，关注社会习惯的深刻影响，他从生产劳动的角度来考虑家庭的日常生活运作，指出主持家务的人最重要的就是掌管家内"钥匙权"，参见：滋贺秀三.中国家族法の原理[M].东京：创文社，1967：293.

② 即家中重要的仓库、钱箱、衣柜和门户的钥匙都交由一家之主妇保管。

多交换之中：士人男性将家政"放权委任"于女性，不失为一种性别之间的"交换"。女性在负责家庭细碎事务的过程中，极易养成锱铢必较与钻营刻薄的习性和特质。正是这些特质使得治家被视为一种"低价值的劳作实践"。

布尔迪厄指出，男性往往将一些他们认为低级、无收益、无价值的活动交付于女性，使他们从与自身尊严所不相容的活动中脱离出来，而有足够理由认定女性"格局狭隘"、"目光短浅"或"斤斤计较"，却不肯将最终的成功归于她们（布尔迪厄，2017）[43]。这也是为何在家庭之外的社会层面，女性的处境基本遵循两性区分的传统模式，例如男性统治公共空间和权力场域，而女性注定要致力于象征财产的私人空间，例如家庭与生育场域。这种性别区分的结构逻辑进一步扩展，则表现为女性仅可以在家庭空间的延伸形式之内，即社会服务机构与教育机构，抑或象征资本生产的空间，即文学场、艺术场中发挥才智（布尔迪厄，2017）[133]。而这些主导着性别区分的传统结构仍在继续决定着变化的方向和形式，女性只能使用一些仪式策略和策略仪式，使私己利益达到象征性普遍化，或"象征性地占有"某些正式权力（布尔迪厄，2017）[159]。她们若要拥有某种权力，首先必须同意只拥有"灰衣主教"①的半正式权力，亦即受支配的权力。换言之，女性行使"半正式权力"的前提是将正式权力预留给男性。女性权力只能托庇于一种正式的权力，通过代理人的身份来行使，以至于仍然服务于其借用的权力（布尔迪厄，2017）[159]。

援引布尔迪厄的分析视角，并结合一系列学者对女性家庭地位之研究，可以发现家政实践对于女性的赋权仍是有限的，不足以例其余。女性在家庭中主体性的实现，很大程度上需要仰赖其阶层属性，尽管上层妇女

---

① 在西方，灰衣主教是一个专有名词，喻指心腹人物、暗中掌权者、幕后操纵者。约瑟夫神父在法国历史上是个极神秘的幕后人物。红衣主教黎塞留这位法兰西千古一相，因为给法国两百年欧陆霸主的地位奠下了基石，被后世法国人封神，而约瑟夫神父，却是神背后隐藏的那一尊神。人们称呼这位没有正式官职，也没有爵位品阶，在法国却只手遮天的教士为"灰衣主教"，把他与红衣主教黎塞留一并视为法国最有权势的顶级人物。

更容易通过获取家庭内务的管理权而在家族中获得较高地位，但她们获得的依旧可能是"半正式权力"（布尔迪厄，2017）[159]。

更重要的是，传统家政由男性主导、妻子代理夫权的模式，使得男性精英可以在"不问家"与"治生"之间取得自身文化角色与性别权力内在张力关系的平衡。基于"夫妇一体"的原则，女性得以在男性"不问家"时，成为家务的代理者。值得一提的是，女性代理操持家务普遍基于夫妻情感关系，而非劳资雇佣关系。正因如此，女性劳作所产生的物质与经济效益也变得隐蔽而难以彰显，其劳作被遮蔽，湮没入日复一日寂寂无声的日常劳作中，"如同苍蝇掉进乳液"（布尔迪厄，2017）[85]。在布尔迪厄看来，超历史性的性别秩序是女性劳作被遮蔽的根源，而这样的历史情形却可能成为民初家政教育发展的"契机"。

基于前述近现代家政教育形构路径之定见，性别秩序的"统治"论说将女性置于性别秩序"被统辖"的一端，并仅以女性经验为研究对象，而鲜少考量性别秩序中协商与合作的面向，从而将男性参与家庭事务之过程排除于论述之外；抑或，即便将男性角色纳入家政教育的讨论，亦仅将之悬置于公共领域"发先声者"的位置。

反观中国传统家政实践及其教化观，作为两性共同参与的家庭事务，家政实践中必然存在性别秩序发挥效应的场域，"内助"与"外事"在空间上的象征性区隔并非截然两分，这其中有实践意义上的逾越与交融，以士人阶层为代表的男性贡献了诸多形塑后世家政实践与家政观的经验、智慧与审思。同时，在明清时期一系列社会文化与经济结构的复杂嬗变下，家政实践逐步由两性共同参与转为让渡给女性操持，直到近现代定型为常理性的女性专职，这一不可忽视的过程使我们没有理由将既有的性别分工"自然化"与"恒常化"，它有利于我们以更富历史性的眼光去考察家政教育的近现代转型与蜕变。在中国历史发展过程中，家政学的知识和实践有其"变"与"不变"。传统家政在西方启蒙思潮与"五四"反传统激进思潮，以及媒介话语等新兴力量的影响下，转型为近现代意义上的家政教育。近现代家政教育在知识建构和实践目标两方面，均与现代国家的建设息息相关。对于新家庭生活的形塑以及性别角色和知识权力之间的关系，近现代家政教育也有其一贯的脉络可循，本书将在后续章节详细展开。

　　传统家政实践由男性士人到女性的"让渡"过程，呈现出两性分工合作与性别协商的另一面向。同时，士人家政实践与其文化身份的结构性张力使我们对性别秩序下男性的社会性别角色有了更深刻的体察。性别秩序同样对男性发挥着无声的效力，传统士人男性并没有被特许拥有一种"双重生活"，即家庭与外务兼顾。或者说，权力在修辞层面的一种特许情况，仅在男性"修齐治平"个体跃迁的理想化模板中才能实现，而在权力的实际层面，这种"特许"被悖论式地悬置，与日常物质生活吊诡地保持着距离。阶序格局下的士人拟以"齐家"促进"治国"，"欲治其国者先齐其家"，因此，"治家"旨在"治国"，在构建起家庭人伦秩序的同时亦须将之施用于政治治理与国家秩序；而"治国"仕途中断后，"治家"亦失去其依存的参照系。明士人茅坤"不尽用于官"的治家之才，在被罢免卸任后便无以为继，他放情诗书山水，赖其夫人躬自操作（茅坤，1993）[701]。或许清人丁耀亢的经历更可以说明，连年征战为男性的家政践行制造出一种例外情况：战争使其仕途被迫停滞，其才得以放下对儒士身份的执念而专注于躬亲营产的家政生活（丁耀亢，1999）[269, 286-287]。同时，古语"丈夫志四方，钱刀非所求"（柴静仪，2016）[428] 在空间实践层面否定了士人治家之才，治家与读书的"雅俗之辨"则在文化身份与阶层趣味方面决定了"从仕"对于传统男性而言是唯一有尊严的生存方式。这意味着男性的性别角色与文化身份同样需要受性别秩序的辖制，男性不得不在形式上与名义上放弃对家业的经营与管理。

　　布尔迪厄将之解释为性别秩序的超历史性存在，即男性与女性都无法逃脱性别秩序的统辖。两种性别中的任何一方都是相关性的存在，共同属于区分构造作用的产物，这种区分构造作用既在理论层面又在实践层面发挥效力（布尔迪厄，2017）[29]。男性身份与其裹挟的性别秩序原则以举止行为的永久性方式固化并延续至今，这些永久性方式类似于一种伦理学的"自然化"，使人们习焉不察。

传统和近现代家政实践与家政教育所关涉的虽都是日常生活领域，但日常生活恰恰是构建性别秩序与家国同构意识形态的重要场域。

三、家国同构的男性观点与家政研究

　　就儒家观念而言，"修身、齐家、治国、平天下"体现着传统男性主体实现自我的历程，个人、家庭与国家形成一个渐次扩大的同心圆结构，而"家"就是这一系列阶序同心圆结构之基底环节，一己之修为可以推而为"家"之"孝"，继而进一步迁跃为"国"之"忠"（朴姿映，2003）。在此阶序格局中，"家"与"国"之界限并未截然两分，而是有所贯通，通过男性个人"欲治其国者先齐其家"之履践，"家"与"国"成为有机相联的"家国连续共同体"。循此"修齐治平"论说，家庭至少以三种方式被视为政治观念的核心（罗威廉，2016）[405]。

　　首先，"家"与"国"具有同构性与相似性。"在家在国，无以异也"为士人阶层普遍共享，管理国家之方策同样适用于管理家庭，反之亦然。其次，道德高尚的家庭具有表率与教化作用，有助于形成秩序井然之国。最后，国家被想象为一个由多个家庭组成的复合体，它使得相互关联的家庭共同维持更大范围的社会、经济与道德秩序。如前文所述，朝不坐燕不与的儒家士人，拟以"齐家"促进"治国"，以其"家国一体"想象中的朝廷为模拟对象，将家族秩序政治化，构建起家庭与家族秩序，同时亦将政治秩序生活化与教育化。传统士人以国家秩序为最高典范，推之家族与家庭一再重申的仪式，家国一体的阶序价值秩序的再生产，既外显为管理手段，亦内化为教育手段。传统家政实践与教化观念，无疑承载了士人阶层对于其智性世界与生活世界的调和性努力，构建了男性"修齐治平"阶序理想中自我完成的图式。

　　儒家等级秩序与科举制度共同决定了士人阶层智性与习性的投入模式和演绎逻辑，读书致知与士人功名之路息息相关，男性将"治家"之才尽施于"治国"的方式，成为联结自身与家国的重要途径——尽管社会经济结构的嬗变与社会化的性别角色为"修齐治平"的阶序理想带来结构性龃龉，也使其某种时刻变得具有修辞性——"治国有纲"兼"治家有方"仍为知识分子兢兢追觅之境。家国一体的理想图示得以衍续，成为后世有识之士习焉不察的思想基底。

　　晚清以降，国势衰颓之气象与救国图存之殷切，始终萦系于知识分子之襟怀。家国一体的精神内核仍然不断变幻着其表象而承续于追索富国强民的思想途径中，成为20世纪初有识先声者构建其政治理想时大举援用的思想资源。值得注意的是，家国一体观亦由日本所阐扬，它不仅作为儒家价值体系为东亚文化圈所共享，更作为儒家核心思想基质被整合入共同寻求建设现代国家的议题中（陈姃湲，2005）[64-68]。清末，有识之士立足国运以审视与提倡家政教育，近现代意义上的家政教育随之蹒跚起步。汤钊译自下田歌子的《新撰家政学》①有序言曰："积人成家，积家成国。家之成也，立国之本也，此家齐而后国治之说也。治有三世，未几大同，则家者，合群之点，团体之基，治家之学，盖可忽乎哉！"（下田歌子，1902）[1]曾纪芬在重编下田氏家政学时亦在序言中强调："国脉之隆盛，基乎家庭；而家道之振兴，关乎教育。"（曾纪芬，1904）[序言]同时，在"修齐治平"与"由家而国"的图式中，女性通过遵从性别秩序与履行家庭内务，间接承担着构建"家国一体"阶序格局之职责，因此序言中又强调"大道无方，而必造端乎夫妇，大理至赜也，而必礼于饮食"。（下田歌子，1902）[1]

　　作为家国一体观念的衍续，"家国同构"在中国近代转型中的中心地

---

①　依照黄湘金的考证，汤钊所译的《新撰家政学》为下田歌子原著的下卷。译者汤钊为康有为门徒，广智书局亦为梁启超间接掌控，以梁氏对女子教育与日本政治制度的关注及汤钊（铭三）与康梁之师徒关系，广智书局得以出版汤氏译作。最早关注家政教育者应该是随夫留学的单士厘女士，单氏之夫钱恂为张之洞得意幕僚。她曾翻译下田歌子所著《家政学》，此书宗旨在于培养"良妻贤母"，全书分为上、下两卷，主要内容有家事经济、卫生、饮食、衣服、住居、家庭教育、养护、交际、婢仆使役等，它既是一部家政学译著，又因介绍浅近家庭科学知识而兼具科普意涵。单士厘所译《家政学》未见再版，1902年11月，上海广智书局出版汤钊所译《新撰家政学》，作为"家政学丛书"第二种推出，署"日本下田歌子著，中国汤钊铭三译"，所依译本与单士厘相同。汤钊在"凡例"中也言其"间有删繁就简之处"，参照单氏译本，其第三章缺"老人之衣食住"一节，第四章缺"负伤及中毒"一节。参见：黄湘金.从"江湖之远"到"庙堂之高"：下田歌子《家政学》在中国 [J].山西师大学报（社会科学版），2007（5）：88-92.

位为知识分子所强调。"修齐治平"阶序格局下的传统家庭意识形态，为现代国家想象力与现代国家复兴计划的实际运作提供了最为核心的价值范畴与想象依据。基于此，本书对于家政教育近现代转型中语境化与专题化的考察，旨在提供一幅在经验与理论层面都更为独特的呈现家庭与国族话语之间关系的图示，两者的联系存在于近现代家政教育被赋予的理论性使命当中：现代家庭首先是一个被纳入国族话语的单位；而现代性的国族亦是一个共享现代性想象与用以实现现代性运作的理想家庭的集群。这一关系使得家政知识的生产与实践在国家层面成为一种必要的知识体系。

第三节　影响近代家政教育意涵的外来因素

重提前述对于近现代家政教育"既非完全土特产，亦非全然舶来品"之论，以及将其杂糅并括的意涵源流称为"混血式的本源"，意在强调无论是传统延衍抑或西方取径，皆有其自身衍变的言论脉络，这使我们有必要重返其意涵问世的原初历史进行理解，而非将历史事实与教育文化现象静态化与简单概念化。近代家政教育意涵、形式与内容的形构是在不同历史与文化语境下的迁变过程，其过程包含着笔者希望先行探讨的一个议题：在何种程度上，近现代中国家政教育不仅承袭于传统儒家道德价值观念体系，同时也为西方启蒙思潮、媒介中家国观念嬗变引发的一系列话语构建所形塑。

一、舶来的"经济"意涵与西方中产阶级家庭意识

"家政"一词所对应的英文为"home economics"，可直译为"家庭经济"，这体现了其西方流脉。我们不妨暂时回到近代家政教育的美国"血统"中追溯"home economics"诞生之初的审定与决议过程。1899年9月19日，在纽约州校董会秘书杜威（Melville Dewey）与李查士夫人主持的纽约州柏拉赛特湖家政会议上，"home economics"正式被当作学校体

制内教授的家政科目的名称。在李查士夫人对于该词的阐释中，"home"作为提供庇护作用之住所，是养育儿童的场所，同时也是培养牺牲自我以造福他人获得适应环境之能力的场所；"economics"则意在对时间、精力与资金做富有效能的统筹管理。① 这一意涵的奠定与西方中产阶级家庭意识形态紧密相联。而在这次会议之前，家政学的学科名称一直未见统一，有"household economy""domestic economy""household science"（冯觉新，1994）¹ 等名称，体现了家政学在诞生初期的内涵调整与迁变，但其核心意涵依旧在"家庭"与"经济"范畴内。②

"economics"在其词汇的构成性意涵中的语义显现，则无疑说明"经济"在西方家政学诞生之初就占据了其意涵的内核。"economics"源于希腊词语"oikonomia"，意为"家务管理"（household management），最早可溯至亚里士多德（East，1980）⁸，其著述《家务理论》在经济意义上肯定了获得财产为良好家庭生活所必需（许美瑞，1981）⁶。就学科分殊而言，家政学和经济学可各自独立，然而在近现代启蒙思潮与社会迁变的语境下，民初知识分子通过对现代国家建设途径的求索来表达对经济问题的关切，家庭改良及家庭领域的经济事务成为联通女学与经济论述之枢纽，随着经济论述一并转译而来。西方城市中产阶级家庭意识形态框架下的理想生活图景与更为宏大的现代国家和国族复兴的建设蓝图，使得经济论述内嵌于近代家政教育内容体系中。同时，西方家庭经济成为中国近现代家政学科在意义上的重要形塑力量与镜鉴之源。

西方家庭经济与中产阶级家庭意识形态的舶来，仅意味着"借西方之酒杯，浇中国家政教育之块垒"吗？传统家政知识在新语境下的某种"断

---

① 早在 1862 年颁布的《莫里尔法案》和 1890 年颁布的《史密斯·休斯法案》中，美国就从国家体制与立法层面给予家政教育巨额经费资助，同时以"家政"肯定了女性在家庭中的重要作用。参见：许美瑞. 美国家政教育发展之研究 [M]. 台北：文景书局，1981：33.

② "home economics"直译意涵中强调其"经济"面向，中国传统家政则更重"统御"，但就家庭事务的复杂性而言，经济仍需综合管理并与其他知识体系互动协调。因此，本书仍以"家政"指称"家庭经济"，但无意于对西方家政学的历史源流做同等深度与详细程度的追溯。本章论述旨在说明近代西方家政的意涵模式对于中国家政教育的影响。

层"最为重要的表征在于知识何以重新分配与重新构建，以及这种再分配与再构建过程是如何被接受的。我们不应忽视上述"舶来之举"的历史语境。首先，现代国家的建设作为一个重要议题被提出，使得以新的观念重新思索"家庭"与"经济"成为可能。其次，"家庭经济"的意涵首先建立在对"核心新居家庭"模式的认可上。而这种来自西方中产阶级家庭观的以"一夫一妻"为核心的新型家庭模式，直指女性在家庭中的经济职能。家政教育的内容体系的西方源流，形构了新的家政教育内容与取向、受近代西方中产阶级文化影响所产生的新家庭观、家庭中女性经济职能的论说，从而开拓了新的知识与思想空间。

二、国族主义与家政教育宗旨的跨文化性

晚清启蒙东渐，寻求富强之径的知识分子率先眼观寰宇，对于现代国家复兴与政治理念的设想正是以西方富强的理想化想象为镜鉴，同时，"家国一体"的差序格局仍然变换其表象，作为"国族归属"（安德森，2005）[4-5] 的核心价值范畴与想象依据。

安德森在《想象的共同体：民族主义的起源与散布》中将"国族归属"称为一种特殊类型的文化的人造物（安德森，2005）[4]。本书中译者吴叡人在对"国族"的英译词"nation"的意义进行溯源后指出，"nation"之意涵一为"国族"，二为"国家"。"国族"是一种基于想象的政治共同体的话语构建，最初作为一种政治想象（political vision）或意识形态出现。自 18 世纪启蒙潮起，"nation"一词渐向"国家"意义嬗变，与"国民"或"公民"概念携手步入现代政治语汇中，指涉一种理想化的"公民全体"的概念，"国家"恰恰是作为实现这一理想共同体的目标与工具而出现的（安德森，2005）[18]。综上，晚清民初"国族主义"的话语正是与建设现代国家的核心意图同步构建的。在这一历史语境下，家政教育的现代化或者现代意义上的家政教育，被视为国族主义最为重要的推进工具，其教育宗旨与国家现代化的实际运作计划紧密联结，并依据性别秩序形构

而成。

　　而有识之士追求启蒙新知与家政教育的现代化，无不"假外求于邻"，于中国传统深湛的家政教化而言，这大致称得上近代版本的"礼失求诸野"。首先，中国近现代意义的家政教育与日本渊源颇深。日本是东亚最早将女子家政教育纳入"近代化"议题而积极推进的国家，明治启蒙时期，大量日本政府官员与知识分子赴欧美考察，目睹西方女性智识程度之高与国民质素之强，这迫使日本人深切反思本国之情形。通过对于西方女性教育思潮大力译介，女性与家庭之质素攸关国族之繁盛已成日本共识。曾赴英国考察的西学思想家中村正直认为，于现代国家有利的是作为"良善的母亲"的英国女性（陈姃湲，2005）[45]，这一异域文化的冲击推动了中村正直最初的"贤母论"的形成（陈姃湲，2005）[45]，"贤母"于未来"国民"之塑造意义深远，这一倡议彰示着启蒙国族主义立场，而"贤母"之形象不外以西方文明制度下的女性为典范。同时，因深受西方男女平权观念影响，中村正直主张女性应增进智识，不仅在身份上，更在人格上作为丈夫之"良妻"。作为日本最早提倡"贤母良妻"的知识分子，中村正直亦被同时代人视为"贤母良妻"词汇之首创者。此后，在文部大臣桦山资纪的演说中，女子教育被视为扶持男子建设"健全的中等社会"以及"增进社会的福利"的重要议题，"贤母良妻"的教育宗旨继而被明确提出。

　　值得强调的是，日本是作为"化作日本的欧洲"而建立其国族认同感的。当时中国知识分子效学邻邦之风气，其重要原因是目睹了国家积贫积弱之状和对日本"西化"后迅速"富强"与"文明"之钦羡，其价值基础并非出于对日本民族与文化的认同，而恰恰是对西方文明与现代性的认同。

　　如果说源自日文语汇系统的"贤母良妻"被赋予的最初意涵是明治女学先声中村正直对于理想女性形象的表征，那么同理可推论，进入中文近代语汇的"贤妻良母"之意涵，则为梁启超所试图形塑的女性角色（陈姃湲，2005）[71]。就清末维新派知识分子对于女性教育所持观念的思想脉络而言，梁启超与中村正直具有相承之处，梁氏于《倡设女学堂启》中论及"贤母"，亦是为了未来国民之母的培养，是基于国族主义之需。程谪凡将"贤母良妻"释为"相夫教子"，能"相夫"则为"良妻"，能"教子"则为"贤母"，该性别角色之体认已成为社会先觉者的共通思想（程谪凡，1934）[41]。可以概观，清末知识分子"贤母良妻"的论述，至少包含了两项意涵，一是作为核心论述框架的国族主义，二是作为教育目的的西方女性意象之构建（陈姃湲，2005）[75]。

"贤母良妻"这一近代概念赋予了"家国一体"的经典儒家论述强有力的种族和国家意涵（季家珍，2011）[123]。此观点倡议女性在相夫教子的同时为国家做出贡献，不仅秉承了中国传统家政教化之遗绪与儒家性别秩序，又具西方文明之烙印。"贤母良妻"与"贤妻良母"四字组合的迁变是一个重要的语义转移，表征着东亚关于启蒙国族与性别教育宗旨的论述在不同时期与发展阶段流变的形式与内涵，这一被儒家思想、明治启蒙国族主义以及西方现代性印记所形构的"复杂异质混合体"，总体目标是将女性教育作为国家强盛之基，日本和中国的女子教育得到官方意识形态的支持，在知识分子寻求富国强民途径的过程中起到了重要作用。

作为女学宗旨的"贤妻良母"继而由下田歌子包含"东洋女德之美"与"西方科学之智"的"复合的贤妻良母主义"（陈姃湲，2005）[126]所阐扬。同样是透过海外见闻，下田歌子体察到工业革命之趋势于社会之冲击，遂倡议女性习得实践之技能，以期成为优质产业劳动力，因应国家工业化发展之需，其开设实践女学校正是出于此意。同时，这也可涵养传统妇德之美，以抗衡西方工业化对东亚传统社会秩序之潜在威胁。下田歌子"和魂洋才"之构架并非多虑，中村正直与下田歌子所目睹与引以为理想典范的西方女性，正是18—19世纪"纯正妇女意识"（true womanhood）

（林美玫，2011）[22]与"共和母性"（republican motherhood）[①]之表征。西方中产阶级家庭价值观包含性别角色，这一性别意识包括虔诚（piety）、纯洁（purity）、服从（submissiveness）与爱家（domesticity）（林美玫，2011）[22]，而纯洁形象、遵从父权与持守家庭是虔诚品格之外在表现。"纯正妇女意识"为当时的妇女或宗教刊物所广为传布，旨在使美国女性通过接受教育成为社会中道德的象征与守护者。同时，在家庭领域，她们被期待佐助其夫其子以抗拒外在世俗化与工业化社会之诱惑。西方的"良妻"性别意识传统亦经由传教士所举办的教会女子教育而输入中国，并催生民初女性的"生利"劳作，这一支脉将在第三章展开论述。而"共和母性"与国族主义立场下的"贤母"共享同一种论述逻辑，即女性通过在家庭内部将国家价值观传递于子女，从而在承担起自身社会责任的同时扮演重要的政治角色。

就范畴逻辑而言，女学乃比家政教育更为广泛的前置性议题，而在晚清民初的历史情态下，近现代家政教育的宗旨与观念首先裹挟于女学阐扬的过程与脉络中，两者的输入理路往往融贯交叠，并未泾渭而分。作为性别意识与教育宗旨的"贤母良妻"不仅为"家国一体"的儒家论述提供了强有力的国族意涵，同时其跨文化的异质复杂性还将西方家庭意识形态注入了国族与性别的新阐释中。母职与妻职之履行并发挥效用的场域是家庭，而家务劳作、子女鞠育与家计管理的助内之职必躬行践履与汲取新知，这促使立足于实践的家政教育的内容逐步明晰，从此历史情境下的女学中脱胎而出，并紧随下田歌子家政教育论著的译介，为中国知识分子所重新诠释。

---

① "共和母性"是 20 世纪 80 年代以诺顿（Mary B. Norton）与克尔伯（Linda K. Kerber）为代表的女性历史学者在对美国早期妇女史的解释框架的重构中提出的。而在此之前的研究倾向于认为，在早期美国历史中，女性身为男性之附庸，其主要活动被局限在家庭之内，美国革命对女性并无实质性影响。而诺顿的著述《自由之女：革命时期美国妇女的经历》则认为，美国大革命的平等观念为女性争取权利提供了话语资源。克尔伯继而在《共和国妇女：美国大革命时期的智识与意识形态》中进一步提出"共和母性"的概念，参见：Linda K K. Women of the republic: intellect and ideology in revolutionary America [M]. Chapel Hill: The University of North Carolina Press, 1997.

鉴于中国家政教化的渊远传统，"我国（女子）主内之权，远胜日本，惜无学术，不能井井有条"（任妍幽，1915）。欲昌发新语境下的女性家政教育，则首先涉及教材之编撰。而我国"虽有《女诫》《论语》之传，或病其艰深，或易其浅近。授之之际，讲实固多忽略，领会亦勘微，以故莫收相长之益"（李翠平 等，2019）[85]。旧时女学诸书从章句至宗旨皆已无法满足现代家政教育与现代国家建设之需。相较于日本的"每以国民自任，且以为国本巩固，尤关妇女"（钱单士厘，1981）[74]，当时中国借国外新知改造国内旧习之诉求日烈，译介家政教育著述以饷国内女学成为刻不容缓之职。最早关切并译介家政教育著述的知识分子是随夫留学的单士厘女士，下田歌子所著《家政学》为其所译述。继单士厘后的另一译者汤钊，系康梁之门徒。汤钊在序言中认为"日人下田歌子着《家政学》，于家庭义务，言之详矣，驳驳乎吾《少仪》,《内则》之遗意焉"（下田歌子，1902）[1]。可见，中国传统家政教化观念无疑是作为先声知识分子舶引异域新知的参照系而存在的，遴选译本与重新赋予家政教育意涵无不体现着新知与旧识的互动参照。1904 年，清政府颁行"癸卯学制"，于《奏定蒙养院章程及家庭教育法章程》中专门推荐此书，认为其"平正简易，与中国妇道职不相悖。若日本下田歌子所著《家政学》之类，广为译书刊布。其书卷帙甚少，亦宜家置一编"（璩鑫圭 等，1991）[395]，此书一跃成为官方学务大臣推荐的"指定用书"，而早于下田歌子的成濑仁藏所著的《女子教育论》则因倡导女性作为"人"的自觉与独立而未能进入官方教材（大滨庆子，2005）。经知识先觉对日本家政著述的一系列转译与重编，以及官方意识形态与知识分子女学取向博弈下"亦新亦旧"的本土化改造，民初女性家政教育宗旨逐步明晰与确立。

本 章 小 结

综上，将"贤母良妻"之宗旨置入其历史语境，可发现其西方现代文明的源流：它首先在一定程度上蕴含着近代新的女性形象与性别角色，同时，它与西方工业化和家庭意识形态所导致的近现代社会结构迁变有着密切的连贯性。而溯源"贤母良妻"的西方源流与跨文化语境的意义在于，西方女性形象经历了明治启蒙知识分子与中国女学先觉"符号本土化"的转译、诠释与重新构建。就异域之眼反观自身，中国传统所谓"贤""良"之"妇德"，重其"不学"与"不才"，而近现代"贤妻良母"意涵下的"贤"与"良"，则重其"有学"。但是"学"之取向与内容均有云泥之别，近代所提倡的"学"为实用、现代、科学之学，而非旧式闺媛诗书吟唱的僬薄才学。正如下田歌子所创设的"实践女学校"名称中的"实践"一词所表明的，相较于增长智识，下田歌子更为强调培育女性持家与实践之能。"复合的贤妻良母主义"在劳作技术与道德价值的双重涵养下，被纳入家政教育之宗旨。下田歌子坚信这种教育宗旨与教育形式特别适合远赴日本留学的中国女学生，其课程设计对家政技能、道德修养与体能锻炼的重视胜过诵诗读文。

　　需要特别指出的是，无论是日本构建的"贤母良妻"还是晚清民初中国先觉所构建的"贤妻良母"形象，以及在该宗旨下对于家庭之重视以及家政教育之倡设，皆被"五四"论者痛斥为保守的儒教糟粕，聚讼不已。然而，"五四"反传统锋芒之所向的"贤妻良母"，却并非纯然来自儒家传统——无论在日本古籍中，还是在中国传统家政教化与家训著述中，均未发现这一合成词汇（大滨庆子，2005），显然，其意涵是在近代国族与国家语境中逐步成型的，作为女性教育宗旨与现代国家之创建紧密相联，表征着社会思潮与性别论说之新嬗变。季家珍亦强调，尽管这一概念的中文字面语词"构件"来自早期传统文献，却用于世界性的跨文化语境（季家珍，2011）[128]。因此，本书力求避免将"贤妻良母"武断化约为儒家礼教的保守因袭与历史的倒辙，或将家政教育的倡设与学科化理解为"新女性"与女性解放思潮的羁绊，而倾向于将这一宗旨之形成路径理解为19世纪末至20世纪初东亚寻求现代国家建设的一种独特方式，这种方式决定了性别教育的议题被裹挟入国家话语中的命运。而这一预设有助于我们看待东亚，特别是民初中国知识分子对于家政教育宗旨与内容的形塑，以及暗含于这一过程中的性别悖论。因此，本书接下来的章节将聚焦于探讨上述构想在家政教育一系列"政治化"阐扬的过程中，如何呈现女性的主体性兼具局限性的复杂面向。

第 三 章

近代经济话语与家政教育的形塑

　　如第一章所述,笔者对家政教育意涵的传统与跨文化思想资源进行溯源,旨在表明传统教化观念的余绪与西方因素在近现代的文化混流,使得近现代家政教育的宗旨与内容无论在内涵还是外延上皆呈现出复杂与变动的历史样貌。本章主要讨论中国传统家政教化"生产性"与"经济"的思想传统在民初智识阶层国族立场下的转变,它主要表现为"利"在国家层面获得合法性,以及经由知识分子的经济论述首先将性别议题与国计民生相联系,女性与家庭性生产被先声构建为典型的"生利"途径,同时,这一"生利"的实践构筑于新的知识体系之上,而现代意义上的家政教育文化就孕生于这种早期的知识舶来与转型背景下的经济论述。

第一节　民初的经济论述与性别议题

一、国计民生与"生产性"观念的近代转变

　　19 世纪末国弱民贫之局面使有识之士不约而同将"经济"视为国计民生之命脉。随着西方经济思想的译述,知识分子在中文语境下思考"经济"一词成为可能,"经济"已不再等同于私领域的"生计",而成为国家权力范畴的公共事务。

"经济"一词对于清末民初的中国而言，如同一种"借来"之语汇。儒家正统的经济思想旨在维持稳定的生计与社会秩序，生产性目标在道德体系构建当中居统摄地位。在这一主旨下，相较于西方经典经济学鼓励生产与消费的原则，儒家的经济思想几乎仅强调对于消费的劝阻、开支的限制与物欲的节制。回顾第一章中传统家政教化中"务本"与"节用"之原则，传统余绪下的生产性思想皆未表现出流通性与交换性的观念。因此，中国经济思想并未形成现代意涵上"自治市场"的概念[①]，而更接近于"一个已经实施的满足物质需求的相互合作的过程"（Taylor，1989）。就 economy 译名的演变而言，为今人所熟悉的"经济"一词源于 19 世纪日本援引中国传统"经世济民"之缩写，但已与其相去甚远，而更倾向于"生计""计学""算学""家计"，此外，还存在"理财学"与"富国学"等译法（冯天瑜，2005），以与"经世济民"原初指涉的贤士立世准则兼治世最高理想的意涵相区隔。在民初语境下，"经济"一词意指国民生产、再分配与消费之综合（冯天瑜，2005）。

　　前文所述中国传统家政教化中，生产性的道德与经济如同一份"矛盾的遗产"，"讲功利、求富强以及诉诸竞争"的特质在中国传统文化基因中并不呈显性，而时至清末，"因被洋人打得痛了，遂开始生硬囫囵讲起"（瞿骏，2014）。之所以"计学"或"生计"跃升为国族命脉，梁启超明确指陈"生计界之竞争，是今日地球上一最大问题也。各国所以亡我者在此，我国之所以争自存者亦当在此"（梁启超，1916）[107]。中国传统家政教化中"生产性"余绪的原生有机联络已经破裂，"从它们的接榫处散开，游离并重组，为新的目标服务"（王汎森，2004）[113]。家国一体，生产性与性别秩序这些脉络的重组与变幻表象的象征性再现正是中国现代启蒙复杂性的重要构成方式之一，而新的目标正是建设富强的国族与国家。

---

①　泰勒承认在传统的实际生活中，试图追求利润最大化的"市场行为"是客观存在的，士人与文化精英也意识到了这一点。然而，他坚持认为现代意涵上的"自治市场"尽管从来没有被完全压制，但总是能够被正统儒家秩序有效控制。参见：Taylor R. Chinese hierarchy in comparative perspective [J]. Journal of Asian Studies, 1989, 48 (3): 490–511.

"生产性"观念的变革力量蕴含于"借来"的语汇中。严复于 1901 年翻译《原富》，将亚当·斯密之"productive labour"译为"生利"（或"能生之功"），今译作"生产性劳作"，而"improductive labour"则译为"分利"（或"不生之功"），今译为"非生产性劳作"。而其另一著述指出，一国国民每年之劳作，旨在供给每年消费的一切生活必需品，因此又有"从事有用劳动"的国民与"不从事有用劳动"的国民之分。（斯密，1972）[1] 职是之故，晚清"生利说"直接来源于亚当·斯密的西方经典经济学思想。特别是英国传教士李提摩太以儒家经典《大学》中"生财有大道。生之者众，食之者寡"之论阐述亚当·斯密之说，虽有断章取义以嫁接中西之嫌[①]，但其目的在于通过援引中国知识分子所熟知的知识价值体系，取得在国族近代化进程中引介西方经济思想的合法性与合理性[②]。伴随西方经济思想的一系列译介过程的是，"生利说"同时将"国民"之"业"与其"生利"能力整合入国家经济发展范畴——"凡一国之人，必当使之人人各有职业，各能自养，则国大治"，与之相反的是"无业之人，必待养于有业之人，不养之则无业者殆，养之则有业者殆"（梁启超，1897），无业者势必成为国民生计之赘疣。"有业之人生利"与"无业之人分利"的二分论述模式由此奠定。《原富》译著问世同年，梁启超撰写《生计学学说沿革小史》，以较之于严复更为通俗的文辞阐述亚当·斯密之经济学说，并提出国民生计与职业的评价标准，强调了女性主持家计对于国民财富增长的积极作用。

---

① 众所周知，《大学》是以"修齐治平"之论奠定儒家道德体系之论著，而非论"利"之专著。李提摩太援引"生财有大道。生之者众，食之者寡"一句，恰为《大学》最后篇幅。李提摩太在此句后又援引朱熹的话强调"国不以利为利，以义为利也"，由此可观，儒家学说中重义轻利的传统被以李提摩太为代表的传教士"断章取义"，实为其变通与权益之举。

② 列文森也曾提及 19 世纪末梁启超曾担任李提摩太的中文秘书，李提摩太之经济论说，颇有启益于梁启超之"生利"与"分利"观念的提出。参见：列文森. 梁启超与中国近代思想 [M]. 成都：四川人民出版社，1986：25.

二、女性"生利"的提出与构建

男性先声在构建"国族"话语之初，首先构建的是"国民"之概念。自 18 世纪启蒙潮起，"国族"便与"国民"概念携手步入现代政治意涵，"国族"恰是作为实现现代政治理想共同体目标的工具而出现的（安德森，2005）[18]。梁启超在其《新民说》中宣称"在民族主义立国之今日，民弱者国弱，民强者国强，殆如影之随形，响之应声，有丝毫不容假借者"（梁启超，1916）[11]。女性占"国民"总人口的一半，理应被纳入现代国民之列。

然而，男性先声却并不认可女性胜任"国民"之资格，这首先表现为对其经济地位与经济职能的双重不认可。其一，女性多为"无业"者，梁启超曾称中国二万万女子"不官不士、不农不工、不商不兵"（梁启超，1897），严复则称女子"恃男子以为养，女子无由分任"（严复，1898）[11]，循"有业之人生利"与"无业之人分利"的二分论述模式，尚无生利能力的女性自然被划归"分利者"之列。其二，于家庭而言，女性被认为在经济管理方面同样失职怠惰。郑观应尤视女性在持家理财方面的失教与失职为社会时弊，认为这些女性"惟日与三姑六婆往来，听其愚惑，或以抹牌为乐，或以拜佛为诚，或以看戏听歌曲为消遣，不知量入为出。其夫其子所得薪水尽寄回家，均被浪费，竟无积蓄；或少有积蓄者，贪放重利，不识书算，为人所骗亦不自知"，这些也被归为"妇女自少失教，丈夫无内助所累之明证也"。（夏东元，1988）[201-202] 女性因"无学"而不善于治家理财，继而导致家道败落，终至国家贫弱。

无论是亚当·斯密还是李提摩太，均未将女性视为"分利者"，他们认为妇女"教养幼儿"与传统女性"纺织棉花使之成布匹之类"均属"生利"之列，何况，"国民"之"生利"本身与性别问题并无直接关联，而郑观应、严复与梁启超等男性先声一致将女性划为"分利者"，其依据何在？白馥兰的研究表明，国家再分配的经济要求维持了一个分立的女性生产部门，并凸显出女性对家庭经济及履行国家义务所做贡献的重要性（白馥兰，2010）[146]。以"男耕女织"为典型的传统性别分工从未将女性摈弃于生产劳作之外，女性劳作与经济贡献素与男性等量齐观，"男耕女织"的象征性规制至少在劳动层面表达出两性分工是互补而非从属的关系。循以此观，女性"分利"之论断颇失公允。

　　而何出此偏狭之论？问题可能恰恰源于"现代性"这一焦点。秉承马克思主义经济观点，现代交换性生产的出现，导致以使用为目的的传统生产渐趋衰落，从而改变了家庭的性质，继而改变了女性家内劳作的重要意义与其社会地位。私有制的兴起使得财产的占有者成为家庭领域的统治者，女性不再为公领域的整个社会劳作，而仅为私领域的家庭与丈夫而劳作（白馥兰，2010）[146]。换言之，当现代性意义上的经济观念与经济活动进入中国知识分子的视域时，公私领域相分离的迁变为"女性分利说"提供了依据与边界：女性家内劳作的"私领域化"使其劳作仅具有使用价值，而失去了社会性的交换价值，以及交换价值附加的创造性价值。女性家内劳作不是被遮蔽便是被贬谪为低价值与低技术活动，被排斥于经济与政治领域之外，自然遑论"生利"。

　　梁启超未尝没意识到思想的盲区所在，其在《新民说》第十四节再次专门阐述"生利与分利"，较之于《论女学》中女性全属分利者的绝对化立场已大为改观，并承认"论者或以妇女为全属分利者，斯不通之论也。妇人之生育子女，为对于人群第一要务，无论矣。即其主持家计，司阃以内之事，亦与生计学上分劳之理相合，盖无妇女，则为男子者不得不兼营室内之事，业不专则生利之效减矣。故加普通妇女以分利之名不可也。观西国之学校教师商店会计，用妇女者强半，可以知其故也。大抵总一国妇女，其当从事于室内生利事业者十而六。育儿治家计即室内生利事业也。泰西成年未婚之女子率皆有所执业以自养，即从事于室外生利事业者也。其当从事室外生利事业者十而四"。（梁启超，1916）[147-148]

　　梁启超思想转变的意义有二。其一，就思想脉络而言，对经济论说的汲取使其实现了由儒家限定性的职业思想到近代为社会做贡献的职业思想的转变（张灏，2016）[19]。其二，梁启超在其《新民说》中对于女性"生产性"的分类甚为重要。他将女性劳作分为"室内生利事业"与"室外生利事业"，劳作的"内""外"之分区别于中国"男主外，女主内"的性别分工传统，而是导源于西方工业革命后私领域的家庭与公领域的工作场所相分离，进一步形成核心家庭基础上的两性分工。"室内"与"室外"实则为劳作价值的"私"与"公"之区分。

在以西方女性为蓝本，并接受西方家庭意识形态的性别分工的思想基础上，梁启超基于"生利"的场所衍生出对于"生利"途径的分野。女性"育儿治家计"因其"室内"属性被归为"间接性生利"，参与"室外"社会性与职业性的劳作为"直接性生利"。值得注意的是，在梁启超的经济话语构建中，无论是直接生利还是间接生利，目标与对象皆是国家。梁启超在《新民说》中特别提出"为国家生利"为"新民德"之一种，并以此作为塑造"新民"之途径（张灏，2016）[149-150]。

然而，若以西方女性为参照，中国女性"生利"能力捉襟见肘，"分利者已居其四矣，而所谓室内生利事业者，又复不能尽其用，不读书，不识字，不知会计之方，不识教子之法"。在梁启超看来，中国女性受传统礼俗规约而蒙昧无学，不仅参与社会的"直接性生利"困阻重重，就连"间接性生利"的阃内之职亦未得履行，导致"分利者"仍然多于"生利者"。这一论断形成女性亟待接受教育的逻辑链条与话语切入口：只有接受教育，方能履行阃内之职，从而达到"为国家生利"。因此，主持家计与家务劳作成为女性"室内生利"之核心，女性通过专司妻职母职，使男子专营外事而无内顾之忧，两性的间接生利与直接生利能为国家生利发挥最大效能。

通过国计民生层面的经济论说，知识分子在自我转变经济思想的同时，再次肯定了女性"间接生利"的辅助性角色，并将家庭作为女性"生利"的主要活动场域。而女性接受教育，则旨在更有效地承担持家理财与鞠育子女之职能，得以在男性知识分子所构建的国族话语中跃升为"女国民"。因此，经济论说又不可避免地与女性妻职母职——特别是"贤母良妻"①的性别角色构建密切相关，并一度成为女学宗旨与发展取向的主轴。而民初的家政教育便是在此历史情境下，作为女学的主要内容与实践取向脱胎而出，逐步获得明晰的定位。

第二节 "生利"论说与女性劳作价值的转化

梁启超在新的经济思想下对女性劳作与效能进行评价，由此提出的"生利/分利"范式，以及衍生出的"家计"或"家庭经济"之议题，经由民初报章媒介、女性教育与著述译介的合力推动，产生了广泛而深远的舆论影响。尽管前文论及梁启超本人曾对其立场进行过修正与调适，但在20世纪初的若干年中，媒介报章"复刻"了梁启超这一论调，强调女性应接受教育，以习养一技之长裨补家计。经济论说经由新兴的女性报刊媒介，在民初转型期的社会与经济背景下进一步形塑和重新定义了女性"贤母良妻"的性别角色与家庭职责，并在传统女性家政劳作表述中嵌入了作为勤勉的中等家庭的核心成员、因受现代教育而具有"生利"能力的"女国民"的意涵。女性劳动的性质与价值的重新表征还为国族主义、阶级和性别等观念的相互渗透与彼此协商提供了话语场所。

一、"女性工作"与"妇女劳作"

在梁启超以西方女性为蓝本所提出的"生利"论说框架内，对于女性"生产性"的分类甚为关键。梁启超将女性劳作分为"室内生利事业"与"室外生利事业"，但他并未意识到，所谓"内外"分野之标准已经区别于中国"男主外，女主内"的性别分工传统，而是导源于在西方工业革命后

---

① 本书已在第一章近现代启蒙思想与传统家政教化的混流中提及"贤母良妻"进入女性教育宗旨的路径，它并非全然继承儒教女德传统，而是紧随西方文明与现代国家之建设，表征着社会思潮与性别论说之新嬗变。

私领域的家庭与公领域的工作场所相分离的基础上形成的核心家庭的两性分工模式。"室内"与"室外"实则基于劳作价值的"私领域"与"公领域"之划分。私领域的劳作仅有使用价值，而鲜有交换价值，属于"间接生利"的范畴；而公领域的劳作因具有社会性的交换价值而成为一种商品化的劳作，属于"直接生利"。男性先声正是吸收了西方经济思想而鼓励女性一方面在家庭领域通过履行性别职责"间接生利"，另一方面通过参与社会性的劳作"直接生利"。

女性劳作的价值与生产性效能的公私划分，同时还基于两种不同的内在属性。一种强调女性劳作的道德与象征意义，另一种则强调女性劳作的经济与利益价值，即"女性工作"（womanly work）与"妇女劳作"（women's work）（白馥兰，2017）[130]。在梁启超的论述框架内，"生利"话语有助于推动女性象征性劳作向经济性劳作转变。但很难从中文译词表面体认到深层次的差别。白馥兰依循曼素恩与高彦颐的研究做出了与之意思接近的阐释。首先，她将"女性工作"（womanly work）阐释为"女性天职所规制的工作"（白馥兰，2017）[130]，意指那些被儒家正统视为道德构建活动的女性劳作，与性别角色及"天职"意涵相联结，在传统社会中晚期主要以"纺织"为表征，这一意涵与葛希芝所言的"纳贡式生产方式"（Gates，1997）[102]相符合。同时，"女性工作"旨在将女性确定为民族国家生产领域的活跃主体，其性别角色是其丈夫的重要补充，同时是家庭生产与经济的重要支柱。典型的"女性工作"有传统农事中的桑蚕、纺织与女红等。然而，"女性工作"的成果的交换价值与经济价值并不真正重要，凝结于物质产出中的德行价值与社会秩序的象征意义更为重要。在民初的语境与知识分子所构建的西方女性典范下，"女性工作"与家庭内部的性别角色紧密相联，其交换价值与流通性有限，被视为一种间接的"室内生利"的劳作。"女性工作"的内涵与阃内之职使家庭成为女性劳作的"适当场所"。

而"妇女劳作"（women's work）则更多被阐述为"女性作为生产者所进行的物质财富的再生产工作"，这一释义中的经济意涵使其更为接近梁启超"室外生利"的论说。正因如此,封建社会晚期的道德思想家才会将不事生产的女性诟病为赘疣,而将高度商业化的桑蚕养殖等视作"妇女劳作"的"典范"(白馥兰,2017)[130]。值得注意的是,将女红归属为"妇女劳作"时,白馥兰所指的是葛希芝所称的在萌芽资本主义生产方式下的市场经济类型中的私人家庭经济层面上的活动,是女性所从事的任何商品化的工作,所有这些工作都符合西方"手工艺"这一概念。但是在儒家正统理念中,与"精巧"或"技艺"概念相联的"手工艺"却并不被视作具有道德价值的"女性工作"(womanly work),均被视为"副业"。正如黄宗智等人倾向于将刺绣与女红归为"手工艺"的技艺范畴,这种区分消弭了主业活动和副业活动之间的差异,而这一区分在儒家正统的经济学思想中是绝对根本性的(白馥兰,2017)[130]。以刺绣为例,女性的刺绣和精英的写作起着类似的作用。"文"表示文辞和纹饰,是与修养、文雅及礼貌相联的复杂观念的一部分。刺绣作为身体行文雅惯习的训练,更被视为一种象征资本,而非实际的物质资本。明清精英士人对于刺绣存有矛盾心理:一方面,他们认为刺绣是一种干扰实效性工作的务虚儇薄之举,女人应该专注于生产性的织布工作,而不是利用本应产生价值的生产时间去装饰它;另一方面,刺绣象征着阶层身份赋予妇女的享受闲暇的特权,这使她们区别于那些手指粗糙、苦编草席的农家妇女,并构成了一种象征性资本,而非物质资本。以刺绣为例并不意味着刺绣永远停驻于"女性工作"的属性与意涵。当它仅仅是女性在私领域彰显其特权身份的闲暇技艺时,其劳作价值仅限于私领域,属于"女性工作"范畴,而当它开始具有交换属性,作为一种商品化的手工艺进入公领域的市场中流通并产生经济价值时,它便具有"妇女劳作"的属性意涵。①

---

① 比如白馥兰提及 17 世纪末的中国,女性织品生产开始转向绣品设计,绣制服饰在晚明成为时尚。最为著名的刺绣者是顾氏家族的女性,她们日渐"设幔授徒,女弟子咸来就学",顾家的孙媳不但继承顾家的绣制品传统,还将"顾绣"发扬为手工艺的独立派别,将绘画理论与刺绣技艺融汇与共。这是一种"女性工作"商品化转换为"妇女劳作"的早期例证。参见:白馥兰. 技术·性别·历史:重新审视帝制中国的大转型 [M]. 南京:江苏人民出版社,2017:137.

二、"实业"的家庭化与"家庭职业"的形成

借由一系列知识分子所构建的经济论说，梁启超将"生利"作为女性跃升为"女国民"的资格前提。同时，近代意义上的经济思想在国计民生的社会层面，助推了 20 世纪最初十年的实业时潮，晚清维新派和社会改良知识分子通过力倡扩大工业生产，发展国族化的实业经济。各地工商业提倡实业的时闻见诸报章①，工艺学堂与传习所相继开设。鉴于男子素来外出谋职从事实业，女子生利的首要途径便着眼于实业之参与，因此，实业又时常与女子职业的论说相联。

在女性报刊领域，最早将"实业"话语与女性职业意涵相联系的是《女子白话报》②。在其"以至浅之言引伸至真之理"与"普及女界知识"的创刊宗旨下，主编以"谋生计"为出发点，将"实业"直白解释为"实在的职业"，针对女性将之划分为"女学""女艺""女职"。女学首倡女性从事医护职业；女艺则作为女性"专门的技艺"，类似于包括纺织、缝纫、树艺与圈养在内的传统"女性工作"；女职则包括保姆、看护妇与产婆。《女子白话报》开设的"实业"专栏普及与实业相关的经济论说，以便女性参与国家经济建设，谋求自身经济地位。

吴江同里丽则女中的学生在其习作中断言，"一女不织，或受之以寒。一女至微也，而一国之中，已有蒙其害者，若人人游手好闲，百业俱废，可立致其国于贫弱。是以女子习业，非特足以自谋生计，亦有益于国家"（严莘杰，1915）。妇女参与职业将使自身与国家变得富足。而"谋生计，必操正当之职业"（佚名，1912a），女子"新职业"的论说经由女性报刊的倡议，将国家现代经济发展与女性"生利"话语联系起来。在社会改革

---

① 如：佚名. 刘总长提倡实业 [J]. 女子白话旬报，1912（1）：4-5.
② 该刊的发行宗旨是"普及女界知识"，"以至浅之言引伸至真之理，务求达到男女平权目的"，刊载对于女子参政、教育、实业经济与妇女的关系等问题的论述。在实业方面，介绍一些日常工作的处理细节，如轻便洗濯剂调制法、铁锈及其他铁类之污点除去法、羊毛洗濯法、麦秆帽子之洗濯法等，同时，根据女子的特点，提出女子可从事的各种职业，包括担任教习、开办女工艺厂等，以便女性参与国家经济建设，谋求自身经济地位。

家江亢虎看来，"除兵役外，女子无以不能为；除娼妓外，女子无一不可为"，"在泰西诸国，小学教习，医士看护人，打字人，印刷人，商店公司经纪人，会计人，邮电收发人，皆女子占大多数，且有为律师者，为辩护士者，为大学专门教习者，为报馆主笔访事者，更有选充地方自治委员者，代理公使领事官者，女国会议员，亦骎骎告成功矣"（佚名，1912a）。《申报》自 1895 年创刊后，经常刊载招聘专栏以促进实业雇用女性担任零售人员、银行职员、电话或电报接线员、邮政工作人员与图书馆助理员等职位（朱瑞月，1990）[166-167]。胡彬夏 1909 年对于美国女子职业的调查表明，"美国 16 周岁以上的女性中近五分之一具有职业，其中以教育类从业居首，其次为著术家、音乐家、美术家与文学家，其余则为农工商医四科"（胡彬夏，1909）。美国女性职业门类之繁复可说明其"生利"程度之高，而反观中国女性则多为居家无业。

　　报章媒介对于"女性职业"意涵的普及性的论述似乎意味着公共领域的实业与就业向中国女性敞开（佚名，1907）。然而，撰稿人普遍以西方职业女性为蓝本的描述，显然仅是一种以西方中产阶级妇女面临的性别就业现实，来构建中国女性参与实业话语的"对比性修辞"，并以此作为激励中国女性理应寻求"有薪劳动"的一种话语能量。诸如中小学教习、医士护理、文员行政等职位皆需要女性具有较高的受教育程度，更遑论女律师、女议员等政界职务。知识分子显然意识到民初女性"实力未充"导致上述就业"其途特隘"的现实（马恩绍，1915）。实业经济初兴与工厂创建则为这一现实提供了一种可行性：女性不仅可以经由实业工厂参与公领域就业，同时可助力于发展国民经济。吴县马恩绍自称是新女界之一员，其参考 1912 年农商部对于各省工厂职工人数的调查，提出女性从事实业人数、人民富足程度与风气开塞之分，乃由于公司资本之多寡[①]。根据其调查，江苏女工人数虽为全国之冠，但以江苏

[①]　农商部 1912 年的统计表明，江苏女工人数居全国之首，为 6.7 万人，浙江女工人数居次，为 2 万人。江苏女工比男工多 1 倍，而浙江女工仅为男工的一半，参见：马恩绍.论说：女子宜广习各项工艺说 [J].妇女杂志，1915（1）：10-12.

素来劳动力稠密与财富聚集之称，工资资本仍显不足，具有极大发展空间（马恩绍，1915）。鉴于此情形，马恩绍认为江苏实业的现状为女工提供了极大的可利用空间，在这一新工业所提供的"完美时机"下，进入工厂就业成为女性可利用的公领域就业机会，"宜广兴各项工厂，而令女子实习之也"（马恩绍，1915）。同时，马恩绍意识到调查统计取样与实际情形之偏差，对于那些未在女工人数调查之内且生计未加开辟的女性，应鼓励她们从事如丝织、茶叶、糖酒冠席砖陶纸漆、毛织物等工艺以"开源"，"竞用棉布"以"节流"（马恩绍，1915），社会生计则有日裕之象。

　　工厂就业与广兴实业的"浪漫化"描述有助于为中等家庭的女性读者提供参与社会性职业的可能性，但这一趋向能否有效助益女性进入公领域就业？三则英商捷足制袜公司分别刊登于 1912 年 9 月、11 月与 1914 年 7 月的广告，被女性报刊迅速转载①。三幅图像所描绘的都是身穿高领窄身绣花长袍的中国妇女形象，收紧的袖管裹于肘部，头部是上翘的卷云式发髻，并以木梳固着，除此以外均无过多妆饰。她前倾端坐，并手持这家公司所提供的西式制袜机的摇杆，机器的转轮下便有已成型的袜子，显然，广告图像绘制将重点放在了构造精密的制袜机上，其形制高而窄，几乎占据了整个图像的尺幅，剪刀与手帕、茶壶和茶杯置于工作台之上，描绘出一个女性操作现代性机械辅助劳作的场景（见图 3-1）。

　　广告文本"能增君之进款者其唯此机乎，无论住之远近"一方面暗示了该工作很少受限于工作地点的优势，即可在家中劳作；另一方面，文本中的"机"字，不失为中方的文案策划者所设的"一语双关"，不仅指涉图中的"制袜机"，还指涉"生利"与获得劳作报酬的"机会"。粗体大字郑重承诺所得报酬"每日赚三元"②，按照民初的货币与物价体系，报酬已

---

① 　如《妇女时报》1912 年第 8 期便转载了这一系列广告。

② 　由于民初货币流通相当混乱，市面上既有外国银圆，又有本国自铸银圆，难以有固定的物价。参见：章宗元，徐沧水. 中国货币史研究二种 [M]. 北京：知识产权出版社，2013：33-35.

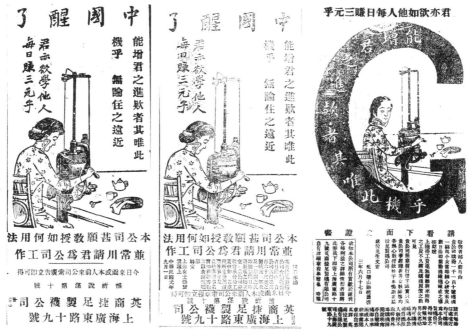

图 3-1　英商捷足制袜公司系列广告

资料来源:《新闻报》1912 年 9 月 8 日第 5 版、1912 年 11 月 29 日第 14 版,《时报》1914 年 7 月 29 日第 16 版。

属非常优厚。且广告中承诺"本公司甚愿教授如何用法",确保女性能够使用机器。

　　最为醒目之标题"中国醒了"极富深意。从表面观之,这一广告通过文本与图像的并置,将女性劳作的意象与国富民强的想象联系在一起:中国女性受聘于外商公司,通过计件劳作获得经济报酬;而在外商企业所提供的就业机会与技术指导下,国家走向知识分子所期许的现代与富强。这一图像使得报刊的女性读者在视觉与观念双重层面熟悉并接受这一公领域新形式的妇女劳作,也输出了知识分子构建女性生产性潜力的共识,即参与实业与劳作不仅使国家经济受益,亦提供了改善家庭财政的手段,并赋予女性"自由"和"自立"的可能性(马恩绍,1915)。这则广告中鲜明的性别与国族立场使其被大举转载刊登,见诸各大报章。

然而，这三则广告经连续刊载后，内容并非一成不变。如果对该广告文本刊载后所进行的一系列细微变动进行探究，便可发现这一幅看似以机械与工厂为环境的劳作图景，实则并非招募女性外出去真正的工厂劳作，而是意欲使女性购置制袜机在家中完成劳作。广告文本暗示，获得酬劳需要欲聘者先行购置一部由该英商公司引进的制袜机，并与公司签订生产协议，在家中自行制袜并交由公司验收。补贴家计需要先行投入资本购置机器，想必很多女性会迟驻观望，于是两个月后，英商制袜公司对广告文案稍做修改，附上已经"受聘"的女工张宝云女士来函：

　　　　月前由贵公司购得三百六十三号之制袜机一部，未及一星期之久，便可制袜。日昨将制成之袜送交，贵公司验收，当承发给工资概如，贵章程毫无留难等事便见，贵执事办事名实相符。（佚名，1912b）

　　"现身说法"无非是广告文案的经典套路，旨在增加工作形式与酬劳的可信度。此后的1914年，作为这则广告的"补充升级版本"，又一则来函被附刊登，内容大致如前，略增文案特意强调"公司自然派人教授，不取酬费，……教授者均为该公司在华经理以及男女教师，均热心教授"，还添加文本"将来所得之工资，不久将及购机原价之数"，并一再强调"贵公司履行章程信孚诚实"，进一步打消受众因担心无法掌握制袜机而蚀本的疑虑。

　　外商提供的就业新形式无形中促进了女性劳动力的市场化与商品化，使得性别劳作具有资本主义市场形式的商品交换价值而与公领域相联。但是，在更深层次上，广告文本的一系列调整和修改无疑呈现出一个事实：对于民初的女性而言，尽管女学初兴风气渐开，然女性参与社会化的劳作很难不去依循当时维持阶层与性别秩序的规制，真正参与公领域工厂化劳作只是一个"未竟"之事实。英商制袜公司"中国醒了"的标语在深谙社会风习现状的同时，将寻求劳动力的本质诉求暗藏于国族话语的意识形态力量与女性劳作的性别特征中，并巧妙地将这两种特征的关系施用于家庭内部的劳作形式。这一广告策略在反映了社会既定事实的同时，遵循并强化了女性劳作的家庭化趋向。

如果考察民初女性报章媒介，时常可见以国民经济视角论及女性职业选择与"贤母良妻"天职关系之聚讼。"生利"的家庭化主张亦往往是在女性"治内之职"的性别角色框架内得以探讨，基于这一语境，我们便可知英商广告文本的策略颇为符应当时的主流论述。知识分子钱智修便提出女性治内优于女性职业，且将女子从事蚕桑、经营家政等治内诸务皆等同于"职业"。因此，"当前女学与其培养女营业家，毋宁培养良妻贤母"（钱智修，1911）。《妇女杂志》的撰稿人潘文瑛区分了适宜与不适宜女性的职业，女性虽应习业"补家政之一二"，但"冒风霜，勤劳动，较锱铢都非女子分内之事"，农工商不尽适用于女子。鉴于传统内外有别的女德训诫的制约，"一旦显身社会，毁誉非可逆料"（潘文瑛，1915a），须外出的社会性劳作亦不适宜女性。最为合宜的"生利"途径便是家内的生产劳作，如养蚕之业。曾译介《实用一家经济法》的知识分子邵飘萍尤将工厂视为混乱与危险之所，且民初在工厂工作的女性时常被付以鄙薄之目光（李帝，2007）。而最为适合女子之职业，当以在家庭范围以内为优（邵飘萍，1917）[64]。邵飘萍在译介家庭经济的书著中，还枚举了女子参与社会职业在道德、家庭教育、家庭开支方面之弊。其中最为核心的观点，一是女性参与社会职业无异于与男性竞争就业机会，尤为影响男性薪资，继而在全局上影响家庭收入；二是女性外出就职，不免疏于家政内务，家中劳动力与子女皆无法获得妥善照顾。（邵飘萍，1917）[64] 由此，无论是提倡女性参与社会劳作的知识先声，还是策划与撰写广告文案的报刊媒介知识分子，其主流论述都是公领域工作与"贤母良妻"之天职相互龃龉，如果女性欲从事一种"职业"以裨补家计，则家庭是最为"合宜"的"职业"场所。

这种"合宜"除了表现于对于性别秩序的遵从，还表现于其符合客观

"经济必然性"①。同时，经济行为的必然性与性别秩序表现为互相制约的关系。正如黄宗智的研究所指出的，在家庭总收入不足以养家糊口的压力之下，只得让别无可用的家庭辅助劳动力投入家庭手工业或者家庭副业。于她们而言，只要净收入大于零，就值得去做。因此，中下层的女性较少考虑市场工资报酬，因为这样的劳作在民初鲜有市场；亦较少考虑伙食费用，因为餐食乃家庭日常开销必须覆盖的部分。正因妇女劳动力低廉，其劳作价值与实际收入亦维系在一个较低水平。1911年《妇女时报》一则将"掉经娘"作为女子职业的文献可证，掉经"举一日所得，可得一百五六十文。我国女工之廉，有如此者。未必天天得经，每月约计谨三圆耳"（云锦，1911）。因此，民初女性大多数从事桑蚕以及棉纱生产，这并非因为那些商品化的生产是利润和积累最大化的合理途径，而是因为在家庭收入不足和劳动力有余（鉴于女性往往被希望在家内劳作）的情况下，它们是谋生的最合理手段（黄宗智，2000）[309]。对于多数中下层女性而言，"生利"的家庭化或者将"实业"作为家庭职业，成为一种符合"经济必然性"的选择。

概言之，民初"生利"的家庭化趋势以及"家庭职业"这一复合性概念意涵的构建途径，主要基于两种社会性诉求：其一为对男性知识分子经济论述与女性"生利"倡议的回应，以及国家经济发展与家庭经济维系的实际客观需要；其二为依循当时的性别秩序，即女性的职业选择及其劳作场所规制为家庭领域，或者家庭性别角色延伸的领域。

三、作为家庭性别角色延伸的女性社会职业

在女性公领域的职业选择中，那些需要具备一定教育水平，以及能够

---

① 所谓"经济必然性"的意义，一方面是在技术上必要的且"实用的"，另一方面是被一种经济的和社会的必然性所强迫的，这种必然迫使"简单的"和"朴素的"人们维持一种"简单的"和"朴素的"基本诉求。与客观机遇的契合被纳入这种构成习性的配置当中，这种契合是所有现实主义选择的根源，这些现实主义选择建立在放弃无论如何都无法获得的象征利益的基础上，将实践或物品还原为它们的技术功能。参见：布尔迪厄. 区分：判断力的社会批判 [M]. 北京：商务印书馆，2015：602.

充分反映妇女作为养育者与护理者的性别角色的职业，诸如学校教员，提供了一种更为"合宜"的替代工厂劳动的途径与中等家庭女性就业的典范。然而，这些职业实际上依然是女性家庭内部性别角色在公领域的延伸。《申报》经常刊登的女子师范学堂的招生启事证实了民初初兴的女子学校缺乏女教员的情况（朱瑞月，1990）[158]。陈仪兰女士撰稿自述她做小学教员而裨补家族生计的个人经历，并向《中华妇女界》的读者辩护，投身教育于女性而言既是一项甚为体面的工作，也是一项有稳定经济回报的工作。特别是当家庭中成年男性因学业未竟而尚未就业之时，公领域女学方兴所提供的就业契机，不失为女性为暂济家族燃眉之急的"合宜"方式。她在一所由亲戚开设的女子中学担任教员，而先前家内的园圃职责，则暂托付伯仲二嫂兼职。她的工资为每月三十元，以二十元接济大家庭之家用，剩余则与丈夫担持小家庭开支。此后，她因勤于职务，很快被校长待以"薪金从优"。待家中男性陆续就业后，陈仪兰女士欣然于家庭经济"颇有勃兴之气象"（陈仪兰，1916），因此在从事教师职业第五年时，决计辞去教职，重新回归家庭以专事家政。"余既不复出山，家人均以余历年能顾大局，不自矜伐"（陈仪兰，1916），从公领域回到私领域是为进一步整饬家庭预算、仆役督则与子女鞠育事宜，为家庭持续性发展夯实基础。四年后，她以家族名义投资与筹建私立小学校一所。略收学费之外，"其余均吾家任之，以设置完备"。其中"任教者为仲妹及……任保姆者，为从祖姑，及仲嫂媵母……皆称其职"。此举既能节省一笔师资开支，又可为族内女性继续提供"合宜"的公领域职业。在陈仪兰女士的智慧经营下，这所私立小学开设以来采取男女合班教育，"生徒近七十人，今已二级矣"，创收已颇丰厚，家中经济"亦颇峥嵘可慰"，这足以证明她以自己的家庭化的职业在公领域"生利"与"创业"之成功。（陈仪兰，1916）

　　尽管民初女性仍然受制于内外有别的性别角色传统，但陈仪兰女士所述其家庭化职业的形成，足以使人管窥其家政实践这"一盘大棋"中的种种智慧与绸缪。我们看到立足家庭的女性，因裨补家计而暂时走出家庭，复又回归家庭，其"生利"的归属始终是大家族或核心家庭，而非女性个人。与梁启超所代表的民初男性先声们所持的民族主义论调——将妇女劳作有失公允地修辞为一种只有在公领域被见证才可被称为"生利"的劳作——所相异的是，倡导并实现一种基于家庭生产的"职业"，首先使那些声称女性毫无生产能力并视之为"分利者"的男性精英认识到，女性劳作的价值正是存在于家庭领域内部的；其次，"家庭职业"的复合意涵的构建，还使得那些固持"女性因参与社会职业滋生个人主义而弃守家庭职责"的男性偏见得到纠正，女性不仅通过"家庭职业"的实践证明其强韧的生产力，还展现出高度的家庭责任意识。

同时，我们也应洞察，家庭化"生利"实践与家庭职业的形成，无疑揭示出性别分工的传统结构仍然决定着女性家庭劳作的取向与形式，并通过内化为女性"生利"的实践原则发生作用：对于民初女性职业的探讨，更多还停滞于"治内之职"的观念框架下，被认为"适宜"女性的职能仅属于家庭职能的延伸部分，如教育、护理、家庭手工艺等（布尔迪厄，2017）[133]。这决定了女性注定要致力于象征财产的经济逻辑永久存在的私领域空间，诸如家庭与养育职能场所，或私领域空间的延伸形式，特别是教育机构、医疗机构、社会服务机构或象征生产的空间，诸如文学场、艺术场或新闻场等。

家庭经济地位的维系与家政事务的实践促进了公领域的社会经济发展，亦促使女性劳作的性质与价值从传统"象征性"的"女性工作"转向"经济性"的"妇女劳作"。本书将在下一节具体论述女性的传统技艺与劳作如何在现代性的新知识体系与新的专业教育中实现这一转变。

同时，就晚清民初的社会生产力状况而言，生产的家庭化趋势并未随近代商品化与消费主义的发展而瓦解，反而趋于增强。女性从事的家庭实业或家庭副业仅仅是社会在边际报酬递减的趋势下所提供的额外就业机会，作为家庭中"低机会成本"辅助劳动力的妇女，其所得收入亦并非随着单位工作日收入与劳作效率提升而增加，而是以家庭化为支柱，低机会成本的辅助劳动力吸收了这种"过密化"模式的能效缺口（此外，这种因

"过密"而趋于廉价的劳作也更容易被遮蔽）。另外，正因为妇女在家庭化生产中成为相对廉价的劳动力，这一时期密集的女性家内劳作所产生的实际经济效益是非常有限的。因此，当由来已久的传统观念与生产模式尚未全然遭到质疑与瓦解，而作为一种现代性群体的"职业女性"又尚未形成之时，女性家庭生产劳作的价值便不可能完全转化为社会化的劳作成果，并在家庭与国家的经济层面被认可。欲将女性劳作真正转化为可交换与商品化的经济生产活动，就必须有新的知识体系与新的技能教育，这一专业技能知识体系的构建，同时促进了家政实践与家政教育的近现代推展。

第三节　"生利"新知与家政教育的技艺取向

晚清民初整体性的知识局面基本上呈现出"尊西人若帝天，视西籍如神圣"之概观，这涉及对于近代以来最为有利于现代国家建设的知识体系是"新知"抑或"旧学"的聚讼。晚清知识分子对于国计民生与性别劳作价值探讨的"制式反应"，也是与知识体系的"黜旧启新"同步开展的。以梁启超为代表的男性知识先声虽未全然否认女性的"生利"价值，但无论是女性的生产性劳作还是家务劳作，皆基于旧学体系——关于专门技艺的传授与教育时常乞灵于代际"经验性"权威，而非仰赖一套严谨、科学并富有实效的知识体系。

鉴于传统女性被剥夺参与科举与出仕之权利，其诗书才学向来处于或褒或贬的审视与评价中（曼素恩，2005）[18]。旧式女学往往因长于"批风抹月，拈花弄草，伤春惜别"等词章诗集，而被梁启超称为"本不能目之为学"（梁启超，1989）[39]，他在痛斥传统"旧学"时亦否定了旧式的"女学"。胡缨指出，梁启超对于传统"才女"的批评是与对于广义的"旧学"的指摘紧密相联的，或者说，是对"才女"之"才"成为"数百年无用之旧学"的指代（胡缨，2001）。梁启超认为"天下积弱之根本，则必自妇人不学始"（梁启超，1989）[39]。而梁启超所谓之现代女性之"学"实为

"内之以拓其心胸，外之以助其生计，一举而获数善"（梁启超，1989）[39]
的现代"实用之学"。"实学"的性质从根本上而言是职业性与社会性的，
维系着构成生活世界的种种事务间的关系以及生存的各种活动。在民初社
会语境下，正在兴起的实业、贸易与科学的诸种话语开始向传统女学提出
新的需求与挑战。"女学"不仅在家庭生计上切实可行，且在实业与商业
上同样获利可观。女性知识分子唐谢耀钧撰稿呼吁：

> 救国之道，条理万端，但必以教育、生计二者为政治之本。而教
> 育、生计二者进行之轨，又必以家庭为起点。……身为女子，又定此
> 时会，与男子同负教育、生计之责，自当内外分业，昕夕勤励。其协
> 力之趋向，为求自家之安富尊荣。（唐谢耀钧，1915）[1-3]

女性如果无力自谋生计，便失却了一种"最具有教育意义的生活经
验"（杜威，1990）[13]。裨补家计与家庭化生产很大程度上依靠女性手工劳
作技艺。传统女性技艺的教授一向是基于经验主义的学徒式传承，很大程
度上与粗放的工序与不甚精细合规的技术相联系。民初实业兴起的客观社
会事实与"实学"意涵的内在要求，使得实业技艺教授的专业性与科学性
方法更大程度上依赖自然科学的原理与技能。"生利"话语与"实用"的
取向旨在将传统技艺的传承转化为一种具体可操作并提升社会效率的技能
教育。男性知识先声的经济论说将女性"生利"与创造经济价值的能力与
其家庭技艺的知识及教育紧密相联，女性报章则紧承男性先声的衣钵，遍
设"实业"专栏以普及关于家庭化生产的专门技艺与新知识，对女性"生
利"与家政实践进行"预期性教育"。

尤为值得注意的是，在技艺的教授中，女性发出了自己的声音。女性
知识分子将自己的技艺经验分享于报刊，并辑为家政知识专栏。承载着专
门性与科学性的新知识是由女性系统性研习技艺与生产技术过程的经验转
换而来的，这种基于个人经验与新知识的"净价值"经由报刊媒介进一步
扩大，不仅裨补于一己家庭之生计，更为手工业行业市场乃至国家经济的

发展提供助益。因此，将女性传统技艺所需要的"新教育"与民初社会事态迁变的一般进程联系起来，我们便可以看到家政教育方面所呈现出的革新。"实用"之宗旨即表现为服务于现代家庭改良与国家建设的社会性议题，同时还表现为传授具有实效性与实利性的新知识与专业技能的教育目标。

一、重振国家经济的旧技艺与新教育

民初报章杂志所呈现的男性知识先声所开创的经济论说范式，同时呈现出了国家经济物质生产与国际市场竞争之间需求的变化。率先走出国门的智识女性观察到在世界格局中，"欧美各国之所以能富强，皆本于工艺之发达"（林逸娴，1915a），因此，"今日之世界，一工艺之世界也"（佚名，1912a）。尽管中国传统女性工艺素来郁盛，到近代却被视为糟粕而呈现"日退之象"（林逸娴，1915a）。西方工艺发达不仅令国人钦羡，更以"新工艺之擅长争胜吾国"（林逸娴，1915a）。在国家经济层面，它表现为传统手工艺品销路的委顿，以及中国对外贸易逆差每年近千万银两。而论及技艺之精娴悠久，西方远未及我国。然而20世纪初以降，昔日我国素来所擅长之工艺反成为今日所短，这一局面使得一些从事传统技艺生产的智识女性倍感忧心。在国际贸易竞争中的中国，除却天然物产，唯有绣工一艺"年得外款输入可达百余万元"，可以与他国争胜。在熟稔于传统技艺的有识女性看来，欲力挽中国经济不振之局面，唯有改良旧有技艺，以特色擅长之工艺与他国相竞争抗衡。（林逸娴，1915a）

然而，以女性技艺带动国家实业经济的议题首先面临两大现状。一方面，由于从业女性减少，手工艺行业整体衰微。究其缘由，民初欧风东渐唯西学是尚，万事从新。步入新式学堂的女性读西书学西理，注重西方新工艺之不暇，几乎再无余暇顾及旧有工艺，传统技艺遂为崇尚新学的女性"厌而弃之"（林逸娴，1915a）。另一方面，由于传承与教授方法渐趋粗陋，传统技艺难于精娴，故废而不为，或为而不精，逐步丧失原有优势。

在解决女性从业议题方面，知识分子首先以传统性别秩序作为动员女性从业的辞令，将女性技艺的复兴话语与女性独立自主"生利"的话语两相联袂。传统手工艺被构建为"适宜"女性家庭化生产的"家庭职业"。"女子之能绣也，犹男子之能文也"，"绣为女子工艺之一。今吾侪既欲自立，不存倚赖之私心，则对于社会，须有普通之常识；对于自身，须有技术之表率，方可为尽女子之天职"（林逸媕，1915a）力倡女性家庭手工技艺，不仅足以裨补家中经济从而"生利"，更可以复兴传统技艺以开启国际销售市场，重振国家实业经济。无论在性别秩序的象征性资本方面，还是在国计民生的实际经济利益方面，皆可统筹兼具。因此，女性技艺的"复兴"计划成为体现民初家政教育经济面向的重要注脚。

传统的女性生产性技艺教育主要依靠代际经验式的手口相授，这一教授方式形成于科学化与专业化的生产经营和商品化皆未与社会经济结构形成积极联系的时代。而民初实业、工商业及所有日常生活机构，无不仰赖科学与专业新知识的应用。因此，经济与社会结构的迁变导致技艺教授问题成为家政教育中首先面临的问题。从 20 世纪初开始，公领域的女子家政教育体系中就含括了诸如以女红与刺绣为代表的"妇女艺术"（women's arts）科目。然而，在寻求实际经济效益与富国强民的性别职责的知识分子眼中，女校所开设的女红一类课程，依然延续了彰示阶层身份与享受闲暇的女性特权与陶养"女性美德"（female virtues）的宗旨，而并未以教授精湛技艺使女红趋于商品化与实利性。学校如同其他一切人类机构一样，获得一种来自传统的惯性，诸多问题与方法都源自前工业的传统社会条件（杜威，2005）[330]。经济论说与国计民生的立场，使得传统技艺行业成为一种亟待被改良为具有"实利性"的女性职业。关于女校家政教育是否应保留传统女红科目，或应如何发展教授女红技艺，知识分子之间曾聚讼良久，但于实际皆收效甚微。有知识分子针砭女红教育之时弊，提出中学家政课程的改良意见："与其拥普通之名，而不敷应用，何如享专门之实，而较易程功。"（复，1910）而面对旧技艺在新语境中专业性与实利性的教育诉求，民初女校的技艺课程难以将之转化为实际有效的经济资本。

学校教育体系中技艺需求与知识现状的断裂状态，有志于复兴传统技艺的智识女性尤有切身之感。林逸嫻女士自幼嗜绣，先后师从擅绣的邻人与长兄之妻。然而她发现自己居处僻乡，见闻浅陋，所绣作品大多因循旧式成规，难以再有新创奇制。而她发现国内不仅学校教育难以满足精研技艺之需，社会上"唯刺绣一技，人咸视为不足轻重，故无成书可考"（林逸嫻，1915b）。当她随父游历日本偶见藤井月秀女士绣品以西洋绣法见长时，她辗转以"鬻绣之资"供自己就读于日本西京高等女学，专研西方刺绣技术。她将课余对于刺绣技艺的钻研心得积久成篇，投稿于《妇女杂志》以饷国内刺绣技艺的初学者（林逸嫻，1915b）。

　　其新的知识取向首先表现为从西方写实风格的绘画技法中汲取技艺的灵感，进而内化以反思传统技艺之改良。这一经历与民初刺绣大师沈寿钻营与改良技艺相类似。沈寿[①]早期绣艺虽高，但其立意仍未脱"金玉满堂"或"福禄常贵"等模式。婚后与擅长丹青的丈夫余觉互相研习，将绘画构图、色调、成法与意境诸方面加以迁移运用于刺绣改良（蔡登山，2019）[173-174]。1906年，农工商部派沈寿、余觉夫妇赴日本考察。日本融合西方绘画技法以光影表现的美术绣品使得沈寿颇获启益。归国后她在传统刺绣技艺的基础上，借鉴西方素描以外部光影烘托物体明暗的理念，独创"虚实针"（沈寿，2010）[66]等新式改良针法，所绣物品极富立体感与写实风貌。"虚实"之理念取自西洋现代写实性绘画观念，所表现事物的质感因光线阴阳明暗而异。应用于刺绣，则表现为阴影部分以密而满的"实针"使得绣线的光泽隐没，产生阴影与暗面效果；而受光的阳面则用短而稀的"虚针"，用针愈发稀疏，用线愈发色淡，直到空白不绣留出绣地，以便彰显光线强烈。这就是讲求所谓"虚中有实"（沈寿，2010）[66-67]。"虚实针"还为沈寿后期独创"仿真绣"打下了基础。相较于沈寿对于西

――――――――――

[①]　沈寿（1874—1921），原名沈云芝，字雪君，号雪宧。吴县（今苏州）人，因其绣斋为"天香阁"，故别号"天香阁主人"。年幼曾受家庭艺术熏养，八岁时即绣制作品，广为亲族赞誉。

方写实绘画光影表现与描摹形体的技巧的积极借鉴和研习，顾绣在处理人物面部时依旧延袭套针绣法，未吸收已传入中国的西方绘画光影明暗理念与技法，实属时代之局限（沈寿，2010）[66-67]。

就承袭传统顾绣衣钵的传统刺绣技艺而言，沈寿无疑是一位"前承顾绣传统，后启仿真绣法"的关键人物，她以一系列富有创见的"新意运旧法"为传统技艺注入了西方与现代的新鲜元素（沈寿，2010）[1]。中国刺绣技艺悠久精湛，却由于种种历史因素而缺乏必要的理论总结。而中国近代第一部结合了刺绣理论与技艺实际操作的专著《雪宦绣谱》，正文八卷详授了绣具、工序、针法、绣要、绣品等诸方面知识，讲解了刺绣与绘画之相互关系。这不仅是沈寿四十余载技艺实践的结晶，更是其在弥补技艺理论缺憾的同时，在积极汲取、嬗变与创造中担负传承女性传统技艺之职责的体现。

专业精深的技艺新知识的舶来、传布、研讨与互动的一系列活动，为女性技艺的新知识与新创造性释放了能量空间。这一情形首先使得一类新式"学者型"女性撰稿人在民初以报章杂志为平台的"公共知识论坛"中脱颖而出，并在学校教育体系之外形成了一种相对独立的知识取向。这些女性报刊包括当时最为重要的《中华妇女界》《妇女杂志》《家庭杂志》，以及更为早期的《女子世界》《妇女时报》《女子白话报》《女学生杂志》等。在女性报刊媒介上刊载的教授性质的文章详细描述了复杂的技艺与科学的家庭生产工序问题，报章杂志承担了学校教育体系之外的知识传介与教授功能。

除了刺绣，复兴传统技艺还包括桑蚕与制丝技术。其不仅承续中国丝织业生产传统，同时兼具国家未来经济发展之潜力，因此被视为女性家庭化生产的理想劳作。我国本享有熠熠生辉的制丝历史，然而由于近代以降，育蚕方法粗放与从业者减少，加之中国"惟此时女学尚未发达，更何有蚕业之云"（潘文瑛，1915a），蚕桑技艺传承与教育之匮乏成为我国蚕业日趋衰微之主因。

潘文瑛女士撰文强调，在我国蚕业衰落之时，日本蚕业技术正发达精良，每年创造近一亿日元之出口额。而日本蚕种在中国秦代时从中国传入，现已遍设蚕业学校、蚕种研究所与缫丝场等臻于完备的蚕业生产机构。相形之下，"吾蚕业祖国，而反不如区区后进之日本"。为振兴我国桑蚕业，潘文瑛女士不得不东渡日本学习更为先进的桑蚕技艺。（潘文瑛，1915a）毕业后，她回国调查中国蚕业发展之盛衰，有少数且不成体系之蚕桑学校开设，较之日本有诸多差距。从业者往往"仅栽桑而不知养蚕，亦有徒养蚕而不讲制丝"，即便有零星妇女略知制丝之法，又因缺乏专业智识与先进器械，而流于质恶色劣之粗制滥造。（潘文瑛，1915b）

　　而欲在制丝业国际出口市场中获得可观的利润，需要大力提升丝质。影响蚕丝品质的因素包括缫丝技术。我国传统之缫车，既已蠢劣，复不完备；而西洋制丝机械又价值昂贵，动辄数千金，不适宜我国女子之家庭副业经营（潘文瑛，1915b）。因此，潘文瑛以我国传统旧有的缫丝器具，略取中西之简易者加以技术改良，力图不消耗过多资金，达改良丝质之效。改良后的座缫之装置为煮茧缫丝之主要器具，使用时主要依靠人力手摇。

　　杀蛹与干茧环节施法得当与否亦与丝质优劣息息相关，因而不可怠忽其法。我国传统业蚕者都以鲜茧缫丝，对于杀蛹干燥则茫然无知。一旦出蛹，则为废茧，无法作为制生丝之原料（潘文瑛，1915b）。杀蛹可保全茧层，提升原料质量。潘文瑛枚举我国旧有的与日本传统的杀蛹方式，诸如日晒杀法、盐腌杀法、蒸杀法、燥杀法、蒸燥杀法等，并比较其优劣，使读者可依循各自现有条件而择其适者。在缫丝环节，潘文瑛亦强调用水之性质对于缫丝结果与丝质的影响。井水与泉水因含有矿物质而水质较硬，不适于制丝之用。[①] 既知水质对于制丝之影响，潘文瑛遂提出以过滤法改良水质。关于技艺的更为科学化的新知识给予女性更为积极主动地改良与

---

① 诸如含有石灰（即氧化钙）之水导致煮茧之时解舒困难；含镁之水则不利于缫丝的抱合环节；含曹达（今亦称"苏打"，即碳酸钠或碱性化合物）之水会导致丝色无光泽，延展力弱；含铁与铜之水，则使出丝量减少。参见：潘文瑛.学艺：对于女子制丝之概要 [J].妇女杂志，1915（5）：25-32.

突破现有条件的能动性。

在另一篇讲授育蚕技术的文章中，潘文瑛女士系统讲授了她在日本学习的关于先进的养蚕设备与技术的内容。育蚕首先涉及家庭养蚕室建造，须在通风、采光、温度、湿度、防寒与排泄诸方面科学管控；在蚕的饲育方面，除了以观察度量蚕龄外，人工"催青"技术对于家庭育蚕效率与时间成本控制的贡献极大。（潘文瑛，1915a）

制丝产业包括栽桑、养蚕与制丝三环节，在经济效益方面，"若以生利之多寡而比较之，则育蚕优于栽桑，而制丝又优于育蚕"（潘文瑛，1915b）。在《中华妇女界》与《家庭杂志》中，为数众多的女性撰稿人强调桑蚕业"生利"对于振兴国家经济的巨大效益，特别是植桑，在废地荒场畦畔屋角皆可种植，女性只要花上十日辛劳，就能获利数百元之多，一家之经营则有助扩张海外之贩路（乘黄 等，1915）。因此，潘文瑛附图（见图3-2）殷殷敦促女性报刊的读者积极从事以桑蚕为主的家庭实业——它不仅可以作为一项极富"生利"价值的家庭实业裨益于个体家庭，于女子生计聊为先导，于我国实业复兴与经济发展更有长足之助益——特别是女性在养蚕制丝的实践中积累知识、技艺与经验，则有望为萎靡的国家经济奉上一己"涓埃之助"（潘文瑛，1915b）。

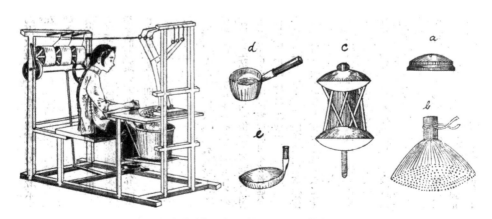

图3-2　缫丝机械：座缫装置与缫丝的各种小型器具

资料来源：潘文瑛.学艺：对于女子制丝之概要[J].妇女杂志，1915（5）：25-32.

因此，虽然日本与西方诸国"技之精巧，法之灵妙，已非我国所能庶几"（潘文瑛，1915b），然而潘文瑛坚信我国蚕业之发达前程就寄托于这一技艺改良的关键阶段："我国之蚕业，将从此沉落而永无发达之日乎？曰非也。"（潘文瑛，1915b）潘文瑛指出"吾国人日日言提倡国货，而舶来之品仍充斥于市廛"（潘文瑛，1915b），因此教授女界掌握先进技艺与改良传统技艺更是一种使命感与责任感的体现。技艺的改良与专精事关整个工艺实业之发展，更攸关国计民生。女性不仅通过专门化技术新知识与精湛技艺的实践经验获得一种在精神与道德方面都适宜的终生的事业（杜威，2005）[358]，而且能秉持一种对于职业与行业更富责任感的智识性态度。探索与传授最为先进的蚕桑技术与现代性智识赋予女性意义深远的力量，这一力量使得复兴与改良旧有技艺以重振国家经济成为可能。

　　这些见诸报章的技艺新知识体系，并非远离生活生产经验的抽象知识，而是那些传承经验中所固有的。新知识使得传统技艺的经验得以纯化，有意识地使蕴藏于技艺经验中的意义迁移于新的生产劳作经验，并指导其他技艺经验，使之进一步精湛。智识女性将专业性的新知识纳入传统技艺教育，将科学化与精细化的思考方式深入技艺的各个工序，使得女性摆脱单凭经验的难以精细度量和全面控制的生产惯例。

　　民初以降，丝织物之用愈广愈繁。随着"世界市场"这一商贸合作与供求体系之郁博隆盛，世界市场的需求亦日增，遂产丝各国无不力求进增产丝额以供需求。陈庭悦女士确信国家可以从花边制造实业中获得经济增长，她声称中国已实现"每年之输出额渐次加增"（陈庭悦，1915）。发展本国工商实业为大势所趋，亦为花边制造之发展提供了契机（任姝筠，1915）。陈庭悦女士为《中华妇女界》撰文称赞花边制造"既非为一种甚难之技能"，又"无须充足之资本以为操业之所需"（陈庭悦，1915），是可在创业资金不充足的情况下便可盈利的家庭实业。烟台之挑丝与刺绣业先于花边工艺萌兴，然在工艺与品质方面，与花边制造业相去甚远。挑丝与刺绣制物均由工厂雇用社会人员制造，订货时期若逢物资匮乏之时，厂家则往往以劣等之货品充数，市面上低劣滥造之品层出不穷。而花边制造业作为一种"家制户造"的手工艺，且从业女性多经学校教授与训练，论工艺精良细密无疑更胜一筹。花边制造业在城市确有极广销路。诸如民初服饰革新时潮下，各式西洋蕾丝花边点缀了女性收紧的新式袄袍，包括衣领、袖结等处，除却作为精美的妇女衣饰辅料，花边还作为重要装饰物广开销路。

陈庭悦强调了这样一种观点，即妇女可以通过在公领域进行手工制作与实业来获得自身的经济独立（陈庭悦，1915）。在花边制造业的萌兴与发展历程中，不可或缺的是来自西方女传教士的教育力量。1894 年，美国长老会某女传教士于课业余暇，以花边制造教授其女弟子。烟台之花边制造业遂于此时期开创。一年后，首创传教士离开，1895 年，墨克麦伦夫人见烟台妇人善于制造花边，也因其即将于此地创设"教会工业学校"，遂招女学生肄习手工花边制造。在墨克麦伦夫人苦心经营之下，女学生不断积增，她们"遂以所学之技艺，遍教邻里亲友"（陈庭悦，1915），初得墨克麦伦夫人行诒的女学生，乐于与周遭朋邻分享自己的花边制造技能，"近郊早得风气之先，妇人无不以娴于花边制造闻矣"（陈庭悦，1915），烟台花边制造业得以初露峥嵘。1902 年，墨克麦伦夫人和丈夫创办了一所专门教授手工艺技术的学校，其常年经费由墨克麦伦洋行之津贴资助，该校名义上虽属于教会，但墨克麦伦夫人创办此实业并不受教会资助。墨克麦伦创设学校之宗旨，除教授学生以诸种普通学识之外，还"使诸生于攻求学问之时，得同时以手工艺之技能，占有利益，而为支持学费之用"（陈庭悦，1915）。同时，学校对于花边制造之品质亦极为注重，且"其出类拔萃者，所得利益，充学费外，尚有余资可赚"（陈庭悦，1915）。这也正是女学生们对于此项手工业报以"孜孜屹屹，有乐而忘倦之意"（陈庭悦，1915）的原因。女学生毕业后，"得恃其技能，谋一生活，无须倚赖他人"（陈庭悦，1915）。陈女士欣慰之感油然而生，她总结道，这所女红学校体现了女性职业学校的典型理念，其宗旨已初具女子职业教育之意涵。①

　　而女学生们通过女红实业学校所谋得的绝非仅有一技之长——该技能经由训练之精湛，亦深得市场嘉许——"烟台花边，最优之品，皆出自工业学校女学生之手"。而相较之下，学校以外的社会女工"则以未受学校有统系之训练，制成之货，终觉大为减色"（陈庭帨，1915）。技艺的体系化教育促使该校所出之优等品尤为畅销，订货之单络绎不绝，有应接不暇之势。女学生的技艺亦得到国际之垂青。1904 年圣路易斯世界博览会上，烟台花边代表我国赛得一枚金牌，1907 年澳大利亚墨尔本世界手工艺展览会上，烟台花边又得优等奖，中国女学生所制花边之精良可推想而知。尽管教会学校关于女性技艺的教育很可能因其"显性"宗教课程与"隐性"西方性别秩序的传递而具有权益性，但女性不仅通过技艺教育习得一技之长得以维系生存，而且于私领域完成的劳作成果得以置身公领域的"竞技场"被公开的异域而陌生的目光观看，并作为中国"正宗"物质文化与精湛技艺的象征广获国际赞誉。这是由西方教会教育所推动的我国技艺复兴"种瓜得豆"的历史结果。

　　刘盛女士的一篇撰文可证明，至少到 1919 年之前，通过接受技艺方面的新知识与专业教育，以"技术专家"身份撰文于报刊媒介的中产阶级

---

① 李天纲教授曾在一文中提及教会教育的"中华性"，如果就性别议题，具体到教会学校开展的女性教育而言，我们不得不承认最初教会教育所持的暧昧态度。有相当可观的文献已兹可证，教会学校培养女性起初之目的很可能是权益性的，且足以被那些领受教会教育而习得一技之长的女性所察觉。在陈庭帨女士对于烟台花边制造业的描述中，墨克麦伦夫人所创设的学校，其宗旨在陈女士看来则"殊可玩味"，因为"传布耶教福音于诸肄习生"之目的显然最为首要。对于女学生，一方面传授其自立之技能，另一方面，使其成为"圣徒之妻子"，这包括伴随着教会教育同时输入中国的"纯正妇女意识"（truly womanhood），或者更为早期的美国南北战争时期的"共和母亲"（republican motherhood）性别价值观。而最终，教会大学原本想培养的"贤妻良母"，却得以走出家门，步入社会，成为新一代的职业女性，由此看来，教会大学的这种"中华性"中是否混杂着"种瓜得豆"的权益性，我们又该如何以历史性的眼光看待教会学校的女性教育，特别是其"显性"宗教课程与"隐性"西方性别秩序的传递，确为值得思索。或许我们无须拔高教会学校对女性解放之作用，而应看到这一历史进程中亦步亦趋的相互影响。客观上，教会所提供的关于女性技艺的教育仍然是中国近代家政教育不容忽视的关键性因素。

智识女性，越来越多地受聘为学校体制内的专职"教习"。这使得学校传统技艺课程的师资短缺问题得到缓解，而不再完全依赖日本或西洋外聘教习。成为教习的女性在公领域所从事的教习活动，便是基于女性技艺的娴熟专长与实际应用。在继续教授与指导她们的女学生以精湛的女红作品参与国内外展览并获得一系列奖项后，复兴传统技艺与振兴国家经济的宏旨最终也为女性提供了自食其力的途径。

智识女性的投稿撰文可以切实证明，国家受益于"生利"话语下女性技艺复兴的新知识体系与教育的兴起。尽管潘文瑛女士东渡日本去学习桑蚕业所感受到的某种反讽意味，似乎表明中国传统技艺的现代化皆是由取径外来的新知识体系所重塑（潘文瑛，1915a），此中矛盾情状确为客观历史进程所迫。然而，在智识女性试图复兴和改良旧有技艺的努力中，这一反讽现状所激发的是以女性共同劳作振兴国家经济的实践为基础的国族主义情感与精英性别群体的团结意识。不论作为家庭"生利"与创造经济效益的途径，还是作为在外商倾销下挽救国家经济的技艺选择，对刺绣与制丝技术等传统女性技艺的信奉与复兴，实则表征的是对于殖民贸易的抵制与对现代国家身份的认同。这一认同中所裹挟的独特而鲜明的性别立场，与男性知识分子关于现代国家建设的政治蓝图是殊途同归的。

同时，这种以报刊媒介为主要载体的新教育形式已具有极为广泛的传播范围，特别是在京津、上海与江浙这些教育初兴的地域。我们可以通过这些教授刺绣与桑蚕技艺的女性撰稿人的所在地证实这一假设：向《中华妇女界》撰文的任姝筠女士在宁波，陈仪兰女士居于安徽马鞍山，胡巾英女士来自河南宁陵，刘盛女士来自四川巴陵，等等。有机会获得报章杂志中关于家庭"生利"所需技艺与教育资源的中等家庭女性在地域上分布广泛，并被"生利"活动的论调所激发和动员。如果我们摒弃现代概念，并不严格区分城市和农村空间，而允许更早、更具"渗透性"的边界继续存在，那么在上海，"以家庭为基础的自谋职业的女性"（home-based self-employed women）这一模式便非常具有实际操作性。

中等家庭的女性通过报刊媒介关于技艺复兴的话语与教育生产的手工

艺品所获得的利润，可以说比在家养蚕所获得的利润更为可观。黄宗智在其专著中证实，19世纪末至20世纪初，由国外市场刺激所致的价格浮动开始变得有利于中国的丝业生产，客观的历史条件进一步扩大了中等家庭女性家庭生产的收入潜力（黄宗智，2000）[79]。作为《中华妇女界》撰稿人的高君隐女士提及其亲戚以女红补助家用，十年之间连带子息积攒了近两千元钱（高君隐，1915）。倘若以1910—1915年的物价为参考，中等家庭全年总收入约为七百至八百元，这一笔女红收入很是可观。在出身智识阶层的女撰稿人雪子撰文公开的自家财政收支条目中，"女红制作物出售"一项年收入为三十元（与其"著作权收入费"或股息与利息等收入相当），虽在九百九十七元的全年总收入中仅占百分之三，但已可抵买书费与学费支出（雪子，1911）。一名女学生记述了她寒假参与穿经纺纱的女红劳作挣得四五元，这项收入足够她"由上海购得浅近教科书数十种"（云锦，1911），自主换取更多受教育的机会。

重提前述"女性工作"与"妇女劳作"概念的分殊。在知识分子试图复兴改良以刺绣、桑蚕为代表的传统技艺时，国家的经济利益成为他们审思与改良技艺教授形式的首要依据。为了取得更大的经济效益，技艺的专业化程度得到空前重视。而提升技艺的专业性又仰赖新的专业知识体系。这一过程形塑了家政教育的技艺取向，并为女性传统技艺劳作的价值与经济地位提供彰显契机。传统技艺新的教授形式，不仅实现了女红劳作的商品化，达到裨补家计与促进国家经济的"生利"目的，同时推动了作为"象征性劳作"的"女性工作"向作为"经济性劳作"的"妇女劳作"的转变。重振国家经济与复兴技艺的教育无疑使得知识分子重新审视女性劳作的价值成为可能。

二、家庭经济生活中的勤朴旧德与"精明"新知

民初以降，"生利"论说不仅与国计民生之宏旨紧密相联，更与以家庭为单位的经济生活之良窳息息相关。现代国家的建设以现代家庭为基始，这使得知识分子以新的观念重新思索"家庭"与"经济"。西方家庭

经济思想观念之译介，激发了知识分子对于家庭经济学与女性家内劳作价值的重新审视与思考。在家庭生产领域，女性通过习得知识分子所复兴的传统女红技艺与勤勉劳作实现技艺的商品化，为民族国家的经济发展做出贡献。而在家庭消费领域，"生利"的话语则被定义为勤俭节约的美德与家庭经济的统筹管理职责。

"家庭经济"一词作为舶来词汇，借用"home economics"之直译意涵，亦常作"家事经济""家政用财学"等。在民初启蒙思潮与知识分子求索现代国家建设路径的语境下，家政教育与经济学原本的学科分殊逐步消弭，家庭经济生活成为家庭与社会改良之枢纽。随着"家庭经济"一并被转译而来的，一是西方城市中产阶级家庭意识形态框架下的理想生活图景，二是更为宏大的现代国家与国族复兴的建设蓝图。

民初的家政教科书编纂普遍会划分出"家庭经济"专章。1903年译介自日人后闲菊野等的《改良家事教科书》第三章专授"理财"[①]，下田歌子《家政学》第三讲为"家事经济"，1906年丛珺珠《新编家事教科书》第五章为"一家之经济"（丛珺珠，1906）[130-137]，1915年黄端履所著《家事课本》第四章为"财用"（黄端履，1915），等等。同时，关于"家庭经济"的专著亦层出不穷，大多先以报刊连载的形式见诸读者，稍后由印书馆编辑成书出版发行。诸如1908年《半星期报》连载张石朋《家政用财学》，著名媒体人邵飘萍所著《实用一家经济法》的出版，以及在报刊媒介中诸多家庭经济专栏之开设。概观之，教科书、专著与报刊中的家庭理财之学构成了民初"家庭经济"的知识体系，并成为近现代家政教育中重要的知识与技能，其知识内容主要包括家庭簿记、家庭预算、收支平衡及储蓄投资等项。这一情状反映出两点：其一，"家庭经济"代表家政教育的新方向，并成为家政教育一个专门的知识领域，它尤为强调经济知识在家庭中的应用与家庭生活价值观之重塑；其二，它基于西方中产

---

① "理财"则包括金钱之出纳、金钱之利用、财产之整理与家庭簿记之效用等，参见：后闲菊野，佐方镇子.改良家事教科书[M].上海：上海文明书局，1903.

阶级家庭意识形态及家庭结构的迁变，从国族主义的立场来重估家庭主妇与经济的关系，特别是女性主持家计的职责。这两个层面使得知识分子的经济论述内嵌于近代家政教育内容体系中。

对于中等家庭而言，家庭经济的管理首先分为"节流"与"开源"两大方面。大多数知识分子关于"家庭经济"的论说都是从这两方面着手。在"开源"方面，通过家庭实业与家庭生产满足家庭日常用度与供给，这不仅提供了女性劳作的"有形证据"，而且能在"开源"与"生产"的维度为家庭创造额外经济收益。同时，这一话语蕴含着社会中等家庭的"双重理想"以及近代中等阶级的精英意识：于家庭内部，尽可能减少维持家计所需的经济开支；而在家庭外部，还应尽力维持中等家庭生活的体面。

在报刊媒介中，这一家庭经济生活的"双重理想"之实现并非易举。它首先关涉到一种阶层认同。以高君隐女士为代表的智识女性将自己所在的中等阶级定义为"一国之中坚"（高君隐，1915），"中流阶级之人，属于知识阶级，国家盛衰，往往因此种阶级之人以决定之"（王廷干，1917）。"中等社会之人格高，则一国之人格高，中等社会之生计裕，则一国之生计裕。"（高君隐，1915）因此，高君隐明确向《中华妇女界》的读者输出一种来自中等阶层的精英主义的自我认同意识。正因为中等智识阶层在经济层面担负现代国家建设之重任，他们尤应以良好的经济生活与道德意识起社会表率作用。

同时，民初社会的经济局势对于中等家庭是相当严峻之考验。首先，在 1915 年至 1916 年达到峰值的通货膨胀时期，家庭收入随着人均国内生产总值的增加反而下降（Chang，1958）[3-7]。在一篇节译自日本女学杂志的专论物价与中等阶级家庭的文章中，作者逐行逐业阐析民初物价上涨的经济学原理，诸如生丝、肉蛋米价与砂糖等物价腾贵上浮[①]，试图向主妇普及

[①] 这篇文章转译自日本女学杂志，原文分别由法学博士田中穗积与八十岛亲德撰写。20 世纪初因受欧洲战争影响，日本物价腾贵，日本贸易输出遂骤行增加，此为物价增高之原因。参见：王廷干. 家政门：物价腾贵与中等之家庭 [J]. 妇女杂志，1917（6）：13–20.

欧战导致的通货膨胀对于中等家庭经济的冲击。"我国同受通货膨胀影响，物价日昂，较十年前已翻三倍以上。"（高君隐，1915）同时，在社会风习方面，民初欧风东渐，物质生产与生活水准亦随之增高。社会呈现出思想观念的新旧更替、阶层等级秩序不断被冲击的混沌状态。社会动荡一方面使得大量中下层女性因经济窘困被迫进入仆佣劳动力市场，另一方面，大家族渐趋瓦解的家庭结构迁变，使得中等阶级夫妇核心家庭具有蓄仆需求。随着民初经济下行与劳动力市场的扩大，生活成本日益增高，劳动力愈加昂贵且难以获得。中等阶层既无上层富豪之财力，又无下层阶层耐劳耐苦之习性，却意欲维系生活体面与身心畅适。见人享用而必仿效之，不知不觉入不敷出，其生计陷入窘苦之境地。

因此，种种客观的社会经济情状为知识分子提供了复兴"勤朴旧德"的现实性依据。为抵御客观时局之困境，知识分子倡议恢复对于中等社会"素以俭朴著"（高君隐，1915）的理想描述，以践行"勤朴"这一道德基石而担当"国之中坚"的角色。在报刊媒介的话语中，女性被期冀通过复兴勤朴旧德来力行勤俭、撙节用度，谨慎地统筹与规划家庭经济生活。

勤朴之德首先通过与上层阶层的浮华风习保持区隔而彰显。《妇女杂志》的撰稿人希兰痛心指摘，正是缠足之风致使旧式女子依赖于"奴婢之世界"而不能独举家政（希兰，1915）。蓄仆之习导致"城市之妇女，盖有终年不拈针线，一衣一履全购之于阛阓；乡村之妇女，盖有毕生不解烹饪，一饭一蔬全委之于婢媪"（李素筠，1916）。懒惰、孱弱、事事依靠仆佣不仅是富贵阶层女性之陋俗，中等家庭与乡村女性亦开始效尤（希兰，1915）。而终日依赖仆佣却无所事事的女性应该为其社会地位低下这一恶果负责，缺乏自主的家庭劳作则意味着"在万有中为废物，在社会上为赘民"（李素筠，1916）。复兴勤朴旧德，正是试图扭转外界对于中等阶层女性的刻板印象。希兰建议家庭主妇应首先通过抵制雇佣仆佣来减少家庭生活开支。中国家政实践素有"中馈之劳必身先"的"御婢"传统（王雪萍，2013）。主妇作为统筹家计的实际操作者，以亲自勤勉操持家务为示范，在督责仆佣劳作时令其有章可循。而对于不得不雇佣仆佣分担繁杂家事的主妇而言，躬亲家事同样对于家庭经济生活大有益处。具备一定的经济学知识并熟稔物价的主妇，往往不为仆佣所欺瞒。高君隐女士讲述自己初主持家计时，女佣欺她不知物价，购物常常"恒倍其值"以中饱私囊，辞退后易换另一仆佣，置办前往往预告其种种物价，虽难以弊绝风清，但取效立竿见影，使得仆佣不敢大肆欺瞒物价，为家庭节省了一笔开支（高君隐，1915）。李范娴增作为《中华妇女界》的撰稿人，不惜以自己为反例，讲述自己初嫁夫家因不知晓寻常物价，付给送货物仆役的力银往往超过原物价三分之一（李范娴增，1915）。

瑞安的俞淑媛则明确强调新式主妇应取缔仆役。首先，并非所有的仆佣都能够忠顺勤劳尽职尽责，倘任其所为不加约束，则家事废弛，而家产亦被其侵耗。因此主妇的督察之方丝毫不容松懈。而对待仆佣恩威并济方使之劳而不怨，却仅可奏效一时，对于家庭生活亦并非长久之幸事。（俞淑媛，1915）而在不得不求助于仆佣时，对于劳力的用度的节省同样值得研究。一位撰稿人以丈夫口吻自述他舒适而体面的家庭经济归功于"家政精明"的贤妻。以其家庭状况而言，"普通非女婢四人不可，今则仅用二人"，尽管如此节省劳力，贤妻依旧将家中打理得秩序井然，"规律极正，家族全体，各助家事，试观小儿小女皆帮办家中杂物也"（妩灵，1911），令丈夫颇感欣慰。

取缔或减少仆役成为将"独自完成家内劳作"的主体性与能动性重新赋予女性的首要途径。而独立在家庭中"立家计"，则首先需要落实"克己"与"勤俭"。在新的小家庭结构中，"旧德"之复兴与女性能否胜任家庭经济管理职责并彰显其主体性紧密相联。在高君隐女士所提出的"立家计"的若干途径中，"克己"的道德力量尤为重要："吾中流之家庭，生活应自己之身份，勿以虚荣心而忘自己之身份，妄效他人之所为。"（高君隐，1915）中产阶级的丈夫认为他们的贤妻正是践行了"精明俭德"，平日皆以朴素示人，"有美衣藏于箱内而绝不使用，仅应接日作美丽之服装穿之。平日皆穿粗劣之服，而劳动于家事也"，"制一衣后，必多方修改，作时代相应之体裁，故所费甚少"。（妩灵，1911）他们还相信，克制欲望与节制消费的价值观同样值得传递给子女。子女渐次成长，锦衣玉食将会消磨其生活信念，极易"养成虚荣心而不喜修养学问"，因此他们坚持认为应当摒弃"小儿穿绸缎之恶习"。若以西方家庭为镜鉴，"西洋则须达适应社交之年龄，始与以相应之服装，在学习时代，其衣服应与以质素之物"。（妩灵，1911）

因此，克制物欲须忍口腹之欲，与其奢毋宁俭；须注重家计簿记，以期收支适合并稍有储蓄（高君隐，1915）。勤朴"旧德"对于中等阶层智识女性而言具有道德认同的感召力。这种道德感召力引导了中等家庭女性一己之修为。奉行勤朴的主妇之道成为民初中等家庭智识女性强烈精英意识的另一种体现，提供了中等家庭女性彰示自身"阶层道德"的新途径。

旧德的践行除却克制物欲，还须巧妙精明地撙节用度并积蓄家庭财富。在民初社会经济形势下，国民财富增长程度与财富累积之多寡，除了取决于国民的生产能力，还仰赖于一国国民之储蓄与消费能力，具体而言则侧重于家庭财富的保存能力与家庭经济的科学统筹能力。根据经典经济学商品交换观点，随着物质生产与工业文明之渐盛，私领域的家庭生产制造渐次转移至公领域，家庭内部所生产之物仅具有使用价值，而不再具有交换价值。邵飘萍提出，于经济学效用而言，家庭乃"物品消费终局之场所"（邵飘萍，1917）[35]，因此家庭重在消费而非生产。作为"生产之母"的消费在近代家庭经济的话语构建下呈现出空前的重要性。同时，"家庭经济"之意涵基于新居小家庭模式，女性在家庭中的经济职能得到空前强调。然而，随着生活水准日高与女学昌发，一些女性反徒增虚荣之心，家庭经济之智慧却未能与时代并行进步。因此，"今日女子被诟病未能尽消费经济之责任"（剑娥，1913），应研习经济学知识，发挥其家庭经济之特长。在经济形势不利于中等家庭的社会时局下，经济学新知识对于主妇立家计而言尤为切要。

然而，勤朴旧德复兴与提倡并非等同于旧式"守财奴"般的财富管理方式。上层富贵之家处理家庭财富的方式往往是将之藏匿于金窖，或徒供子孙挥霍殆尽（李淏，1919）。在智识阶层看来，这是一种缺乏现代经济学知识的迂行。以经济学观念视之，倘若资产未处于储蓄与流通状态，则不能发挥任何社会经济价值。而西方处置家庭财富则"必令其时时生利"（李淏，1919）。李范娴增以西方经济学的新知识来劝导崇尚佩戴首饰的女性培养俭德。购置首饰"实有碍金融之流通"，一旦从市场购入，家有金银首饰价值百元，佩戴之十年仍为百元，当物品已经购买回来，退出交换与流通状态，便难以产生利益与价值，仅供消费与损耗。倘若以百元为储蓄之费，依照年利率一分计算，储蓄十年则所得本息共计约二百五十九元之多。（李范娴增，1915）因此，她附上自己运算娴熟的本息利率算式，为《中华妇女界》的女性读者算了一笔账（见图3-3）。倘若这一笔在当时为数可观的百元资金用以打制首饰，随着岁月磨蚀，珠翠金银成色皆有损耗，若损毁三分之一，百元则仅价值六十六元，十年中如以一定损耗率折算，损耗累计则多达一百九十三元！购置价值愈多，则最终损耗价值愈巨。若妇女人人购置首饰，则每家每户都有千百元资金"永滞于妇女之身"（李范娴增，1915），不仅无形中造成价值亏损，一国之经济想必会掣肘于这种风习。因此，作为一位全年家庭收入逾千元[1]的中等家庭的智识女性，李范娴增声明她所列出的"衣饰费"一项仅有"衣"而不含"饰"（李范娴增，1915）。通过将经济学的知识与原理运用于实际家庭生活，她以不购置首饰来践行智识女性特有的俭德。同时，这一倡议暗合行为经济学"损失厌恶"的原则，比起等待首饰损毁贬值，不如早日清醒转为储蓄。女性的身份使其并非如男性知识分子那样武断地站在国族主义立场纯然斥责女性妆饰的需求，与其老调重弹，反复抨击女子购买首饰唯重一己修饰与中饱私囊皆属愚昧陋俗云云（剑娥，1913），不如提供一种更具弹性的新式替代性选择，这一选择使得女性从"利率"角度重新理性衡量购置首饰对于一家经济之利弊。勤朴旧德在西方近代经济学新知识的襄助下，在家庭经济生活中开始拥有现实的基础，而不再是一种使人联想到旧

---

[1] 在这篇文章中，李范娴增公布其家庭全年总收入为一千三百三十八元以供读者参考。

式与保守形象的迂腐之德。

```
100.00一年本
+10.00一年利
110.00二年本
+11.00二年利
121.00三年本
+12.10三年利
133.10四年本
+13.31四年利
146.41五年本
+14.64五年利
161.05六年本
+16.10六年利
177.15七年本
+17.71七年利
194.86八年本
+19.48八年利
214.34九年本
+21.43九年利
235.77十年本
+23.57十年利
259.34
```

图 3-3　百元金钱十年本息计算之公式

资料来源：李范娴增. 吾之家庭 [J]. 中华妇女界，1915（6）：1-14.

　　与男性知识分子所鼓励与构建的"独立"西方职业女性形象大相迥异的是，《中华妇女界》的撰稿人唐谢耀钧则将她所相识的一位西方"贤妻"描述为中等阶级家庭经济生活的范例："我的英文教师皮司来女士（Mrs. R. H. Beesley）与其丈夫同住上海。这位西方女性勤俭持家，子女八人之衣物，皆手自料理。"（唐谢耀钧，1915）唐谢耀钧肄业于爱国女校，其丈夫是留英的高等实业学校毕业生，也许正是因为可以更全面地照料婚后的家庭生活，她选择肄业。与很多男性知识分子的论调（诸如梁启超等对于女性家内角色的话语构建）几近相同，多数智识女性亦认为，在家中辅助丈夫和鞠育子女是女性改善家庭生计的理想途径（唐谢耀钧，1915）。

　　报刊媒介中对于西方女性发挥优异经济职能并积极履行"贤内助"职责的事例，成为知识分子激励我国女性接受经济学知识的一种话语策略。

撰稿人妩灵译介了日本药学博士长井长义在结婚 25 周年庆典演说中讲述妻子——一位西洋籍夫人德兰瑞女士——以精明持家使其还债翻身幸福美满的轶事。这位药学博士早年留学德国并负债四千元，而"自夫人归余家后未几，即将负债还清，此可见夫人经济法之巧也"（妩灵，1911）。贤明妻子凭借家政理财之智慧，将药学博士有限而恒定的收入精明筹谋，使得家庭收支与生活品质取得平衡，"而能较同格之人体面稍佳而不负债，且略有积蓄"（妩灵，1911）。此举无疑实现了中等阶层家庭经济与生活的"双重理想"。因此他毫不掩饰对于西洋妻子油然而生的骄傲，称其 25 年来家庭生活美满"皆夫人之主持得当也"。如若娶"未受经济之教育"的日本妇人，在其收入有限的情况下，必无法巧妙平衡收支，其生活若"体面稍可观，则必致负债；欲俭约贮蓄，于形式上必将十分寒酸"（妩灵，1911）。与其将此解读为东西种族主义的偏见，不如解读为对于本国女性家庭经济能力的否认与期许：缺乏足够的经济学知识，将很难胜任家庭角色，在外部不利的经济形势下尤为困难；而贤明的主妇则可以相当的家庭经济智慧扭转危局。这足以作为激励本国女性积极掌握并运用经济知识以改良家庭的良好范例。因此，女性卓越的管理家庭经济的能力，使得许多知识分子开始认为，真正意义上的"贤妻良母"并非那些"举止有礼之女子，巧言令色之交际妇人，亦非以卒业证书为嫁妆之女子"，而是"消费经济能遂行之女子，以及具备职业妇人资格之女子"（剑娥，1913）。

　　总体而言，上述由经济论述所开启的对于"家庭经济"之探讨，以及知识分子"旧德"与"新知"交织并存的话语构建，已非纯然的经济学数字问题。家庭经济论述下的家政技能直指一种更具阶层特征的性别职能。中等阶层的智识女性在复兴旧德中汲取经济学新知的一系列倡议，一方面是对于坐享其成的浮华风气的抵制，以及对于儒家道德伦理的复归与秉承，它彰示了传统女性德行在新的社会语境下仍然具有重要的价值与感召力；另一方面，在民初新的家庭经济知识话语下，女性在躬亲家政的同时智慧地运用新知识，试图以经济学寻求并达成家庭生活的幸福美满，并将这种新的家政经验分享于媒介以飨其他女性。

值得注意的是，"旧德"与"新知"，以及旧的经验与传统的知识体系并非泾渭分明。在新旧交替嬗变的民初时代，新式女子与传统女性所共享的传统女德，在运用"新知"时同样得到了延续，并且转化为智识阶层女性特有的身份认同与道德标识。毕业于新式女校的李范娴增便感喟"入女校读书七八年，家事非所谙"（李范娴增，1915）。学校所教授的家政教育既不实用又不贴近生活，与家庭经济学相关的知识则更为匮乏，远不足以应付实际的家庭生活。例如在进行家庭收支预算时，婆婆娴熟的珠算往往迅速于学校教授的新式笔算（李范娴增，1915）。诸多实际而奏效的家政经验仍须虚心向传统女性学习，她一面向婆婆请教如何写租契、烹饪与簿记，一面向留学归国兴办女学的丈夫学习写电报、储蓄与计算利率。丈夫最终在她的恳切建议下，开设注重实用的科目，"闻教室中刀尺声，珠算声杂作"（李范娴增，1915），觉此时家政教育方才有正轨气象。这些亦新亦旧的女性经验与教授形式，体现了无论是男性知识先声基于国族主义的"生利"设想，还是智识女性在报刊媒介中关于"旧德"与"新知"之倡议，家政教育的践行从来都不仅仅止于一套宏大而抽象的社会改革理想，而更需要落实于女性躬亲操持与筹划日常家庭生活的活动中。而"旧德"与"新知"的交织恰恰就产生于其中，一方面蕴含明确的道德认同，另一方面在家庭经济的满足感与家庭生活幸福感的获取中具有不可否认的实际效用。因此，它们成为女性家庭经济职能不可或缺的两个面向，并形塑了家政教育所应具备的新的知识取向。

本 章 小 结

晚清民初知识分子关于"经济"的译述与阐说，透过新兴的报刊媒介与教育活动，为中国近代家政教育构建了一套关于知识、道德与家庭意识形态的论述。"家庭经济"的概念与新知识进入家政教育体系中。它首先将中等家庭女性劳动与国家的力量联系起来，20 世纪初的一系列家庭改良运作皆循此逻辑开展。

正如斯科特（Joan W. Scott）所言，"劳作"在步入现代之后成为"公民"的权利和义务。所谓劳作的自由原先只有男性才拥有，劳作义务与兵役一度成为赋予男性"公民"权利的基础。与之相反，女性则普遍被排除在"劳作"的义务之外，其对应的权利也被抹除。因此，女性若想享有与男性同等的权利，就必须争取只赋予男性的"劳作"义务。（Scott, 1996）[229] 根据斯科特的观点，与在法国初期女权运动中发现"母亲"相似的是，民初对于"贤妻良母"的形象构建同样是被作为唤醒"家政劳作"义务的重要环节而推进的。经济论说与"贤母良妻"的性别角色构建密切相关，并直指女性创造经济价值与管理家庭经济的能力。女性报章紧承男性先声的衣钵，遍设"实业"专栏，普及关于家庭化生产的专门技艺与新知识。技艺的教授过程使智识女性发出了自己的声音。一类新式"学者型"女性撰稿人在以民初报章杂志为平台的"公共知识论坛"中脱颖而出，并在学校教育体系之外形成一种相对独立的知识取向。专业精深的技艺新知识的舶来、传布、研讨与互动等一系列活动，为女性技艺的新知识与新创造性释放了能量与话语空间。

在报刊媒介所提供的新的教育形式中，传统技艺的经济利益与专精技术功能得到了空前强调。首先，它形塑了家政教育的技艺取向，为女性传统技艺劳作的价值与经济地位提供彰显契机。其次，它为实现女性劳作的商品化提供可能，达到裨补家计与促进国家经济的"生利"目的。在更深层次的意义上，它推动了"象征性"的"女性工作"向"经济性"的"妇女劳作"的近现代转变。

在"旧德"与"新知"交织的话语构建下，"家庭经济"已非纯然的经济学数字问题，而是直指一种更具阶层特征的性别职能。女性勤朴的品德与现代的家庭经济智识被视为现代性"家政劳作"的重要体现。女性经济职能的履行成为维系家庭内在秩序稳固与形成中等家庭女性生产力的一种象征，并为"贤妻良母"的重新构建注入新的意涵，进一步形成兼具勤俭美德与智慧的"女国民"身份界标。这一构建在概念图示上使得以"贤妻良母"为宗旨的家政教育远远超越了"内"的私领域，在国家的公领域层面开拓出新的知识与思想空间，就社会意义与经济意义而言均有重要影响。

　　综上，女性以技艺复兴与家庭生产促进国计民生的政治构想，正是以重振国家经济与强调性别职能的家政教育来实现的。

第四章

女性劳作的"展演"与媒介中的家政教育

本章聚焦 20 世纪初中国女性劳作在近代媒介兴起的过程中经历的由"遮蔽"到"展演"的转型，从造成"遮蔽"的历史文化原因探寻近现代女性劳作书写所发生的转变。女性家政劳作在近代媒介中的"显现"与"展演"，本质是女性劳作价值在历史中逐步得到重估与肯定的过程，这一过程促使近代家政教育在社会舆论中被进一步形塑，并在以报刊舆论为主体的媒介兴起过程中得到更为全面丰富的体现。本章拟从以下方面进行探讨。

首先，考察生活在儒家父权规制下的传统女性关于家内劳作书写的观念及其劳作价值长久被"遮蔽"的历史原因。

其次，勾勒近代媒介的兴起对于女性发声形式与书写模式的影响，以及女性家内劳作的价值如何得到重估与肯定。探讨传统女性关于诗词铭诔的"书写"和近代媒介兴起与知识分子"贤妻良母"话语构建下的家政劳作书写有何相异，以及报刊媒介的出现是否改变了女性以"书写"形塑自我的方式。本章将论述的焦点转到具体个案上，从活跃在女性报章杂志中的智识女性的家政生活经验出发，探讨女性报章杂志的编辑与女性读者群体之间自叙与教授的互动，以期综合考察女性家政劳作在媒介中的"显现"与"展演"方式。

最后，20 世纪初，媒介展演并不仅限于报刊的言论与观点的往来交锋，还包括更为广义的视觉化的呈现方式。图像文本往往足以表征媒介所持的话语与立场。自晚清民初女学方兴，女学展览会便与其相伴而生。家政展览的举办与其陈列方式为家政教育成果在公共视域中提供了新的视觉"展演"途径。

第一节　被"遮蔽"的女性劳作书写

以儒家父权制度规制的私领域为生存背景的传统女性，往往秉承并受制于儒家传统价值体系中关于家内劳作书写的观念，传统女性劳作的价值被低估，关于劳作的书写亦长期处于被"遮蔽"状态。女性家内劳作之功绩往往仅在墓志铭中约略呈现。简略考察与回顾被"遮蔽"的历史文化原因，有利于探寻近现代女性劳作书写所发生的转变。

一、"象征性幽闭"的性别秩序

张爱玲曾喟叹，我们不大能够想象过去的世界了，这么迂缓、安静、齐整。传统女性的生活世界正是如此。她们蛰居于一个有限而又有序的世界——内闱、内室、厨室、后院，其行动方式和生活空间被长久地限制，仿佛被幽闭于无尽的围墙之中。"内"与"外"的空间界限正是通过有形的围墙与门窗来划分的。《易经·家人》中"正位乎内"的清晰表述正是传统儒家体系中定位女性性别角色与地位的基本理念，正所谓："礼始于谨夫妇，为宫室，辨外内。男子居外，女子居内。"有关宋代士大夫对于《易经·家人》思想阐发的研究，提出在礼制与建筑空间的象征性关系中，"中门"是内外的重要区隔标识（邓小南，2003）[98-99]。由围墙与门窗所强化的性别空间的区分同时亦是礼仪层面的象征性表述，即将自我置于一处恰当的、不受有形的实在物理性约束的场域中所展现的一种"性别得体"（罗莎莉，2015）[95]，有形的空间区隔被转化为一种无形的、用以规制两性言行举止的伦理秩序，便类似于布尔迪厄所言的"象征性幽闭"（布尔迪厄，2017）[81]。士人刘宗周记述其母"居恒自操女红，外辄扃户静坐，坐或终日不移席，动止雍容，一中规，一中矩，步趋而裳襞不动"（《刘蕺山集》第十四卷）。在儒家伦理实践中，"象征性幽闭"既在理论上又在实践上采取了清晰而明确的教化训谕形式，将基于性别现实的区隔原则纳入社会秩序之中，在定义何为恰当的性别空间与性别秩序方面成效显著。"内言不出于阃"则在规制妇言方面以"回到秩序中"再生产儒家律令。

布尔迪厄认为，"象征性幽闭"的社会性别表征要求女性先决性地服从于一种贬抑或否定女性涉足外部的超历史性的社会化效力，同时因深谙自身生存处境而不得不习得自我抑制、顺柔谦卑的"消极道德"。相较于充满竞争的积极的男性气质而言，女性的价值属性是作为"值得颂扬"的男性价值的"黯黑对立面"而存在的。女性特有美德的消极性表现为"有系统的自我贬值"（布尔迪厄，2017）[47]，它几乎渗入女性无意识地信奉的生存处境中，既通过明确的服从，又通过无意识的拟仿，不知不觉将符合儒家"象征性幽闭"的言行特征内在化。

由关于传统"妇德"与"母教"的大量论述不难窥见，传统女性的生存处境与相应的生存策略同样强化了"象征性幽闭"的规制效力。自汉便有班昭为女子计，训育女性不取"绝异"而宁取"庸"，此举未尝不可视为女性自我保全的消极策略。步入亲族与婚姻的女性所须应对的，均为世俗认定难以处置得宜的家庭关系，而所欲逢而化之的，均为家族中纷繁复杂的人事风险。因此，便有女性以"母训"或"家书"形式撰文传世，多为谆谆训诫如此这般，方能不为姑翁所嫌，不为夫君所弃，不至累及家族离散六亲。在行动方面，她们被要求在让步和隐忍中默默操持，无为而治，以退为进；在言语方面，她们往往不言外事，喜愠不形，千斟万酌。此种用心，又尤可见于后世之《敬顺》《曲从》等章。诸如青年守寡的甘立媞为同样守寡的女儿写就《慰次女书》，她出于对家族中种种利害的考量，为其女计虑之周详，尽显慈母心肠。由上述撰述，我们更可以窥见传统女性因处境严酷，不得不习得生存策略的自我抑制。因此，在儒家伦理实践中，"象征性幽闭"既在理论上又在实践上采取了清晰而明确的教化训谕形式，将基于性别现实的区隔原则纳入社会秩序之中，定义何为恰当的性别空间与性别秩序。

　　值得注意的是，"内"与"外"作为功能性的区分为两性确定了各自适宜的性别领域与性别规范，却又不免有将儒家传统的性别议题加以固化之虞。"内外"原本是非二元论下具有互补性的一对组合式概念，二者之间的界阈随着环境改变而发生转化。而只有当内外区分指涉性别领域时，它才意味着一种区分两性性别功能与性别配置的必要性概念。（Raphals，1998）[6-15] 我们不应忽略，性别空间的"内外"与"公私"之区隔，并非仅停留在表面由自然生理差异所致的分工上，而是通过日常生活中具体的劳作，表征着文化内涵中所蕴含的性别气质与性别职能（周叙琪，2009）[151]。家政与劳作的实践密不可分，无论何种性别，其家庭生活均仰赖日常生活中琐碎细密的家内劳作才得以运转。而性别空间内外的区分作为一种伦理与文化概念，随着具体两性劳作的相应需要而处于调整与浮动状态。高彦颐曾指出，儒家的"内外"界限与性别秩序其实是一种可协商的分隔（高彦颐，2005），内外是相互关联的统一体，而非彼此截然对立的领域。因此，在家政实践层面，两性区分不仅出于对两种特定功能的划分，同时亦是一种互补性组合。两性中的每一方都是区分构造作用的产物，同时又是相关的存在。易言之，夫妇有别的同时是夫妇一体，两性彼此交涉、相互渗透、共存共荣，而这一原则又必须落实在劳作中。

　　明末清初理学家陈瑚所著的《内训日程》，以"功过格"形式的计分系统为传统女性提供自我督查是否恪尽妇职的标准。全文以妇职四门作为类目，规定巨细靡遗，例如："得饮食奉舅姑为一善，私自饮食为三过；能奉祭祀粢盛丰洁，一次为十善；祭祀之日不亲理蘩，一次为十过。"（陈瑚，1994）[839] 在妇功方面：

　　　　操作勤苦，一日为一善；懒惰，一日为十过。……蚤起晏眠[①]，一日为一善；晏起蚤眠，一日为一过。纺织中馈，精工整洁，一次为一

---

① "蚤"同"早"，"晏"即"迟"。

善；惰慢苟且，一次为一过。（陈瑚，1994）[840]

其奉行之法为"每日临卧，详记一日善过"，"岁终总计其数，入夫告天文中一并焚化"。（陈瑚，1994）[840] 直至晚清，仍有女性奉行《内训日程》考校功过以自我督查，或互相规劝勉励。以上资料可较为充分地证明女性性别职责与劳作之密切关系，女性通过纺织与中馈等具体的家内劳作，实现对儒家礼仪与德行的践履。

正因为性别职责与家内劳作的密切关系，儒家性别秩序下的妇德观念与其劳作观互为表里。"正位乎内"作为"象征性幽闭"的观念化表征，是传统中国定位女性性别角色的基本理念。在前现代"交换性"生产出现之前，"正位乎内"的性别秩序观念致使女性家内劳作间接效力于公领域的社会与国家，其劳作价值更多属于私领域的家庭与丈夫。女性家内劳作的"私领域性质"使之仅具有使用价值，而失去了社会性的交换价值，以及交换价值附加的创造性价值。尽管有大量关于传统女性的研究试图证明，在社会与历史的实际情形中，传统女性的活动已经超越她们所处的内闱，其成就已不再局限于主中馈与女红等家内技艺之范畴，然而家内劳作与诗书才华或文学修养并无直接关联，受到关注的女红亦只是家内劳作的一部分。在"妇功"对于女性劳作的具体规定中，主中馈、备酒食、奉宾客与祭祀都属于重要职能（傅以渐，1971）[26b-27a]。对女性墓志铭的研究反映了这样的历史情状。士大夫在为其家庭中的女性成员立碑刻铭之际，塑造出几近一式的"无外事"之形象，而"无外事"之背后则多为"无事可记"。士大夫在试图落实"女正位乎内"的性别秩序理念时，无不在其中渗透了自身对于理想女性形象的勾勒与构建。女性素来幽居于深闺隐屏之内，鲜与外界接触，女处于私，孰得有窥？因为"无事可记"，墓志铭对于女性一生何以为妇为母的诸项事迹，只得以先天才性或后天教养有成、持家有方等语词做泛泛记述。特别是对于女性家内劳作，其叙述往往更加含糊笼统，且因乏善可陈而趋于模式化（刘静贞，1993）。至明清，随着社会经济变迁及家政与治生的复杂化，士人普遍"不问家"，将家政内务委于妻子，明清女性通过其治家才能构建起在家庭中的权力基石（周叙琪，2009）[201-207]。而正由于女性的代劳与承担，女性执行家政内务的权力来自"夫妇一体"的互补性，女性便可以在男性"不问家"之际为其全权代管家务，然而这也在一定程度上导致女性的家内劳作变得更加隐蔽而难以被发觉（周叙琪，2009）[185-186]。

二、"无攸遂"的劳作观与女性劳作的遮蔽

前文谈及女性生存境遇之严苛，以及对于表征为"象征性幽闭"的性别秩序之恪守。对"内"与"外"空间领域的规制和性别职责的划分，以及依据性别职能赋予家庭内部事务的劳作分工以权力差异与价值差异，奠定了与性别职责相关联的劳作与道德的观念。《周易·家人》与《礼记·内则》"辨内外"的观念，对于传统社会具有强大的统摄性影响。对于女性劳作，儒家伦理价值观倾向于表现出"无攸遂"的态度。

"无攸遂，在中馈"，语出《易经·家人》："六二：无攸遂，在中馈。贞吉。"其中"遂"为专断之意，妇本取曲从柔顺，"遂"即为妇德之大忌。"中馈"指的是家中餐食等事。家人卦又言："六二之吉，顺以巽也。"六二爻取义为妇人（参见"女正位乎内"），以其阴柔之质处阴位，故言"无所专断"，以其居内卦之中，故言"在中馈"。

从性别空间的区分与性别职能的态度方面看，妇职主要在于料理爨膳中馈等家内事务，特别强调女性劳作须秉承"无攸遂"与"顺巽"之态度。在陈瑚《内训日程》针对妇德"善－过"的计分系统中，理想女性的劳作态度应是沉默寡言而勤快柔顺的：

> 寡言寡笑，语默得宜，一日为一善；多言多笑，一次为十过。……驾虚妄言，荧惑丈夫，一言为五十过。
>
> 凡事请命夫子，柔顺和婉，一事为一善；已有失，夫子正之，能

欢欣听从，一事为五善；有事不请命夫子，一事为十过；不从正言，执拗违拂，一次为十过。（陈瑚，1994）[839]

儒家伦理体系中理想的女性应独任辛劳且保持"功成不居"之谦卑。倘若妇人"居功"则会渐生倨傲专断，成为挑战家内威权秩序之嚆矢。清人查琪在《新妇谱补》中特将"逞能"列为女性持家之大忌：

一应女工，及中馈等务，是妇人本分内事，非有奇才异能可炫耀也。新妇切不可矜己所长，形人之短，妯娌姑嫂间，每以此而成嫌隙者有之。……有好而矜，有才而炫，所伤妇德实多。（楼含松，2017）[4048]

汉代班昭《女诫》总结"妇功"为"专心纺绩，不好戏笑，洁齐酒食，以奉宾客，是谓妇功"（徐少锦 等，1993）[5]。在士人汪道昆为妻子袁氏所撰的一则具体事迹中，其妻"不矜己之所长"与"不炫示自己持家才能"的妇德淋漓尽现。汪道昆客居他乡之际广结交游，一日家内大宴宾客，突然庖厨禀报所备食物无多，妻子袁氏并未声张，而是"自中厨出之，其应如响"，以超群的应变能力在危急时刻私下设法解决，最终使宾主尽欢。而对于自己的"功绩"，袁氏只字未提，仿佛从未发生。汪道昆知情后，不得不叹服妻子令人惊异的持家才能。袁氏也仅作"唯唯"之状恭顺应答，无改其谦卑随顺之貌。汪道昆于此事印象尤为深刻，特在墓志铭中专门撰述。而相较于袁氏"化险为夷"的具体劳作，他仅曰"潽潩具陈，出翁不虞"（《太函集》卷五十三《处士汪隐翁配袁氏合葬墓志铭》），大抵更为激赏妻子"功成不居"的卑顺态度所展现出的妇德，对于妻子具体的处理过程则几乎无意详闻。

因此，援引士人对于女性劳作态度的评价标准（即遇事无专断，卑顺和婉，终日勤于劳作而功成不居），以及对于深处内闱而沉默勤俭的贤妻形象的构建，旨在说明以下两点。

其一，"无攸遂"奠定了传统女性与男性家长之间性别交涉的模式与基调。男性家长作为家庭伦理秩序的真正统筹者，将家庭内务委于妻子。就"家户内外"观念而言，妻子代劳家庭内务的"合法性"亦正是来自"夫妇一体"的互补性，以及女性劳作态度与其道德构建的紧密关系。而鉴于代理与被支配的地位，女性须事事谦卑柔顺，在其有不谙之时，须"无攸遂"，恭敬地向男性家长请教以完成其妇职；在男性"不问家"之际全权操持，又对于自己的劳作默然不语，功成不居。

其二，"无攸遂"的妇德观形塑了对于女性家内劳作的总体评价取向。作为内嵌于劳作实践并高悬于劳作价值观上方的道德目标，这一观念使女性家内劳作的价值在被评价之时，总是被导向更为抽象的道德层面，从而变得"非现实化"。其现实价值被抽离，而仅保有道德价值。前述明清墓志铭中对于女性劳作的语焉不详与模式化便是这种"非现实化"转移的体现。而这一情形导致女性的家内劳作变得更加隐蔽而更易被忽视。素来被认为庸常琐碎的家内劳作便因被抽离现实价值而变得难以被察觉，或被排除在评骘之外。家内劳作价值的"遮蔽"便可推想而知。

三、传统女性书写与劳作的龃龉

传统女性家内劳作被遮蔽的另一重要原因，在于一部分上层知识女性对于家内劳作态度的分化。世家望族女子教育与所谓的"才媛"文化在明清之际渐成引人瞩目的文化现象，而女性书写的传统总是建立于文墨生涯与妇职劳作扞格的张力之上。

曼素恩曾描述过盛清常州张家三代才媛在吟诗问律与恪守妇德方面的冲突。诗才禀异的女性依旧需要在家内以超乎寻常的意志力御下奉上、缝补浆洗、鞠育护幼、理财当家，甚至在必要时期典当妆奁，代那些因恪奉儒业而无法外出谋生计的男性养家糊口，在妇言方面力求谦柔周密，以期家族稳固和睦……。以上种种兢兢于妇职的劳作被曼素恩视为"令人震惊的贤才"（曼素恩，2015）[170]。然而，这一研究也更为有力地证明，在盛清常州的才女文化氛围之下，中馈井臼与米盐浆洗多被人视为庸常琐碎之务。张门才媛曾屡屡于诗作中坦露繁重家事的牵累（曼素恩，2015）[1]。上层世家的女性深谙，要想以女性身份为家学更添荣耀，势必不是依靠家内劳作，而应倚仗咏絮之才（胡晓真，2008）[90]。

"象征性幽闭"阻隔了富有才学的女性跻身儒业与仕途之机会。才媛写作为其拓展女性的文化身份提供了契机，尽管其写作总是立足于家庭或内闱，然其创作文本所产生的社会文化影响却并不止于私领域，亦因此引发长久聚讼。书写与创作同时兼具私密性与公共性，倘若没有"公私"与"内外"作为前置性的观念存在，才媛所念兹在兹的公领域的"文学事功"与私领域的"闺阁思绪"则亦无由成立。显然，自我再现的欲望与妇德的要求使得才媛的书写创作暧昧地穿梭于"公""私"之间（罗莎莉，2015）[129]。《缀珍录：十八世纪及其前后的中国妇女》便探讨了才媛写作与道德失检的关联。无论其地位如何，女性成为写作主体本身就对中国的性别秩序与儒家伦理根基构成了僭越和挑战（胡晓真，2008）[90]。

当私领域的家内劳作成为女性试图在公领域以其文学创作建立"事功"的牵绊，女性写作便与以家内劳作为基础的"妇职"扞格。这一冲突性关系导致才媛对家内劳作价值的贬抑，以及对于"妇职"不同程度的弃置。因此，女性劳作的"遮蔽"亦可通过才媛群体对劳作的态度得到证明。

如果参看关于明清才媛诗作与小说创作的研究，会发现女作家如此热衷于以写作在公领域建立事功，与女性长期所处内闱闺阁中的"无聊感"与"幽闭感"有关。胡晓真称之为一种"此生无大事"（eventlessness）的琐碎无奈的感受（胡晓真，2008）[161]。"无聊感"作为"象征性幽闭"的一种"副产品"或替代形式，本是私领域一种私人化的体验，但在明清才媛中却是一种普遍感受。出身望族的上层闺秀常被定性为"有闲阶层"，巧画蛾眉、凭栏倚窗、批风抹月与伤春惜别往往是其所事，"长日无聊"成为上层女性内闱生活的写照。性别秩序的规制使得其写作只能在家事之余"偷闲"为之。那些苦于妇职、心手皆忙的才媛的诗作往往透露出"庸碌"之感。"庸碌"和"无聊"看似相异，但指向的内在感受与根源的幽闭感实则相通。在密不透风的繁重家务中，柴米油盐，缝补浆洗，事冗而不见其意义却又无法突围脱困，仅为"俗累"。

"象征性幽闭"作为性别空间内外区隔的儒家性别秩序的表征感受，使得才媛在其书写传统中展现出两重自觉。一方面，出于礼法与道德的自觉。"成妇"职责需要时刻以卑顺与虔敬的态度履行，使书写创作中的才华无处释放，才媛对于妇职产生精神厌弃。才媛的诗怀与创作处处隐伏着女性借写作对抗无聊、逃避妇职的无奈，以及对于现实处境的倦怠与憎恶。

而另一方面，出于一种文学创作意义层面的书写自觉，家务"俗累"与内闱的"幽闭感"恰成为女性提毫书写，试图在文学创作的意义上逾越闺阁的动力所在。然而，这种突围非但有限，还往往容易陷入另一种循环：原本为了打破闺阁的幽闭感与无聊感而去创作，但在创作之中，受限于闺阁生活对于文学想象力的客观制约，又耽溺于重复循环的情节设置无法自拔，导致突围未果，便只好借书兴悠长抵岁月相忘，但也等同于默认了自己未来静止无事的宿命感。突围也好，消磨也罢，二者往往是以对妇职一定程度的厌弃与逃避为代价的。如此循环往复，才媛群体对于家事与妇职的弃守互为因果，"恰如其分"地加剧了女性家内劳作价值的"遮蔽"。而在新旧交替的民初社会，以女学生、智识女性与女职员等为代表的"新女性"，在启蒙思潮与性别媒介的话语构建的冲击下，其家内劳作依旧应处于庸碌无声之状吗？女性劳作作为一种现代性的"才能"将何以在新的社会历史语境中"彰显"？

第二节　媒介中家政劳作的书写与教育志业的开展

魏爱莲曾在《明清书写女性》一文的导言中对书题中"书写女性"

（writing women）（方秀洁 等，2014）[88]之含义专做阐释，其研究焦点主要集中于富有才学的高级名妓以及囿于深闺的世家才媛。这些"书写女性"的存在及其书写实践产生了空间性别化与自我标识。随着明清"书写女性"成为一种特定的文化现象，关于女性"德才之争"的聚讼便接踵而至。清末民初新旧交替之际的智识女性所受的教育往往限于传统道德价值体系。本长于诗词歌赋、耽于诗书文墨的传统才媛，何以在新的时代语境中受到挫折后寻求新的自我诠释？她们在踏入现代情境并适逢新的媒介，将自己家内劳作的技能与经验诉诸书写，刊布于公共场域，并构建起女性的"现代性才能"后，是否可以弥合家内劳作与书写之间的裂隙？她们如何将对家内劳作的叙写纳入新的自我构建，并形成一种新的知识取向以开展其教育志业？与男性知识分子相异，女性以媒介为平台自发构建的话语力量，对于近代意义上的家政教育有何形塑作用？

一、媒介报刊的权益性与契机

20 世纪初，上海出版界掀起了一阵创办女性报刊的热潮，如 1911 年有正书局创办《妇女时报》，1914 年中华图书馆创办《女子世界》，1915年中华书局创办《中华妇女界》，商务印书馆创办《妇女杂志》，以及广益书局创办《女子杂志》等。启蒙思潮引发的人们对女性教育问题的空前关注，无疑是促使各个出版机构争相创办以妇女为读者对象的报刊的背景。所谓成长，并非简单的"陈腐与保守被现代与进步取代"，它是在一系列新旧接踵的时潮下的复杂互动。因此，报刊媒介下的文化景观亦从未呈现出单一面向，而是因时潮的显流、隐流与余流的几经汇聚或分歧而丰富。目前已有较可观的针对民初出版业与教育的互动的研究指出，诸多报刊在看似"自觉"承担起启蒙与女性教育的历史任务之外，或许别有抱持。

陈姃湲的研究向我们揭示，《妇女杂志》的内容与旨趣并非全然出于对女性问题的独特洞见，而更倾向于迎合不同时代的女学思潮以带动销量。商务印书馆在 17 年间，因时制宜地更迭该刊主编则是证明（陈姃湲，2004）[7]。1910年，不满三十岁的王蕴章①"雀屏中选"，创办《小说月报》。不数年，商务印书馆又请他同时主编《妇女杂志》，由此可知王蕴章在当时文坛之地位。（胡晓真，2008）[143]

女学虽日渐发达，但尚在过渡时代。这正是王蕴章所处时期的鲜明特征。王蕴章在给男性读者的一则回信中明确表露，"女报之作，惟有随潮流之趋向，而为相当之指导而已"（西神，1917）。时潮与风习似虚却实，影响深入肌理，一方面塑造着社会思想文化的基本结构，另一方面则成为时代转向与群体心理变迁的标识。事实上，诸种女性报刊的话语转变并非偶然与孤立的文化现象。迫使民初女性报刊"惟有随潮流之趋向"的重要因素，首先是女权启蒙与"贤妻良母"两种思想观念的此消彼长。20世纪初，梁启超的女性"生利"话语思潮于知识分子影响尤甚。彼时"贤妻良母"主义与"国民母"非但不两相对立，反而都包含着现代家庭意识以及更为宏大的国族主义立场。曾任中华民国教育总长的汤化龙对于女子教育方针有如下表态："则务在使其将来足为良妻贤母，可以维持家庭而已。"（熊贤君，2006）[264]如此舆论风向下，对女子革命与参政权的激进诉求明显受到抑制，媒介舆论逐渐导向"贤妻良母"主张，培养"贤妻良母"、学习家政知识成为一种新的风习。

其次是出版业对于盈利之竞逐。在风习时潮与商业利益目标的共同驱使下，民初出版机构竞相推出女性报刊以期在女性市场分羹即是显例。在初创之际，它们并不忌讳对于西方杂志的借鉴与模仿，而在认为"西方几近等同于现代性"的晚清民初，向西方家庭与女性形象寻求"新典范"的

---

① 王蕴章（1884—1942），字莼农，别号西神残客、窈九生、红鹅生、二泉亭长、鹊脑词人，室名菊影楼、篁冷轩、秋云平室等，江苏无锡人。光绪二十八年（1902年）中副榜举人，曾任学校英文教师。清末应商务印书馆之聘，主编《小说月报》及《妇女杂志》十余年。其中，《妇女杂志》是当时倡导女性家庭智识与女性文学的影响力最大的妇女杂志。在任《妇女杂志》主编之前，他曾常年研究与编纂清代闺秀文学与轶闻逸事。其中最具影响力的《燃脂余韵》关注与倡导女性书写，并试图将之纳入主流文化话语，以期引起时人的重视与再评价的意愿。他在《妇女杂志》主编生涯中对于女性问题特有的关怀和立场与此不无关系。

冲动是伴随着教育在报刊媒介中的社会化趋势而兴起的。"借来的"现代性成为一种"卖点",于是便有了《中华妇女界》①的如下创刊声明:

> 本志仿东西洋家庭杂志、妇女杂志办法,为女学生徒、家庭妇女,增进知识,培养性灵。凡昔贤学说、女界美德,无不阐述而表彰之;而立身处世之道,缝纫烹饪之法,教养儿童之方,以及中外妇女之技能、职业、情形,悉为搜辑,以资模范,以供研究。

实际上,《妇女杂志》是商务印书馆特意推出的与中华书局《中华妇女界》构成竞争的一份刊物。两份女刊在栏目设置与内容取向方面均相类似,共同践行着培养"贤妻良母"的女学宗旨,向女界传授新知并普及家政教育。

看重商业因素并非负面之举。这有助于杂志对新时期的出版舆论方向保持灵敏度,迅捷反应,使得刊物的编辑取向得以与时潮同步。

《妇女杂志》亦在"以通俗教育为经,以补助家政为纬""改良家政、增进学问"(西神,1917)的理念下开展其女学志业——尽管这一取向是主编王蕴章在屡次变易中摸索的结果。在女学先驱刘盛女士为《妇女杂志》1915 年第 1 期撰写的《发刊词二》中,民初女性刊物的普遍特质与宗旨则再鲜明不过:

> 实由贤母良妻淑女之教,主持于内为国民之后盾也。……自今日始,吾愿吾妇女界之主持女教者,致力于衣食住之本原,以溥德育智育体育之教育全国。……我全国妇女界二万万之心思才力,以妇女杂志为机关,互换德智以求有益于吾国。

---

① 由于中华书局的经营等问题,该刊被迫于 1916 年 6 月停刊,仅发行 18 期。其影响力虽不及《妇女杂志》,但依旧在家政教育的话语构建方面贡献了积极影响力。参见:刘慧英.女权、启蒙与民族国家话语 [M].北京:人民文学出版社,2013:147.

除这两份重要女刊之外，此一时期创办的女性报刊的旨趣大多指向以科学与文明新知指导家庭生活，诸如普及家庭经济学、培养家政技能、探讨家庭问题等。自 1916 年第二卷起，《妇女杂志》聘请胡彬夏为名义主编，并在杂志内容中初举"改良家庭"之旗。胡彬夏早年曾就读于下田歌子的实践女学校，后又赴美留学，先后就读于胡桃山女校与威尔斯利女子大学。然而，胡彬夏并未因为其特殊的"新女性"身份与多元的教育背景而游离于《妇女杂志》的初期宗旨之外。王政认为她所提倡的培养贤妻良母的教育宗旨与改造家庭的教育主张均与 19 世纪末 20 世纪初美国女性教育的理念密切相关（Wang，1999）[69-70]，即女性应积极习得新知，将智识与才能用于主持家政，改良家庭，以实现富国强民（彬夏，1915）。

　　总体观之，辛亥革命之前的女性报刊，大致分为两大阵营：其一多由革命派人士所创，以鼓吹女性解放与激进女权为宗，诸如丁初我所办《女子世界》、陈撷芬所办《女学报》、秋瑾所办《中国女报》等；另一则为旧式文人延续一己之香艳情趣，将女性视为把玩对象的《眉语》《香艳杂志》《星期六》等消遣娱乐刊物。在此种格局下，《妇女杂志》与《中华妇女界》既不革命激进独标高格，亦不矫揉媚态谦卑低顺，甚至因庸常温吞而显得"独特"。这一独特格调恰在于编者对于教育使命的承担："女报非小说杂志比，今之女学生，课余展卷，其实能视为学校之补习，家政之研究，训育儿童之教科书，而不仅视为一种消遣品者，当为少数中之少数。"（西神，1917）在关注女权启蒙与现代国家"宏大叙事"的男性思想改革精英眼中，家内劳作尤为琐碎而不值一提。然而，女性报刊区区宏愿，盖在于主张女性透过家政技能的习得，摆脱旧式女性专事倚赖的角色，为自立与就业做足准备，继而为建设民族国家做出女性的贡献。鉴于提倡家政教育必要性的取向，女性报刊的办刊方针旨在"普及于一般之家庭妇女，而多载浅明有味之材料"，编辑风格力求"文不求其工，惟其言之是；科学不必其甚深微精妙，惟求其适合于家庭之实用"（西神，1917）。在《中华妇女界》中，关于"家政"的栏目占据较大篇幅，约有 78 篇稿件；在初期，《妇女杂志》的"学艺"栏目刊发稿件 32 篇，"家政"则为 38 篇，成为全刊中稿件最多且篇幅最长的栏目，占据比例之巨，无疑是贯彻培养"贤妻良母"宗旨之体现。

　　而此后众多女性报刊续出的 1910 年至 1920 年，思想时潮几经辗转，大相径庭。以王蕴章、包天笑为代表的文人与其建构的文化体系，在短暂的十年内，由文化主导的地位开始面临"五四"反传统思潮的洗礼与挑战，并迅速退居残流的角隅（陈平原 等，2007）[169]。创办于清末民初的重要女性报刊多数"短命"，特别是《中华妇女界》在创办 1 年后停刊。而《妇女杂志》则在历时近 17 年的运营过程中，紧随时潮嬗变而易换主编，随着章锡琛、杜就田等主编的接替，整个杂志的话语立场与流通生态亦处于变易之中。初期主编王蕴章对于家政的提倡，成为"五四"时期人们攻击其"守旧"的凭证，关于家政的栏目亦随风潮而锐减，转而讨论女性解放问题。其实，继任主编章锡琛自述其讨论妇女问题亦为时潮所迫，他于接任之时毫无知识与观念上的储备："那时正当新思潮运动极盛的时期，妇女问题为一般人所注意，我感觉到在《妇女杂志》中非讨论到妇女问题不可。但一向对这问题没有研究，只得临时抱佛脚，到东方图书馆里找出几本日文书籍来，生吞活剥地来介绍一点。"（章锡琛，1992）[101-102]仓皇汲取知识之后，权宜之举竟也收效颇佳，女性读者激增和销量上涨刺激编辑转而关注女性问题。连章锡琛自己都惊叹"我们的兴味，由此竟集中在妇女问题上"（章锡琛，1992）[102]。在接手《妇女杂志》1 年之后，周建人亦加入编辑事务当中，"章周"联盟之外还有茅盾不时襄助。但总体而言，依旧难以掩盖男性知识分子在探讨妇女问题时的权宜之态与临阵磨枪之状。从初期对于"贤妻良母"的苦心营构，到"五四"时期对之大举抨击的激进女权论述，与其说是代替女性追求新的女性形象，毋宁说其通过构建新女性形象来追求男性自我设想的映现。易言之，报刊始终是时潮趋向与市场需求不断共谋与协商的文化产品，以一种兼顾商业利润与文化建设使命的"双重角色"担负起启蒙与教育的重任。

　　值得注意的是，陈姃湲的研究揭示了女性报刊运营在诡谲多变的文化氛围下展现的权益性，以及这种男性主导的权益性对于女性话语的遮蔽：

"大多数的中国妇女，不仅并非《妇女杂志》的主要读者或执笔者，甚至不见得是被讨论的主体。"（陈姃湲，2004）这一论断涉及女性话语权问题，而女性话语权的彰显则涉及两个方面。其一，受制于传统儒家价值观念。女性往往秉承"无攸遂"的谦卑态度，听命于男性家长的指令，默默履行妇职而"功成不居"，对家户之外的事务几乎无由涉足。其二，掣肘于清末民初女性受教育程度的客观事实。根据包天笑对 1911 年《妇女时报》女性来稿情况的描述，擅于写作的女性多家学渊源，文体以旧式诗词居多。杂志创办之宗旨在于"自然想开发她们一点新知识，激励她们一点新学问"（魏绍昌，1984）[372]，无奈能够独立撰文展露新智识的女性仍属凤毛麟角，此情形下男性知识分子不得不捉刀代笔。但不应忽视的是，此时期仍有女性将自己"幼稚拙劣""不堪卒读"的文稿投诸杂志（魏绍昌，1984）[372]。即便这种尝试并不是成功的，她们也暂不具备"撰稿人"的资质，但作为稍后一批智识女性积极撰稿与开展教育职业的前奏，她们的努力仍别具意义。

《中华妇女界》与《妇女杂志》创刊之际，女性教育的情形与包天笑所述相比已有所改观。更为关键的在于，处于清末民初新旧交替之时的智识女性，其所受教育固然无外乎传统诗赋铭诔，当"贤妻良母"作为女性的"现代性才能"被构建起来，旧式才能如何实现转换与再次诠释？同时，男性知识分子以主导报刊主流话语的形式"代为女性发声"，虽在一定程度上阻碍了女性话语权的获得，使其关于家庭生活与生命经验的真正话语被"遮蔽"，却也成为一部分智识女性试图扭转"代言"局面的契机。因此，报刊一方面成为新时期语境中首先使女性感到冲击与受挫的新兴事物，另一方面亦激励浸淫于旧式教育的女性寻求新的自我诠释，并为她们提供新的展现途径与平台。民初最早的一批女性撰稿人正是在新旧文化更替与冲突之际，在向报刊媒介耐人寻味的权益性"借力"以寻求新的自我诠释的过程中，逐渐浮现于公共媒介的视域。

二、芸窗锦绣与米盐琐碎：家政劳作经验的自述、展演与教育意涵

　　"公共性"是报刊媒介最为重要的属性之一。近几年的研究出现了一种新的视角，即强调报刊媒介作为 20 世纪初"公共论坛"的角色，智识阶层以此为基础展开关于家庭改良与性别职能构建的聚讼与论说。有学者考察了在"公共论坛"中男性精英与智识女性所形成的"结盟"关系，商务印书馆曾外聘胡彬夏主编《妇女杂志》便是显例①。尽管这一"结盟"更多是出于商业考量与风潮所趋，但确有拓荒乃至收获之成效。这种特定的男女精英的结盟虽在清末民初的语境中具有一定的历史合理性（董丽敏，2011）[68]，但其代价在于，媒介报刊中的男性知识分子代女性寻求新形象而发的"先声"，不可避免地使得女性真实的家内劳作与思想话语陷于"遮蔽"，在文化叙述中难觅踪影，特别是"五四"时期对于女性家内劳作的大举批判，将之被贬斥为毫无价值。伊沛霞指出，粗暴抹除女性劳作的价值意义往往较为容易，然而却无人试图重现这一体系，这便无助于我们考察女性如何按照这一体系的术语去塑造自己的现实生活，并像男性一样艰辛劳作以维持家庭生活的有序运转（伊沛霞，2004）[7]。而女性没有自己真实的话语，就没有能力依循自身的体验与认知去重新诠释自我与世界。这一情形成为一部分智识女性试图扭转男性"代言"之局面，并以家内劳作经验进行自我诠释的契机。最初一批女性撰稿人正是在新旧文化更替与冲突之际，在向报刊媒介耐人寻味的权益性"借力"寻求新的自我诠释的过程中，逐渐浮现于公共媒介的视域。

　　为了弥补稿件匮乏之不足，女性报刊往往采取征文举措。一方面，征文活动是一种快速而有效实现作者在特定家政主题上的聚合性创作的途径，此举直接促成了女性在"公共论坛"中发声。另一方面，征文活动除了达到征集稿件的目的，还促进了一种新文类的产生，这种新文类使女性

的劳作经验在报刊媒介中得以"展演"。

《中华妇女界》在创刊后不久，便面向全国进行征文。征文广告如下。

（一）我家之家计（详叙人口之多少，生活之状况，收支之概略，及该地物价等，以为主持家政者之模范）；

（二）就学之经验（详述就学之历史，效果，利害等，以为后来妇女就学之指南）；

（三）女子职业谭（述自己及亲友并所知之妇女所操何种职业，状况如何，对于经济上卫生上道德上之利害如何）；

（四）吾家擅长之烹饪法（不拘种类，不拘多少，以味美而不害卫生者为佳）。

投稿者任作一题，或数题，录取后当刊入本界并酬书券一元至十元，卷上请书明姓名学校年级住址籍贯及年岁，寄交上海东百老汇路二十九号中华书局编辑所妇女界社收可也。

征文的"命题"性质规制了来稿的主题与体裁，括号中的文字对于叙写的层次和板块做了进一步详细的引导与要求。在内容方面，主持家计成为最为重要的主题。征文内容包括家庭经济、女性就学与职业，以及家政中最为主要的烹饪技能，可见主编预想中的家庭生活范围已相当广泛。此外，从征文范围可以对征文对象略知一二，其读者群基本上由在校的女学生与擅于家政的智识女性组成。商务印书馆前工作人员谢菊曾所言"供中学以上程度的女学生和家庭妇女阅读"（谢菊曾，1983）[38] 即可为证。而在白话文运动之前的民初，阅读杂志需要以接受良好的教育为基础，至少应粗通文言。而当时有条件接受学校教育或家学渊源的女性，多为上层世家望族或中产智识阶层。由此观之，《中华妇女界》与《妇女杂志》的理想读者群应是智识女性，同时二者亦更倾向于定位为"准精英刊物"。

征文之举汇集了数量相当的关于家内劳作的文稿。书写自己主持家计的经验以示模范的要求，使得这一文类既需要具有记叙文的特征，并以第一人称的口吻将家政经验诉诸文字，还应糅合"社说"（也称"社评"，指报刊中的引导性言论所形成的一种文体）的价值输出的论述，导向一种特定的性别角色观念的构建。总体而言，家内劳作以经验的自述被整合入"贤妻良母"的论说当中，形成了承担着家政技能与家庭意识的双重教育意涵的文类。

这里将着重以三位女性关于家内劳作经验的书写及其教育意涵作为个案进行考察，并从如下两个面向展开讨论：其一，女性在报刊媒介中对于家内劳作的第一人称叙写兼论述，以及其所开展的新型自我构建活动；其二，在媒介中的自我构建之外，女性撰稿者的聚合与编读互动之中的知识生产与教育活动。在这一系列媒介中的家政知识生产活动与传播过程中，女性与家政教育的角色被置于家庭、社会与国族所组成的同心结构中。

（一）"家庭勃兴次第有动机"——陈仪兰的十年持家与教育志业

陈仪兰来稿自述其十年苦心持家谋求家庭幸福的经历。她自与丈夫结缡以来，家庭幸福日有增进，然初嫁之时的生活潦困与家计难举，十年间扭转乾坤的含辛茹苦正自不少。陈仪兰借《中华妇女界》之平台，将十年中家庭之经营的诸方面经验积攒成文，其间功劳顺理而成章，同时意欲为普通社会女性做家政经营之指导。陈仪兰以其深明与聪慧，历数十年持家之道，于焉可感其内蕴于柔弱躯体中的强韧力量。

夹叙夹议是家内劳作自述的新文类特征。其中"叙"的部分承担对于情况的陈述、情境的还原以及具体劳作事项的描述等功能，"议"则承担道德构建与价值输出的功能。自述在夹叙夹议中完成了一种"自我构建"。陈仪兰开篇有关家国的论述是为了引出自己最初主持家政时第一个颇为成功的举措。她刚刚嫁入夫家便遭逢分家之动议，而她以自己的处世智慧与教育背景，成功扭转家族分崩离析之命运，并提出一系列积极建议使家族走向勃兴，而这应是她引以为豪的文稿标题"吾人家庭勃兴之动机"之缘由所在。

她的夹插议论的叙写遵循着线性叙事的逻辑，勾勒出两条线索，分别为家庭的勃兴过程与自己从新妇嬗变为成熟的持家主妇的成长过程。

作者所处的1916年，宗族大家庭内成员之间关系之维系事关家族兴衰存亡。她将维系家族、改良家庭作为女性主持家政的首要职责。求家庭幸福无过于独立。清末民初欧风东渐，源自西方的核心新居小家庭正作为一种新型家庭形态冲击着累世同居的传统宗族式大家庭。陈仪兰认为新居小家庭的组建并非通往"独立"与"幸福"的确凿途径，亦非改进中国家庭之良方。在她看来，小家庭作为一种舶来的家庭模式，是西方历史文化与意识形态的产物，而中国家庭之病灶在于"惰不事业"（陈仪兰，1916），因此没有独立与竞争的资本。易言之，家庭勃兴无涉家庭模式之分殊，而是"视其能力何如以为准"（陈仪兰，1916）。陈仪兰所秉持的这一观点，为她之后叙写其成功阻止家族"析居"的事迹做了"合理性"的铺陈。

出身于富厚之家的陈仪兰初嫁之时正值二十一岁。夫家经济状况不甚理想，"几乎不能自给"，可谓使其"骤入窘乡"，其父母甚是忧虑（陈仪兰，1916）。丈夫比她年长两岁，上有孀居的母亲，另有两位兄长、三位仆役。婆婆虽慈爱，于家政也甚有经验，却无奈米珠薪桂而无从措手，左支右绌而不能展布。家庭开支除房屋租金、米盐薪炭、仆人工资、酬应之外，虽尽力维持，却不敌物价高涨。在这种困窘景象下，亲友都认为未受一日窘迫的陈仪兰难以主持家计。她自述对此质疑早有预料，坚信只要精心筹谋，必能战胜窘况。

她试图主持家政时的第一次重要家庭会议便是分家。大家庭合居如此困苦，家中有人提议不如暂时分家，各自为谋。婆婆心虽至痛然无可奈何。亲戚众目炯炯等待初执家政的新妇表态，认为她无非遵从分家之策而已。然而，作为家中最年少的新妇，她的说服之辞充满策略与智慧。她并未直接否认析居决议，而是引借筷子为譬喻——"一支易折也，倍之则较难，三之则更难"（陈仪兰，1916），以一席滴水不漏之辞为众人注入信心。纵使外部经济形势不利，只要群策群力相辅相助，曙光会当不远。

成功解决析居问题，亦成为她得以初步树立自己在家庭中话语地位的契机："吾从此时时持以平衡之态度，成为参谋帷幄之一人。"（陈仪兰，1916）获取生活资料又成为接下来要面临的现实问题。考虑到城市中高昂的生活成本，陈仪兰建议婆婆发动家族迁居乡下，并倾力改造已故公公留下的两百亩良田。在资金不足之时，陈仪兰看到"家人皆尚朴质，余独锦衣明珰，心固不安"，便"尽毁妆奁近四百金"，以全力襄助家族实现迁居计划。（陈仪兰，1916）尽管妆奁是当时女性嫁入夫家后唯一合法的私有财产，但考虑到家族处于困难关头，私有财产若在家庭利益中产生价值，这种价值和道德的合法性便可强化女性在家庭中的话语权。

　　在作者的陈述中，民初女性家庭观念的新型转变已跃然纸上。例如，她所持的"合居"观念表面上看是对于儒家家庭伦理观的坚守，但如果我们将这种观念置入民初社会的脉络中，便会有新的理解。我们首先应注意到新旧更替的时代下两种不同社会想象之间的对垒：一方面，社会被视为一个线性进化的过程，新出现的小家庭模式必定优于旧式宗族大家庭；另一方面，社会被视为一种公平的统一体，其中有一套理性化的伦理原则指导并奖励那些具有能动性与主体性并付出努力的个人。如此看来，陈仪兰关于社会与家庭的观念明显倾向于后者，在家庭模式问题上所秉持的理念"虽旧亦新"，且更具有本质性的革新。它强烈体现着对于自我能动性的召唤，同时，自主承担责任则普遍被认为是一种具有现代性精神的行为（李海燕，2018）[181]。再如，陈仪兰秉持的女性财产观表明，女性财产的归属始终是家庭，而非女性个人。因此，她自觉地实现了家族内部资金的公私转换，并展现了主妇高度的主体意识。同时，她对于自己内心活动的剖析具有刻意而自觉的自我道德构建的成分，成为民初女性道德情感与道德优越性的表征。

　　迁居之后，为使家庭成员各得其宜，陈仪兰又积极发挥自己的统筹才能，为家中每位成员分配具体任务，使之与家庭勃兴的计划产生密切关联。同时，她开始更加有计划地展开"开源"与"节流"的双向筹划。在"节流"方面，她饶有兴味地介绍了迁居乡下之后在烹饪方面的便利与节省。作为一位受过教育的智识女性，倘若稍稍钻研厨艺，掌握一定的烹饪诀窍，寻常素蔬亦能变得鲜美可口。长嫂擅长烹饪，她不厌其烦地整理兹举长嫂经验，如将豆腐烹饪得更为鲜美的秘诀，以为读者所借鉴。她还将祖产田地改造为花圃与菜园以种植四季蔬果，每日下厨各色皆备，应付寻常饭菜已不成问题。在她的精心组织下，全家劳力被发动去开发有限的自然环境，挖掘出了一个庞大的家庭单位所需要的生活资源。家庭生活开始"有左右逢源之妙"（陈仪兰，1916），丰饶生活完全凭借一己之力而来。她颇感自豪地告诉读者，以如此生活水准，倘若在城市中恐怕早已债台高筑。

勃兴大家庭，关键还需"开源"。陈仪兰敏锐地观察到，民初适逢女学方兴，家中恰有亲友在女子中学任职。在女子外出谋职并不被认可的20世纪初，她只好自己"抗颜"走出家门，任教于一所女子中学，月薪为三十元，以三分之二接济家用。任教不久，她便因勤于职务深得校长赏识，薪金亦从优以待。

生活稍有改观，家庭入款日渐丰裕，陈仪兰却告诉读者，她决意辞去五年的教职，回归家庭以从事家庭整顿与经济预算工作。首先采取经济学原理立定财务收支标准，免于混乱，例如列出日常收入款项与支出款项。考虑到社会通胀变化对于生活水平的影响，自制的家庭预算案应半年修改一次。她提议家庭成员每月收入的六成归公以补贴大家庭，其余四成为各自小家庭私用，公私分明，每月盈余作为储蓄金。这一举措使原先入不敷出的大家庭在第五年全部偿清债务。第七年，家庭积蓄的财富已可以将祖产次第赎回，并新造住宅十数间，家庭气象日臻完善。

在家庭督则方面，她主张在保持勤劳之外，将现代性的"时间观念"纳入家庭秩序的管理当中，如"夏秋之际，早起必在六时前，冬寒则在七时前，晚十一时，一律安眠，由老仆摇铃一周，以为号令"（陈仪兰，1916）。请妯娌三人轮流督则，每日劳作事项安排井然。身为家中主妇，在统筹全家生产劳作之外，她不忘每日一己之修为，将对时间的精细化管理应用于自己，如上午自课、临字帖，午后习算术，晚间阅读书籍或为子女温习功课，闲余刺绣缝纫等以补家用。每日除睡眠外以十六小时计，饮食占四小时，主妇自课占四小时，家政治事四小时，尚有余暇四小时足以优游。按时而进，从容不迫。陈仪兰女士谆谆奉劝女读者，家内劳作一向占据大量精力，为己所用的光阴本就所剩无多，应格外珍惜，应与徒耗时间的娱乐保持距离。在陈仪兰精妙的自我管理下，家政生涯不再是一处庸常王国。

我们看到，作者以裨补家计暂时走出家庭谋得教职，在家庭经济暂缓燃眉后又回归家庭，这些举措坚韧又不失灵活，是一位智慧主妇的心智和能力的综合体现。在她主持家政的第九年，家中资本已颇丰厚。她又以家庭名义投资筹建了一所男女同校合班制小学校①，招生总共近七十人。二妹、堂兄与其一同担任教职。周围亲友络绎送子女就学，学校应接不暇。陈仪兰持家十年之际，正值婆婆七旬大寿。她以自豪情愫叙述，婆婆亲自为她斟满一杯酒，以赞扬她十年以来为这个家庭的勃兴做出的功绩。

在陈仪兰对于十年持家历程的叙写个案中，首先呈现出两条并行交错的鲜明主线：其一为家庭次第勃兴的过程，其二则为女性个体在家庭生活与家政生涯中的成长过程。通过对家政经验中的种种智慧与绸缪的铺陈叙写，这两条并行的主线绞合于一处。而它们共同的"成长动力"来自陈仪兰所具有的能动性与主体性，这是一种具有"现代性"意涵的表征。她一系列富有建设性与创造性的举措及其成果体现出"家庭幸福次第乃有动机"（陈仪兰，1916）所具有的两层含义：首先，家庭幸福完全可以经由能动性而获取；其次，家庭幸福不可一蹴而就，而是需要在一个个阶段中一步步地经营与筹划。

在前述内容中，我将陈仪兰维系传统宗族大家庭的努力视为一种对于家庭改良议题更具"本质性"的表达。陈仪兰所处年代适逢民初新文化思潮鼓荡与家庭改良呼声渐高，与充斥着专制、依赖与纷争的旧式家庭相

---

① 在辛亥革命之后，南京临时政府颁布《普通教育暂行办法》与《普通教育暂行课程标准》，正式开启新学制。其中规定"初等小学校，可以男女同校"。参见：邰爽秋，等.历届教育会议议决案汇编 [M].上海：教育编译馆，1935：8-15.

比，新式小家庭成为自由、自立与和睦的代名词。① 然而，以赵妍杰的研究来看，家庭革命产生的新伦理却不足以及时填充旧伦理衰息的价值真空状态：家庭改良的浪潮徒有激荡的言说，却难以得到教育与制度的支持。言论与现实的错位使得新式的小家庭进一步空疏化，它变成一个没有经济基础的、简单的、依靠血缘情感的团体。（赵妍杰，2020）[10]

陈仪兰的家政实践却表明，新式小家庭抑或旧式大家庭仅为家庭模式分殊而已，这正如那些更重视个体能动性的观点所述："新家庭中的女子，若未受过相当教育，家庭幸福仍是不能圆满。不过是由大旧家庭改组为小旧家庭罢了。"（胡适，1919）社会有一套理性化的伦理原则指导并奖励那些付出努力的、具有能动性与主体性的个人，而个体能动性正是仰赖于对新式家政智识的汲取。在婚姻与家庭生活皆受制于制度习俗的民初，一名初出闺阁嫁为人妇的闺秀，以其深明大义与筹谋智慧，主动承担起维系家庭稳定、扭转家庭命运、统筹家内分工、促成家庭勃兴的职责，十分难得。我们还体察到陈仪兰在处理大家庭人际关系与劳作分工方面的周全细腻，称得上在琐碎中屡见华彩，在纷杂中屡见独到。十年家政磨砺、艰难操持，何尝不是陈仪兰具有现代性精神之体现？

（二）"家有贤妇初长成"——代际相授与李范娴增的家政个案

李范娴增自述的则是家政经验代际相授的逸事。她幼年失怙，尚在襁褓之中母亲即弃她而长逝，父亲抚养她成人。她"读书之后，家务概置不问"（李范娴增，1915）。她稍稍年长又就读于寄宿学校，对于家庭事务更加茫无所知。在我国传统的家政教育中，代际相授是一个长久的传统。如作者所言，"有母之时，为天然练习家政之机会"（李范娴增，1915）。母亲终日操持家政事务，其劳作辛勤而绵长；女儿久随其身边，则以耳濡目染的方式习得理家的技能，妇德亦经由技艺的教授而得以传递。"母教"使在知识生产机制尚不健全的前现代，家政依然能够传递无阻并井井有

---

① 时人认为，（大家庭）同居是依赖的、分利的、退化的、作伪的、有阶级的、不自然的，（小家庭）分居是独立的、生利的、进化的、率真的、平等的、自然的。参见：郑士元. 家庭改造论 [N]. 时事新报，1920-08-24（13）.

条。女儿当敏学而勤问，则"不虚有母"（李范娴增，1915）。作者慨叹，自己因为过早失恃而错失"母教"，所以在家政方面"无所师"（李范娴增，1915），这仿佛是终生之不幸。

然而，学校的家政教育更加令人失望。初嫁之时，她虽在女子学校接受新式教育七八年，对于家事却毫无经验。她对持刀削皮都不熟练，遑论烹饪、缝补、自制鞋袜，寻常家务则往往事倍功半，时常要请婆婆相助。李范娴增在文中批评道：举目四顾大多数民初女子，一入学校便视母亲的家政相授不如学堂教师的教诲；待到成为人妇之后，方知道学堂所习科目与所教授知识并不尽适用于家庭之事。学校所教国文课多为记诵诗词经典，新妇治理家务时，面对实际生活茫然无措，对店家所开发票单据、送礼之签条、寄物品时的面单，皆懵懂不知。

实用知识的贫乏时常使李范娴增在生活中左支右绌，连出窘相，使其在初嫁入夫家时闹过笑话。她将自己所经历的窘境一一诉诸笔下。例如某日丈夫生病，有电报自外地来，她看到满纸的阿拉伯数字，误以为是算式题，"乃就其纵列之数，分行而相加之"，然后煞有介事地将总数写在纸上。丈夫看到后笑不可抑，婆婆更以为她念丈夫病中，借此博丈夫一笑。她坦言自己是真的不知何为电报。再如，外地亲友托人送茶饼来，她因不谙物价，不知付给送货仆役的赏钱已超过茶饼价格的三分之一。算术、理财虽然在学校中早已有教授，然而与治理家务之间仍有隔膜。学校所教授的知识不敷应用于日常生活。而学校之外的实用常识，她则一概不知。现实生活与所学知识的"脱节"与"错位"，使得李范娴增愈发慨叹学校"师之教"到底比不过家中的"母之教"。

幸运的是，她有一个可以师从的婆婆。六十六岁的婆婆是一位善理家政且愿意慷慨相助的慈爱长者，如同母亲一般不厌其烦地传授治家经验，随时随事殷勤指导。由于过早丧母而对家政知识的匮乏具有切身的体认，李范娴增无比珍视向婆婆学习的机会。例如，寄送物品填写面单时，婆婆示范如何书写，她仿效之，虽格式大谬，婆婆笑后则更加详细耐心地教授。婆婆还教她簿记算账。李范娴增告诉读者，虽然在学校学习了新式的笔算，但在实际操作的仓促之间，婆婆的珠算往往迅速于笔算。凡事需躬行，在家政实践中，传统技能未必落后，她决意开始学习传统的珠算。跟随婆婆见习家政五年之久后，李范娴增已能独理家事。

在家政经验方面以婆婆为师，在新式知识方面，李范娴增则以丈夫为师。平日丈夫辗转受聘于十几所学堂以补贴家用，尤其还兼任沪上学校的教员，异常繁忙辛苦。出于分担丈夫辛劳的初衷，她希望在家庭生活中依然坚持读书。但是现实是，在她求教于富有智识的丈夫时，家务纷来，日不得暇，与丈夫约定的读书与抄写课程，始终未能履行。出于对家庭的情感与道德的"双重义务"，她认为如果能在学校中就认真实践家政科，在婚后便可以尽早发挥效用，而不是仓促习艺。

李范娴增的观察使我们不难意识到，民初女性与传统女性面临着相似的困局，家政事务与自我修为之间的龃龉往往使其感到力有不逮。然而无论是家内劳作还是自我提升的知识学习，其初衷终归是统一于对于家庭与丈夫"形而下"的体恤与关怀，这与传统旧式才媛遭遇的书写和劳作的扞格与对立相比，已发生了一种转变。旧式才媛往往倾向于以书写志业为自己凿刻出一个"形而上"的主观空间，将家务视为"俗累"并拒斥在这一空间之外；而民初的李范娴增并未将家内劳作视为"自我"的对立面，双方处于"可协商"的关系中。李范娴增的"自我"并非出于追寻个性与超脱妇职的欲望，她甘愿为丈夫分劳的初衷，使得"自我"的"合法性"并未在根本上受到质疑。换言之，李范娴增将"自我"这一充满个体性的话语植入了家庭稳定性的夹层当中，并剥离了"自我"与"个体性"之间的联系，将之稳定在分担丈夫忧劳的家庭职责方面，从而清空了传统才媛因诗书才艺而疏怠与僭越妇职的可能性。易言之，她否定了传统女性才艺知识中潜在的颠覆性，将知识的内容与取向置换为家庭智识。同时，她还借助铺陈自己因幼年错失母教而不得不向婆婆学习传统家政知识的叙说，来纠正当时年轻女性对于"母之教"不如"师之教"的误判。关于新兴女学的错误观念，在一定程度上威胁到了妇职与家庭智识的"落地"及其有效性。

　　但是，李范娴增并非一味鼓吹复归传统，向婆婆学习家政技能可被视为培养传统价值理念。"家有贤妇初长成"的叙事框架同时为一种新的知识范式预设了轮廓。她还积极向曾接受新式教育的丈夫汲取现代性知识，并结合自己在学校所学的新式知识，使自己获得对现实生活产生助益的成长。这种成长过程借由女性报刊所提供的媒介平台得到了充分的"展演"（performance）。

　　李范娴增自述的后半部分，显然是对自己家政知识累积与运用情况的一种典型的"自我展示"。她认为，家庭经济学与储蓄流通的新知识使自己在家庭消费方面获得了更具现代性与理性的认知。李范娴增附自己运算娴熟的本息利率算式，为《中华妇女界》的读者普及家庭经济学新知。她告诉读者，在她学习西方经济学的新知识，特别是储蓄与流通知识之后，便决意不再购置任何首饰。这是因为，如果以经济流通的视角看待，金银首饰一旦从市场购入，便已退出交换与流通，不再产生价值而仅待损耗。百元首饰佩戴十年仍为 100 元。倘若投入百元现金以打制首饰，随着岁月磨蚀，首饰的成色必有损耗，若损耗三分之一，100 元则仅价值不到 67元，十年中如以一定损耗率折算，损耗累计则多达 193 元，实属买入愈多，最终损耗价值愈巨。倘若将这 100 元转为储蓄，按年利率一分计算，储蓄十年则所得本息共计约 259.34 元。因此，她以利息公式奉劝女读者，购置首饰"实有碍金融之流通"，若妇女人人购置首饰，则每家每户都有千百元资金"永滞于妇女之身"，不仅无形中造成价值亏损，一国之经济想必也会掣肘于这种风习。（李范娴增，1915）因此，全年家庭收入近千元的中等家庭智识女性，不如将购买金饰转为储蓄。

　　将经济学原理与知识运用于家庭生活后，不购买金饰不再仅仅是女性俭德的延续，这一俭德的传统内核已经被李范娴增置换为新经济学知识中具有现代性的自主选择。同时，李范娴增家庭经济知识中暗含的国族主义的立场则为报刊媒介中的家政知识提供了更为充分的合法性。

　　回顾前文李范娴增对于初嫁时一系列"糗事"不遗余力的铺陈可以看出：一方面，这是她在行文方面以"欲扬先抑"反衬其"成长"的叙事策略。按传统叙事"讲求尊严"的取向，"糗事"一般不宜公布于众，而自曝"糗事"成为李范娴增对于传统书写的一种"祛魅"策略，使其无意中站在了现代主义式自我主体的同列。另一方面，李范娴增在家政知识的"成长"与"自我展示"的叙说框架下，也终于由婆婆的"学徒"与丈夫的"学生"转变为《中华妇女界》女读者的"教师"，这一自我身份的跃升是紧密伴随知识身份的转变而发生的。"家有贤妇初长成"的个案为报刊媒介中的家政知识传播构筑了一种理想范式，它成为学校体制内家政教育的补充，并将衍生出更为多样化的形态。

（三）劳作图像的展演与教化——唐谢耀钧的家政摄影与"图像表率"

在报刊文字性的文本之外，图像可被视为一种表达报刊总体取向与立场的视觉性要素。封面图绘或内页摄影构成了杂志的视觉性要素，而在由此形成的杂志"视觉性格"的背后是风习所向。陈平原为我们呈现过大众刊物《北京画报》的图像背后来自公众凝视的目光。以启蒙之名义"观看"那些接受新式教育并正在劳作的女性，似乎已成为报刊潜藏不露的趣味。（陈平原 等，2007）[1-65]

《妇女杂志》第一卷（1915 年全年）12 期的封面图绘（见图 4-1）展现的是女性劳作的不同场景。图像主旨从每一期图绘下方蝇头小楷的四字题词可以窥见，第 1 期与第 2 期分别表现了阅读（兰闺清课）与作画（芸窗读画）的场景，其余皆为女性常见的家庭劳作，其余的 10 期场景包括绣阁拈针、蚕月条桑、雨前选茗、春江濯锦、纺车坐月、厨下调羹、药里关心、秋窗宵绩、寒闺刀尺和灯影机声。刺绣、桑蚕、洗濯、纺织与烹饪等，皆属于前工业社会中以"女红"为核心的"女性工作"（womanly work）[①]范畴，并具有长江中下游地域的生产特征。正面描绘以及作为封

---

① 白馥兰的译法依循了曼素恩和高彦颐的理解，将"女性工作"阐释为"女性天职所规制的工作"，也就是传统的道德学家和文人士大夫官员所认为的女子的工作是一种道德活动，与性别及其"天职"的意涵联系在一起，并在当时主要以纺织为体现形式。这种对于女性工作的理解，与葛希芝所言的"纳贡式生产方式"相符合，此处表达的含义是，女性是这个国家生产领域的活跃主体，作为丈夫工作的重要补充，女性工作主要产出具有象征意义的纺织品。纺织品生产与物质性的农耕生产同等重要，其价值并不（转下页）

面的彰显形式，隐约反映出工业化生产来临前的文人对于女性传统劳作的"文化乡愁"（陈平原 等，2007）[152]。女性的生产性角色的图像式"彰显"恰恰为知识分子"贤妻良母"的理想形象预设了轮廓。

图 4-1 《妇女杂志》1915 年全年 12 期的封面绘图

资料来源：《妇女杂志》。

从落款看，这些封面图绘大多出自水彩画鼻祖徐咏青[①]。倘若与大致同一时期发行的其他女性杂志封面图绘相比较，其风格之异同有助于我们获

（接上页）直接体现于货币，而是体现于象征意义。参见：白馥兰. 技术·性别·历史：重新审视帝制中国的大转型 [M]. 南京：江苏人民出版社，2017.

① 徐咏青先生是土山湾画馆培养的水彩画大师。金雪尘、杭穉英、金梅生皆出于徐咏青门下。

得有关杂志取向的某些线索。在此之前，杂志的封面图绘主要为传统花卉
鸟石等装饰图案。徐咏青参与《妇女杂志》封面绘制，正是主编王蕴章试
图以女性报刊"裨益于女学，补助家政教育"（西神，1917）的自觉革新
时期。报刊试图通过将闺秀人物置于家庭劳作的场景，召唤传统女性的生
产性角色，以"传统仕女画"的表现手法塑造"贤妻良母"的理想女性形
象。如果说梁启超对于"贤妻良母"形象做了文本层面的想象与勾勒，杂
志封面图绘式的"贤妻良母"则成为媒介知识分子心中理想女性形象的
直观而具象的视觉呈现。特别是《妇女杂志》，其封面以劳作的情景性描
绘作为"展示女性劳作成就的集锦"（刘慧英，2013）[157]以及表达杂志立
场的视觉性要素，为女性劳作在报刊媒介中的"展演"开启了新的话语转
向，家政教育的宗旨亦内嵌于女性的家庭劳作之中。

　　封面图绘的劳作主旨不仅体现了女性报刊的立场，同时亦启发了那些
为女性报刊积极撰稿的智识女性。其中，唐谢耀钧的个案便是显例：她充
分利用报刊媒介中的图像为自己家政经验的分享及其教育意涵构建了更为
丰富的维度。

　　肄业于上海爱国女学的唐谢耀钧，其自述可谓图文并茂的典范式运
用。她在来稿中首先附上自己的照片：身着斜襟高立领的绣花绸缎收身长
衫，领口的绲边已经改为具有西方元素的蕾丝花边，发型是20世纪初流
行的燕尾式刘海与盘发髻。《中华妇女界》编者亲自为她撰写了篇幅不短
的热情介绍，与其照片并置于整版页面中。

　　值得注意的是，唐谢耀钧还附上了《自摄照片八种》（见图4-2），这
是她亲自出镜拍摄而成的系列"家庭生活摄影"。摄影者很可能就是她的
丈夫唐镜元。唐镜元为留英高等实业学校毕业生，曾供职于印刷实业，也
是民国时期报刊媒介圈内的知名摄影家。作为"现代媒介从业者"的妻
子，又身为智识女性，唐谢耀钧显然深谙新兴媒介的传播模式与效力，并
且打算尽可能全方位地利用这一力量，作为她传布自己女学立场与家内劳
作经验的舆论工具。

　　这组摄影作品呈现出家庭劳作的八个场景，两个一组形成四个"观看

单元"，包括缝纫、刺绣、会计、读书、浣衣、饪烹、种花、育儿。照片的贡献永远是在被"命名"后才出现的（桑塔格，2012）[17]，而什么值得被拍摄，取决于一种相关的意识形态，那便是足以浓缩"贤妻良母"典范的瞬间。唐谢耀钧正是筛选了主妇日常家政生活中几个极富典型性与代表性的场景，通过摄影的方式予以"再现"。

　　在"刺绣"场景中，唐谢耀钧面露微笑并凝神将双手举近眼前纫绣线，案头是固定好的"卷绷"①。从"卷绷"的形制与尺寸来看，她用的是绣制大尺幅绣品的"大绷"。因为传统刺绣多为小件绣品，所使用的小尺幅的"手绷"②用于制作领口袖边等边饰纹样。由此可见，她所绣制的显

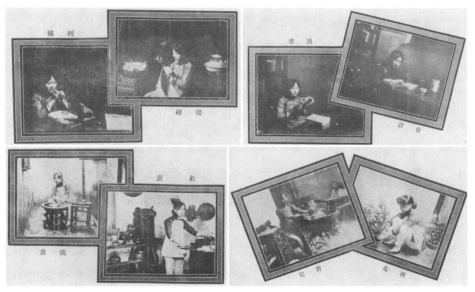

图 4-2　唐谢耀钧女士家庭生活摄影（八幅）

资料来源：唐谢耀钧.唐谢耀钧女士家庭生活摄影[J].中华妇女界，1915（7）：1.

① "卷绷"为刺绣时必需的基本绣具，由绷轴与绷闩组成，功能为完全固定绣面，使之撑平紧绷。它多用于制作大幅的绣品，按照尺幅又分为"中绷"与"大绷"，此两种稍大的尺幅适宜绣制衣物袖边与观赏性绣品等。参见：沈寿.雪宧绣谱[M].重庆：重庆出版社，2010.
② 用于绣制小件绣品的绣具为"手绷"，亦称"小绷"，是将绣面夹插在圆形或方形的木框中固定绷平，主要用于制作童鞋图案等小件锈饰，目前已不常见。参见：沈寿.雪宧绣谱[M].重庆：重庆出版社，2010.

然是当时逐步具有商品交换与艺术创作性质的女红作品，而不是旧式才媛所惯于绣制的手绢或袖边。在"缝纫"场景中，她正在颔首将引线穿过针孔，缝制衣物。其周遭是一派家居景象，桌上放置着盛有衣物的编织篮，身后则是摆放着盆和陶罐的橱柜。"育儿"场景则在客厅中，她满目慈爱地用汤勺给婴儿车中的婴孩喂食；"种花"一幕转移至庭院，她身着围裙正在为盆栽松土，身后一片葳蕤；"浣衣"场景中，她坐于洗衣盆前洗濯衣物；进入厨房，呈现出锅台前手持铁锅"饪烹"的场景；在书房则是伏案"会计"与展卷"读书"。

在这八个劳作场景中，唐谢耀钧女士并不以正面示人，而始终保持低头专注的姿态，以传达"正在劳作"的信息。无疑，唐谢耀钧很清楚，如果在摄影中出现正面面对观者微笑的面容，则有"摆拍"与"作秀"之嫌。能否最大限度地"再现"真实的劳作，就取决于被拍摄者是否处于"投入"劳作的状态。照片的情境感与投入感的彰显则需要被拍摄者先去"真实地想象"劳作的姿态，再将之模拟再现。劳作在照片中"真实地"再现，便提供了她劳作的"充分证据"。照片中的家居与庭园的环境以及婴孩，使唐谢耀钧似乎置身于一个由摄影道具所构成的"人造世界"当中。劳作的历时性与共时性在她精心筛选的瞬间定格为劳作的再现式图像，这一图像由此具备了更为强烈的来自实际生活经验的可信度。

值得强调的是，照片中的主妇均是独自完成上述家政职责。对于女性躬亲治家的强调，使得民初智识女性履行主妇职责的态度与那些将家务与育儿职责"外包"于仆佣的传统上层女性区分开来。在这些劳作场景中，家庭生活与家内劳作的主旨占据了"展演"的支配性地位，撰稿人唐谢耀钧作为女主角处于自导自演的"女性空间"的视觉焦点。家内劳作的经验与话语通过摄影作品形成了一个"剧场的完美效果"（巫鸿，2009）[184]，以视觉化的形式包装了"贤妻良母"的话语。同时，"照片包装话语，自己似乎亦招致包装"（桑塔格，2012）[3]，照片本身也为这种话语所包装——这些照片对于"流动的"日常劳作进行了截取与筛选，即"何种劳作场景值得被拍摄"本身就是一种话语包装的过程。原本被"遮蔽"的家内劳作，经由摄影作品"再现"，成为一种劳作的视觉化符号；因"展示"劳作而被"理想化"的主妇形象，象征性地成为"贤妻良母"的现实存在。被期望成为"女国民"的女性的主体性地位，通过在家庭中一系列视觉化与具象化的"展演"得到进一步巩固和呈现。

唐谢耀钧自幼接受良好的闺秀教育，已将传统妇德的价值观内化，直到后来因受教于英文教师皮司来，而有机会接触到西方女性的家庭观念。她在自述中援引了皮司来随夫迁居上海后勤俭持家与教养周备的事迹，特别强调"其子女八人之衣物皆为其自行缝制"（唐谢耀钧，1915）。西方女性坚守家庭意识形态的真实事例于唐谢耀钧而言成为一种鼓舞性力量。考虑到当时很多女性在接受新式教育之后便疏于家政，急不可待地将躬亲与勤朴抛诸脑后，唐谢耀钧在"自我展示"之外，借西方女性持家理念的现身说法，使得她对于报刊女性读者的劝服与教化更为可信。在1922年《游戏世界》的"家庭号"专刊中，反映唐谢耀钧治家与课子情形的多幅照片出现于刊首图像版面中。

唐谢耀钧对于报刊媒介的运用可谓得心应手。如同"完美剧场效果"所试图最大化与直观化地传递教化意涵，"图像之表率"（唐谢耀钧，1915）与女学信念的夹叙铺陈，也合力达成了唐谢耀钧兼具自我展示与教育论说的要旨：

　　钧[1]学术浅陋，能力薄弱，不敢醉心高远，盗无益之虚声。而结缡伊始，舅姑见背，又不获躬亲孝养，以尽子妇之职。自朝及夕，谋生不越手口间，寒庐箕帚，方日思自奋斗之不暇。更何况敢翘其一，得以取通人齿冷。但世风日下，妇德不完，欲求良善家庭，为世人所矜式，几不可数数观。故吾不揣冒昧，本身作则，摄家庭生活图数帧，藉以贡献女界，影响所及，或可于改良家庭上得万一之助。此数图皆属日用寻常之事，初非好鹜新奇，为人难能，所谓请自丑始以招

_____

① 唐谢耀钧自称。

贤者也，抑尤有进者，钧不自藏拙，示相陈辞，未识当否，尚望诸姑姊妹有以教之。（唐谢耀钧，1915）

　　在摄影图像与论说文本的多维呈现形式下，劳作图像的意涵开始获得一种双重指涉，第一重是被视觉化所表征的"真实的家内劳作"本身，第二重则是旨在以视觉形式构建"贤妻良母"形象的"符号化的劳作"。同时，私领域家庭生活的摄影图像在公领域的展演，进一步弥合了公私之间的界限。女性撰稿人与报刊媒介合力构建了"劳作图像"这种公开的自我展演形式，并要求社会承认其价值。

三、劳作与书写的融合、展演与教育意涵的传递

　　上述三位投身于民初报刊媒介家政教育的女性，同时还活跃于当时特定的几种女性报刊中。无论是其治家经验的自述，还是家庭生活的展演，其家内劳作经验的叙写与家政知识的分享所形成的专门文类，可被视为民初女性报刊在"贤妻良母"形象与话语构建下的"特殊知识资产"。那么，这一书写活动与新文类的形成对于报刊媒介中家政教育知识的传递又有何效用？

　　（一）劳作与书写的融合

　　家内劳作的经验进入了书写，并成为书写创作活动的主题，劳作与书写形成了新的融合关系。由龃龉到融合交织的关系，折射了对于家内生活与劳作时间的感知方式和时间管理方式的转变。旧式才媛的诗书创作往往处于家内劳作的尴尬间隙中，而致力于家政书写的民初智识女性则不需要从家内劳作中"偷取"时间，劳作的书写成为将直接的家政经验转化为家政知识的"知识生产"活动。旧式才媛普遍面临家务与书写创作的龃龉，使其干脆因创作而弃置家事。例如清代弹词作家陈端生，早期在其作品第一卷开头的自述段落中便写下"闺帏无事小窗前，秋夜初寒转未眠。……今夜安闲权自适，聊将彩笔写良缘"（陈端生，1982）[1]之语。再如弹词女作者邱心如在其第四回自述"抛绣谱，搁金针，再续新词仔细吟"（邱

心如，1984）[435]，在第八回中写道"偷得片闲完此卷，明朝却要理金针"
（邱心如，1984）[224]。在胡晓真的研究中，类似事例非常普遍。富有才情
的女作家并非不知晓自己本然的家庭职责，只是过分痴迷于文学创作而无
法专注于妇职。在这样的情状下，"闲逸"往往成为最常见的主题，几乎
成为文学闺秀的身份表征。（胡晓真，2008）[74，85] 对于一心投身创作而公
开弃置妇职的才媛而言，"俗累""计虑""匆忙"等负面心境覆盖了她们
对于家事的态度。

　　与强调"闲逸""俗累"的旧式才媛相异，民初智识女性的叙写则突
出了"繁忙"。每日面对家务纷来的生活局面，她们试图在世道艰难中积
极应对米盐琐碎，必要策略是对于庸常庞杂家务时间的精确化统筹。时间
管理使得家内事务"忙中有序"。在陈仪兰的个案中，她将现代性的"时
间观念"纳入家庭秩序的管理当中，用以统筹全家生产劳作与自己的个人
修为计划。她的安排井然有序，家政与修读按时而进，从容不迫。劳作与
书写的融合呈现出全新的时间感知态度，家务生涯看起来不再属于低效率
和无价值的庸常王国。这一转变体现出"贤妻良母"话语中鲜明的现代性
意涵：女性正被期待将现代与科学的家政知识施用于家庭领域，缔造出幸
福而有序的家庭生活。

　　（二）新的展演途径与自我形塑方式

　　劳作与书写的交织为智识女性提供了一种新的展演途径与自我形塑
的重要方式。家政新知识在报刊媒介中的分享可以说是一种"物质性关
系"（material relationship）的建立，这种知识分享的方式还使得报刊媒
介展现出一种"再现关系"（represented relationship）的网络。所谓再现
关系，是指报刊设定自身所扮演的媒介角色，通过这种类型的设定方式去
再现"贤妻良母"的理想表现形式。致力于家政教育的智识女性不断地在
叙写中夹插妇职与女学的论述，甚至涉及一些心理状态的描摹，透露与展
现自己的家庭背景、生活状态以及自己在家庭场域的成就与作为。无论东
西方，自述式的文体直到晚近才得到研究。自述式的写作如同一种"可知
的隐喻"，智识女性对于家庭生活与持家经验的自述并非仅是"记录"，而

更像一种"创作"。创作之意义在于作者对自我形象、人格与身份的认同，以致整个主体性的塑造（胡晓真，2008）[67]。自述形式的"自我构建"之要义便在于将其成就呈现于公共领域，引发公众与读者的认同。在报刊媒介中进行家内劳作书写的智识女性，不再满足于旧式才媛静态的性别角色与文化角色。旧式的、传统的闺秀学养转化为她们在新兴报刊媒介中有意识地进行自我展演与"文化操作"的技能，家内劳作不再是一种"闺中私语"，而是面向公众、阅读社群与市场的自我呈现与知识传布。这一转变有助于智识女性获得叙事者与教育者双重身份。

就叙说的内容主题而言，日常琐碎往往占据其核心。也许在一些有识之士眼中，她们所叙写的家庭勃兴的历程，无非是些无关宏旨的米盐琐碎，丝毫不足以震撼人心。但正如陈仪兰在自述中所言，"其琐碎处，正幸福处"，生活正是在庸常与琐碎中缔造的，这种日常琐碎占据了智识女性家庭劳作叙写的核心地位。在查尔斯·泰勒（Charles Taylor）的道德本体论对于"善"的区分中[①]，家庭幸福所需要满足的诸种外部条件，包括财产、社会地位、健康状况以及社会形象等，均被归为一种"生活之善"（泰勒，2012）[134]，它在世俗幸福与现实生活满足感的获取中具有不可否认的作用，因为它塑造了真实生活中的真实行动，而不论是否带有任何明确的道德认可。正是在"生活之善"的转型过程当中，家庭生活与日常性成为文本的想象中心与情感中心。

有学者推举出"日常性"（dailiness）作为女性生活与创作之间的结构原则，与之相对应的"幻想性"（fantasy）则是女性在想象层面为自己创造认同的方式（Juhasz，1980）[222]。与传统女性对于劳作的沉默与隐忍不同，报刊媒介在给予智识女性提供"发声"平台的同时，亦为其提供了自我构建的新途径。她们关于家政经验的叙写见诸报章，在新的语境下以

---

① 泰勒认为，"善"较之于"道德"意涵更为丰富，它不仅包括现代道德哲学中一般所论述的正义、对他人生命的尊重以及义务等概念，还包括构成我们自我的尊严的基础以及对生命的意义与完满性的追问。因此，"善"的概念是对当代道德哲学的一个扩充。参见：泰勒.自我的根源：现代认同的形成 [M].南京：译林出版社，2012：133-135.

"家政教育先导"的身份肩负起新知识的教授与传道职责，智识女性日常生活中的自我构建由此找到了主流性别定义与个人主体之间的交叉点。家内劳作的自述式书写，亦不再仅仅源于日常，而是在生产与构建一种对于原本将其隔绝开来的外部世界具有某种权力的文本（塞托，2015）[222]。

正如许多研究所呈现的，叙事是一种相对有效的传递知识与价值观的途径。读者从一则叙事记述中获得与记忆信息，比通过其他呈现信息的方式更为高效。夹叙夹议形式的优势在于同时向读者输出了筹划与劳作实践的过程，以及这些行动背后的道德意涵与价值理念。同时，依照筹谋与计划开展一系列家内劳作的过程，包含了对于家庭改良的努力，以及对于"幸福家庭"的畅想。民初智识女性家内劳作经验的叙写，都试图构建一个迥异于过去的崭新的生活世界，其背后的价值理念亦蕴含时代新义。

（三）阅读社群的形成

智识女性新的自我展演途径还具备社会性，她们关于家内劳作的书写促成了一个彼相联络的"阅读社群"。前述三位女性关于劳作书写的个案也提示我们思考另一个值得注意的现象：与此类似的劳作书写文本的主题与创作活动都不再是孤立的现象，而有蔚然成风之势。虽然受过教育并且有能力处理文字，甚至深谙报刊媒介特殊属性的智识女性仍属少数，但报刊编者、读者与撰稿人之间的互动皆可以证明，家内劳作经验的书写活动已经鲜明地形成了特定的"创作社群"（creative community）与"阅读社群"（reading community）。[①] 这两类社群源自报刊媒介本身的读者群，其意义在于家政知识的共享凝聚起了女性的集体认同，两类社群得以在女性群体中不断拓展。

如前文所述，唐谢耀钧"家庭生活摄影自述"后于《中华妇女界》第11 期收到来自江苏省立第一女师学生任荣的反馈：

---

① 高彦颐在分析明清才媛文化时，也将女性之间的紧密联系与心理层面的归属感称为"女性社群"（women's community），并将之细分为"家族之内的""半家族式的""家族之外的"三种类型。参见：高彦颐.闺塾师：明末清初江南的才女文化 [M].南京：江苏人民出版社，2005：41-42.

余于散课之暇，尝至阅报室，游观妇女杂志，卷首所载，为人之肖影。自女界巨子，以至平民，凡有益于女界者，往往留像其上。或长于舞蹈，或工于书画，或擅文学，或精刺绣，要皆关于女子之天职，无一不详载其间。

　　周览既毕，余极为叹现今世人天资之颖敏，而吾女界亦有如此之进步也。继闻某同学云，近日又出一种中华妇女界，是书载有唐谢耀钧女士家庭生活之摄影图，余观吾国家庭生活之状况，数千年黑暗于兹矣，今闻中华妇女界载有摄影，家庭生活之改良，可指日而待也，故必览之。其卷首为女士会计时之摄影，观其形态端正，会计时甚为有法，次为读书及缝纫刺绣时之摄影，再次为种花育儿及烹饪浣衣时之摄影。

　　夫会计、读书、缝纫、刺绣、种花、育儿、烹饪、浣衣等事，均为家庭之要务，而亦主妇之天职。今女士竟能负此责任，且能尽力研究而实行改良，固属可嘉。然其育儿之事，关系尤为重大，稍一不慎，则遗害良多，而女士能躬自保育，谆谆善教，是真不愧为贤妻良母之资格矣。

　　余思吾国女学振兴以来，十年于兹，然为学之青年，其能实行而实习者几何？今有唐谢女士为之先导，吾等何不自勉乎哉？（任荣，1915）

　　在校女学生的反馈文字有助于我们获悉当时相当一部分女性读者的阅读情形，她们所在的女校大多设有报刊阅览室，她们可以及时阅览最新的女性刊物。女学生任荣作为一名普通的读者，其阅读虽然是一项私人的活动，然而她"余思吾国女学振兴以来，十年于兹，然为学之青年，其能实行而实习者几何？今有唐谢女士为之先导，吾等何不自勉乎哉？"的评论角度却同时牵涉到更为丰富的"贤妻良母"的社会舆论与意识形态的主流话语。换言之，她对于唐谢耀钧个案的公开反馈体现了民初智识女性所处的共同话语体系。报刊媒介的读者身份与作者身份往往是"亦步亦趋"、随时可以相互转化的关系。我们看到，具有智识的女性以相似的家政经验为中心，细致探讨或分享共同关注的议题，劳作与书写的细密交织产生了更为丰富翔实的文本网络，家政知识则在不同女性治家经验的叙事网络中得到构建，继而吸引更多的女性读者，并凝聚起一个以家政经验的叙事与传授为核心的作者群与有编读关系的群体。

以《妇女杂志》《中华妇女界》为代表的女性报刊媒介在这一家内劳作经验的自述、书写与分享过程中，具有枢纽地位。每个女性的家政经验好比"他山之石"，以彼例此，舍短取长，因此，李范娴增这位女性撰稿人以编辑的口吻自陈其分享治家经验，认为：

> 他人之家庭，或足供吾辈之参考。由是以推凡国内贤妻良母各以其家庭状况披露于妇女界，互为模范，互相切磋，使全国家庭，日趋于文明，不特妇女界之光，亦记者之幸也。（李范娴增，1915）

反过来，这同样影响了女性对于自己家内劳作经验叙写的态度。她们深深知道，自己在一个全新的书写脉络中分享家政知识，并且享有相对固定的、有一定忠诚度的阅读社群，这使得她们在创作与分享自己家内劳作经验时萌生出强烈的认同感。例如《我之夏闺消遣法》是专应夏季的实际生活需求而写就，作者湘君女士在叙写之时已经对读者的阅读场景做出一番拟想：

> 敢略述我夏闺生活以为阅者告，倘亦《妇女时报》主者所许可乎，若果采以付印出版之日，栏闺姊妹，日午倚蕉窗下，手把一卷，览我浅陋之文词，故可以藉以消遣。（湘君，1916）

正所谓"读之消遣，写之亦是消遣"，阅读社群的潜在互动激发与形塑着智识女性家内劳作经验的书写创作活动。当女性撰稿人与读者共同围绕彼此或异或同的家政经验"文本"进行交流互动时，她们亦在一定程度上跨越了地理与阶层的界限，形成了一种心理上紧密的认同感。在这些发表治家经验的女性撰稿人中，李范娴增与唐谢耀钧来自上海，陈仪兰来自安徽马鞍山，刘盛（林传甲之母）来自黑龙江，任筠妹来自浙江。李范娴增提倡受过"师之教"的新女性同样别忘记"母之教"的家政学养，与陈仪兰"女学虽渐昌明，陈义过高颇为世人所诟病。以十百道韫之才华，转不若二三贤良之主妇为切益于社会"（陈仪兰，1916）之感想异曲同工。这种认同感一方面强化了"贤妻良母"的性别话语，另一方面则有助于报刊中的家政经验叙述转化形成新的知识生产。这一过程亦成为家政教科书不断出版与再版的直接或间接的基础。

综上，就其历史意义而言，家内劳作的书写首先弥合了旧式才媛"芸窗锦绣"与"米盐琐碎"之间的缝隙，使得在传统女性生活中被"遮蔽"的家内劳作以文本形式呈现于公众的视野；同时，利用报刊媒介发表其家内劳作的经验自述，为智识女性提供了新的自我诠释与自我展演的重要方式。最为重要的是，劳作书写与其说是传授新知，毋宁说是总结历史与现实中女性所积累的关于家政琐事的丰富经验，并将它们通过文本与图像在公共领域进行传播，使女性劳作的经验得到彰显并进入历史的话语。主持家政端赖躬亲实践与汲取新知，这促使立足于实践的家政教育的取向与内容在新兴媒介的话语构建中逐步明晰。家政阅读社群的形成与编读之间的互动反馈，是劳作经验自述产生的表率作用与教育意涵的明证，这一过程亦成为这些智识女性以报刊媒介为阵营开展其教育志业的基础。

第三节　公领域的视觉展演：家政实习与成绩展览

智识女性发表其家政经验的书写活动促进了其劳作在报刊媒介中的呈现，而近现代家政教育的推进还有赖于社会与学校层面的推行和呈现。自晚清民初女学方兴，女学展览会便与其相伴而生，家政展览在女学成绩展览会的发展脉络中逐步寻找到属于自己的视觉展演方式。

一、初期的女学展览与观看的政治

19 世纪中叶，欧洲科学技术飞速进步。号称世界头号工业强国的英国于 1851 年举办"万国博览会"，以展览会形式展示工业革命以来的新技术与新产品，"教育成绩"亦被列入展览之列。1867 年，法国巴黎世界博览会上，"教育成绩"更加受到关注，遂正式成为展览会的一项重要分类，在此之后教育成绩展览规模日盛，并发展为专门的教育成绩展。[①] 国际展览会与教育成绩展在很大程度上激发了近代中国教育展览活动的举行。至 1915 年，美国旧金山巴拿马太平洋博览会时，中国已专设"教育馆"，陈列从小学、中学、师范、专科到大学的教育用具与成绩作品（陈占彪，2010）[239, 282]。将学校成绩与作品通过展览会展演给校外公众，以提升办学声誉并扩大招生，成为民初教育界较为普遍的办学辅助途径，如 1909 年 1 月苏州教育会举办各学堂成绩展览会，同年 6 月上海江苏教育总会举办全省学堂成绩展览会。

同时，自 1844 年中国第一所近代意义的女学堂设立后[②]，女学逐步成为一个具有公共性与公开性的议题。所谓公共性是指女学成为一个在由各种媒介所组成的网络之中被呈现的对象（秦方，2013），具体呈现形式如报刊的文字报道与摄影图像，以及文明戏剧等媒介中的展演。公开性一方面指女学涉足公领域后的社会参与程度，另一方面指女学的办学成绩与教育成果处于社会舆论的审视之下。中国近代女学展览虽然由西方模式借鉴而来，但相较于通行的展览，是在一种性别秩序的语境下负重前行的。

女学展览作为近代女学兴起的伴生物，暗示着女学自诞生之时便具有的公开展演性成为女学社会定位的一部分，同时，其社会参与性还决定了

---

① 　1904 年，美国圣路易斯百周年纪念博览会时，教育展览已被列为第一类，且教育陈列馆处于会场中心，占地五亩，为历届博览会规模之最。参见：王江涛，俞启定. 我国职业学校成绩展览会的历史考察（1918—1944）[J]. 华东师范大学学报（教育科学版），2016（2）：104-110，123.

② 　1844 年英国女传教士爱尔德赛（Aldersay）在宁波首创一所教会女塾，成为中国近代女学的肇端。参见：高华德，崔薇圃. 论中国近代女学的产生和发展 [J]. 齐鲁学刊，1995（4）：68-73.

其展品、展出场地以及观看者等，上述特性一起构成了近代女学试图确立自我形象、增进社会支持的主观意愿。特别是当时很多女学为知识分子与社会名流众筹所开设，因此，学校便借助展览会这样的机会向社会展现学校师生所取得的成绩，以争取大众支持。女学展览成为女学独具代表性的一项社会性活动，在此过程中，视觉媒介成为女学展现自身教育成果的重要载体。例如，1904 年《醒俗画报》第 384 号刊登了一幅名为《女学展览》的石版印刷图，它描绘的是天津河东民立第一女学堂开设展览会的历史场景。这幅画有两处视觉焦点，第一处是画面中部靠右侧悬挂"展览会"花环牌匾的入口处，举办方一男子正在迎接前来观展的男性来宾，已有几位观众走进展馆内部；第二处是画面中心左上部的石库门窗格内呈现出的观众正在"观摩"展品的景象。从窗格窥视展馆内部，可见观者之众（见图 4-3）。

　　然而，倘若不是因为图中右上角"女学展览"的醒目标题，读者可能完全无法领会任何"展览"的图景——这一视角停留在了从展馆外部向内"窥视"的过程中，作为展览主体的展品竟然"缺席"了。两个展馆窗口内，几位男性来宾身体前倾，眼睛微微低垂，或者伸出手臂向前指点着，他们的动作与视线的汇集处则暗示着画面上并不出现的女学展品的存在。女学展品成为画中每个人都凝视着却无法为我们所目睹之物。被视为"视觉历史学家"的福柯（Michel Foucault）关于权力／知识的分析构成了一种"可见性"理论。福柯认为，"被看见"这一现象既不是自动的，亦不是自然的过程，而是与权力／知识诱导人们去看的东西所相关的，即"被规定去看见"。报刊中的图像或摄影作品，其"纪实"从根本上而言都是解释性的。《女学展览》画者所绘制与生产的图像表象，牵涉到画者或者以画者为代表的特定群体对于事件的解释，解释这些事件的视角也是其有意识地选取的。那些"未被看见的"反而变得更加清晰可见，图画所表现出的内容被从它们原有的表现次序与叙事语境中挑选出来，与出版物中的文字消息和报道并排安置（霍尔，2013）[132]。

　　展馆内男性视线的汇集之处，暗示了被观看的女学展品的象征性存

图 4-3　女学展览

资料来源:《醒俗画报》第 384 号。

在。如此的图像表现策略或许可以反映出，真正应该被画家着力表现的具
体展品的实物并不特别重要，更为重要的是男性观展时的观看动作，以及
女学成绩展品处于公领域的男性凝视之下的事实。这一事实还暗合了晚清
男性知识分子在女学启蒙中的主动性与开创性。从有关晚清女学创办与经
营的众多文献中可以获悉，男性知识分子往往善于利用报刊媒介去呈现他
们创办女学的声势，以报道来扩大女学的社会参与性与舆论影响力。例如
经元善重视舆论，擅于借助报刊为创办女学的关键节点制造声势，将女学
办成一桩公共事业（夏晓虹，2004）[4-7]。因此，女学展览图画的意义通过
出席者和缺席者复杂的交互作用产生，即表象既通过展现而运作，也通过

未展现而运作（霍尔，2013）[88]。在此，有一个"双重解释"的过程在运作：图中缺席的女学展品作为所画内容的主体，同时又是画中的主体（霍尔，2013）[90]，换言之，它使得图中观者（男宾）的观看具有意义，同时也使得观看这一幅新闻图画的读者的观看具有意义。而参照女学展览的历史情形可知，作为女学成绩的展览品，往往处于通过展览来促进男性知识精英办学者们社会资本与象征资本的交换、联结与再生产的实际语境中。

　　无论如何，公领域的展览形式与报刊媒介的联袂无疑促进了女学勃兴。多数女学成绩展览可以被视为回馈社会各界人士为学校筹款的举动。天津河东民立第一女学堂创办之初，仅有女学生 12 人，约在两年后，该校因"校舍稍狭，容人不多"而迁址至创办人王吟笙家宅院内。不久，王吟笙有意识地借助媒体的宣传力量在社会上筹款，意在进一步扩大办学规模。《女学展览》所描绘的正是这所天津第一所民立女学在社会上享有较高声誉的图景。图中大部分文字是作者列举的观看人数，开展览会这三日，一共有男女来宾 2982 人，且来客中还包括"奥国领事戈布尔君暨各国外宾"。可见晚清女学已初步拥有颇大的社会影响力。

　　早期投身于创办女学的知识分子江亢虎，借女学周年纪念开办展览会，既向公众推广女学，亦借机募集办学经费。这一类举措素来易获成功。除了精心策划旨在劝募赈款的展览会，他还采取"抱团联展"的策略，呼吁其他女学联合提交作品，此行得到邻近女学的响应，声势进一步扩大。自 1906 年秋始，女学传习所为筹得整建学校所用的款项而每年定期举办两次女学展览会，此活动一直坚持至 1909 年学部以官立化形式接管为止，这成为女学传习所最为重要的定期活动。时至第四届京津女学展览会（1909 年），京津地区 16 所女学一同参展，声势愈发浩大。参观者不仅有兴办女学的相关人士以及社会各界来宾，也有参展学生的家属亲友。此举在公众舆论层面树立起积极正面的形象，女学传习所的社会声誉得以进一步扩大。十余所女校联合参展，齐心聚力共襄女学盛举之余，亦借由作品与成绩赢得公众舆论支持和社会声誉。甚至从筹划展览到实际展出的每个环节，都利用报刊媒介予以宣传。例如："京师劝学所于二十七日在内城私立女子小学堂开办女学展览会一节，现在各学堂呈送手工图画及各科试卷者颇多，刻正评定等第，妥为预备，以便届期陈列。"（佚名，1908）

　　早期女学展览的展品，以手工制物为主。例如京津女学展览会的展品集合了女学的课艺、图画、编物、刺绣与造花形式的手工艺品，以及裤袜、提包等（佚名，1909）。刘盛是中华女子学会成员，同时也是《中华妇女界》的撰稿人，她认为中国女学的"进步"体现在中国妇女所制作的手工艺品上。满洲里（今黑龙江）第三届教育成绩展览会汇集了来自全国各地 37 所女校学生所制作的手工艺品，所展展品包括包绸、造花、编物、摘棉之术、抽丝之法、图画等（刘盛，1915）。女性手工艺品在国际上获得的赞誉也激励实业家为女性提供更多教育机会。中国企业家为妇女技术培训提供私人资金来源的事实似乎证实了这一点。《中华妇女界》的一篇文章讲述了民国女子工艺学校通过在南洋进行社会募捐以筹设"实习工场"的新闻，南洋华裔不仅对妇女手工艺品表示支持，还通过华侨联合会设立基金并与"洋布公所"合作，此举反映了女学积极借助商界力量扩大女性手工艺教育的规模（佚名，1915）。接受过教育的女性毕业生无疑成为不断扩大的实业生产的生力军。妇女通过新的学校制度和媒体接受一定程度的家政教育，不仅意味着扩大妇女的就业机会，还进一步意味着一个因妇女参与而扩大的商品生产市场。女学教育对"女性技艺"的强调在构建新语境中的"贤母良妻"话语时起到了重要的作用（Wang，1999）[68-70]。

　　按照规定，在女学展览会这样的公开场合，男女来宾是要分开参观的。像这次展览会，第一日是女宾参观，第二日是男宾参观，第三日上午女宾参观，下午男宾参观。图画文字中也提及"至其会规之整齐，男女各接待员之周挚，尤其余事"，"诸如胜家缝纫女学校刺绣科，首期普通班各生于去年毕业，转入高等班，现取得成绩甚夥，该校开设展览会以供各界热心美术者众鉴。拟于二十二日招待女宾，二十三日招待男宾"（佚名，1910）。这种性别隔离也从图画上反映出来。

　　然而，当时并未有官方明文规定禁止女学作品参与展览——未规定显然不是一种默然准允，而是出于一种彻底的拒绝——因为官方默认"女学作品进入公众视野这一企图因过于异端"而完全不会被纳入考量范围。正如季家珍所言，令女性得以脱离原有阃闱世界的便是有机会涉足公共领域的教育，然而，是"公共"而非"教育"给女德制度带来最大的威胁（季家珍，2011）[5]，并由此引发官方意识形态深刻的不安。不难料想，女学作品的创作者本人即便在呈送作品环节被允许获得参展机会，最终却会因是女性身份而被禁止入场参观，直至1910年后女校方被允许参展（佚名，1910），然女学展览会已日渐式微，但在短暂的盛放之时得以开女学展览风习之先，意义仍尤显重要。

二、家政实习的图景化呈现

民初对于西方教育理念的吸收首先促进了民初知识分子对于家政教育成果的反思。特别是在1919年前后，在新文化情势下，报刊媒介竞逐女性解放新思潮，家政教育的开展受到一定程度的冲击与质疑，关于女性的个人主体性与家庭职责的探讨引发诸多聚讼。教育界人士普遍发现，除新女性思想冲击之外，家政教育的危机主要缘于自身的教授方法问题。它导致家政教育开设数年却成效寥寥。"今日之家事教授惟使生徒静听教师之讲演，其实习也，亦唯依教师预定之顺序，方法为盲从之作业而已，其教育效果之薄弱，尚何待言。"（天民，1917）苏青忆述"五四"时期选修家事课的情形时说，她在毕业若干年后依然不擅家事（亦清　等，1995）[140]。由于缺乏实习，很多女学生毕业后"于家庭生活，不无隔阂之处"（天民，1917）。家政教育在教学与实际应用中的尴尬境遇不难想见。这一状况引发教育界众多知识分子重视家政教育的改革，试图将之改造为与实践紧密相联的学科。

在杜威看来，教育中的"行"与"知"两方面不宜被割裂开来。不少教育先行者已认识到"家事教授非唯知识之问题，实关于日常生活之实务也"（天民，1917）。而民初家政教育最为严重的缺陷在于其依旧因循普通教育的教授方法。"对于普通教育而言，先由基础之概念，而论证家事上实务之整理方法。由实验以验证之，则普通教授予以告终；而实习教授，以其结论实现之为技术，此家事实习教授之特色。"（天民，1917）就开展家政教育的成效而言，普通教授方法显然难以适应其实践特性。杜威的"实用主义"理论为关注家政教育的教育者们提供了改革的依据。因此，教育者们提倡家政教育"应使其实习而精其技术"，"必使生徒发现理论与实际之一致，始得有完全之效果"。（天民，1917）"故今后任家事教授者，宜先考察其特色之所在，使生徒立于研究者之位置，教师唯从而指导之，使其发现研究之结论果，且当客观的表示技术之内容，使生徒易于理会而图其进步发现焉。"（天民，1917）无锡竞志女学在其校长侯鸿鉴的倡议下率先尝试一系列课程改革，例如在教学形式层面，家事的教学不必局限于教室内，而重在课外的实地练习（侯鸿鉴，1917）。在这一语境下，"实习"成为民初学校家政教育中的重要环节。

1919 年 5 月 23 日，民国教育部特下达各省女子中学"应注重家事实习"的训令，特令家事教授"应增加时数，注重实习"（李桂林 等，2007）[837]。训令对于女子中学家事实习的办法做了详密的安排，并将制度性的"实习"纳入家政课程中。首先，在设备方面，需要配备客厅、寝室、烹饪室、膳堂、儿童保育室、庭园、缝纫室、洗涤室等专用教室；其次，在教授与实习方法方面，安排学生分组轮流实习，组内成员一人为组长，实习完毕后每位学生应提交实习报告书，呈家事教员核阅，最终由家事教员给予学生家事课成绩（李桂林 等，2007）[837]。

训令一经下达，各地女校纷纷响应，大举重视家政技艺的实践与应用。在教学设施方面，广泛设立家政实习室或烹饪教室等专供实习的场所。如为缝纫实习专门开设特别教室，特别注重机桌尺寸，左右两侧皆可采光，教室明亮通透（太玄，1917）。而对于家政教育"实习"最为激进的推行，则体现在 1926 年山东女校提出的三项强制性规定中，家政技能的习得事关学生毕业之资格：

（甲）高级生不能造作平常衣服及鞋帽及饭菜者，不准毕业；

（乙）初级生不能裁制普通被服及便饭者，不准毕业；

　　（丙）师范生不熟习家庭卫生，簿记，训子法，缝纫，烹饪等项计划者，不准毕业。（佚名，1926）

　　中国近现代家政教学的改革步履，实际上还与"实习教室"这一典型的教学设施在家政课程中逐步受到重视的过程同步（Schneider，2008）[116]。美国俄勒冈农业学院的教育学者米兰（A. B. Milam）于1916年成立了一所实习学校，并"征用"当地儿童或孤儿作为研究或实践对象，在教学场域中对他们进行观察（Milam，1917）。1917年，美国《史密斯－休斯法案》（亦称《国家职业教育法》）规定家政专业的学生须有相当长的实习年限以获得实践经验。在此法案推动下，许多家政专业注重有助于家事实习的设备的配备，纷纷设立"实习教室"（Milam，1917）。民初女子师范学校中"家事实习"或"实习室"的开设明显借鉴了美国与日本家政学科的经验，旨在使中国女校中家政知识的运用程度得到提高。

　　"家事实习室"是使家政实习过程得以充分"可视化"与"图景化"的教学空间。教育思想家蒋维乔曾经亲自对江苏省立第一女子师范学校的实习设备与教授方法进行详细考察并撰写报告，指出该校设备中足以令他注意的是"家事实习室"（蒋维乔，1917）。这种特别教室是该校专门为家事实习开设的，共有三个房间，其中包括两间客室、一间卧室。客室中桌案桌椅位置井然，盆花植物皆备；卧室配备四张床榻与橱柜、漱洗用具等。每月派三名三年级以上学生携一幼童共居于实习室中。幼童则是从附属小学最年幼的孩童中选出的。凡值日学生皆被分派所有日常家务，"凡家常之事，如整理、休铺、洒扫、揩洗等，均躬亲操作"（蒋维乔，1917）。居室布置各出心裁，每周更换。

　　学校还提供专门的"烹饪实习室"供三、四年级学生共同操作使用。所谓"烹饪实习室"便是为烹饪课程提供实习便利的厨房，其中有砖砌的灶台、备餐桌和食橱，墙上还挂有食物成分图表。学校规定，每日实习时间自下午三时至六时，以十六人轮值，在下午烹饪实习的过程中，每个学生都有特定的职责："两人酌定菜单五种，以五人各制一种，一人炊饭，一人调味，一人登账，一人核算，一人制成分表，其余四人皆司整理。"（蒋维乔，1917）值日学生每日晚餐在此自行执炊备置，如果校中有外来宾客，则可以由学生筹备食物留膳，同时也为学生提供练习待客礼仪之机会。显然，烹饪课和实习室里的工作不仅旨在寓教于乐，还强化了算术、营养和卫生等方面的实际技能。

　　无独有偶，江苏省立第二女子师范学校也曾开设家政实习，并为实习学生制定了详细的时间表。教师将学生分成若干工作组，并逐一分配任务。每组学生实习完毕后填写实习轮换表，内容涉及烹饪应用物品价目、菜品采购、实习室使用等方面，各项实习"内规"还会在教授与实践过程中进行修订与调整（佚名，1918）。严格遵循现代"工业化"时间管理的实习训练构建了学生在家政管理方面的"心智地图"，这些质素将有助于女学生今后成为富有责任感的"国民"以及称职的家庭主妇等更具有现代性的女性角色。

　　专门的实习教室为家事实习的开展提供了便利与可操作的空间和设施，越来越多的女校开始借助在报刊媒介上发表本校女学生实习照片的方式，为家事实习以及家事教育的社会影响力构建提供不言而喻的视觉与图像证据。摄影具有话语的蒙太奇效应，家事实习摄影的蓬勃兴起逐步构成家事教育中一个大众性的文化现实，呼唤着全国各地致力于推动家政教育改革的知识分子开展更加富有实际成效的教育实践。

　　北京女子师范学校早在1915年便将其开展家事实习的照片刊发于《中华妇女界》。在其所展示的照片中，实习教室中秩序井然，女学生俯身埋首分组进行洗衣与裁缝的实习。最末一幅则是在学校礼堂，有着西式拱形圆窗的礼堂宽敞明亮，女学生们进行社交礼仪的演习，她们的发式与着装整齐划一——梳着源自日本的"大正髻"，这是当时在知识女性中最为流行的一种发髻，身着素色上袄下裙。女学生们端送果盘，互相欠身，俯首行礼。礼堂墙上有醒目的校训作为装饰，黑板上书"礼仪演习"四字（见图4-4）。

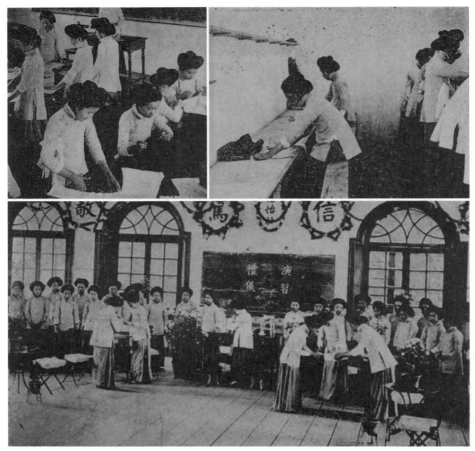

图 4-4　北京女子师范学校的洗衣、裁缝与礼仪实习

资料来源：佚名.北京女子师范学校摄影 [J].中华妇女界，1915（1）：1；佚名.北京女子师范学校演习礼仪摄影 [J].中华教育界，1914（23）：1.

　　江苏省立第二女子师范学校则创办了属于本校的校友会刊物《江苏省立第二女子师范学校校友会汇刊》[①]，以交换新知、联络情谊、展现校园生活图景为宗旨。校友会刊物的创办更加有利于向公众与教育界同人展现家事教育的实习场景。前述蒋维乔 1918 年对于该校实习设备的考察报告也刊于其中。报告中的照片正是该校开展家事实习的记录。本科三年级学

---

① 1915 年 11 月创办于苏州，继承自《江苏省立第二女子师范学校汇刊》，从 1916 年到 1926年共出版 16 期。

生被组织进行烹饪与园艺实习（见图 4-5）。在一间专门的烹饪实习室中，女学生在大桌前备料，并将调制好的酱料分别置入碗碟中，后方的另一组女学生正在灶台前手执锅柄烹饪菜肴。摆放井然的刀架与其他烹饪用具陈列于墙面。学校还在实习教室外开辟了一块土地用作实习菜圃，专门供烹饪实习自产自用，照片中的学生正在菜圃中栽种菜苗。

　　本科三年级学生侧重于学习烹饪、洗涤与园艺等家政技能，而本科四年级学生则更为注重培育母性。随着课程内容侧重点的转变，家事实习室同时还被作为培育与激励"母性"的重要空间，以及母职与养育所需的"情感劳作"的展演空间。这一空间为准备承担母亲角色的女学生提供了更丰富的学习平台。从 1918 年秋季开始，江苏省立第二女子师范学校将儿童保育与家庭教育纳入家政实习的训练计划当中，本科四年级学生在家事实习室负责照料两名从附属小学选出的 6 岁女幼童，这一举措显然借鉴了美国人开设实习学校的经验。参与这一实习的三位学生还撰写了实习心得发表在校友会刊物上。学生们从校训中得到灵感，为两名女幼童分别取名为"师诚"与"师樸"。根据参与家庭教育实习的学生叙述，她们在学习了心理学知识后，通过细致观察两名女幼童的性情，将其划分为两种不同的人格气质：

> 　　就其心理之性质言，师诚偏于多血质，善笑善哭，好奇心特甚，喜诳语，善活动，常带滑稽状态，好无益之质问，无久持之注意力；而师樸则偏于神经质，性忧郁，而常抱悲观，缺乏活动之兴味，思想灵敏，静而且深，不能忍苦痛，既决则执而不化。（赵兴，1919）

　　针对两名女幼童迥然的性格，四年级学生们活学活用了心理学人格气质的分类法以及相应的教育方法，"察其个性而后教之"。对于活泼好动的师诚，她们以幽静之态度，导其趋向于沉着方面，并通过玩具来启发其好奇心，引导其及时整理自己的玩具物品，培育有秩序之习惯。而对于沉静内向的师樸，她们则与之多谈笑、舞蹈，使其愉悦开朗，徐徐而诱导之，

图 4-5　本科三年级学生的烹饪实习

资料来源：佚名.江苏省立第二女子师范学校本科三年生烹饪实习摄影 [J].江苏省立第二女子师范学校校友会汇刊，1918（6）：1.

不厉声惩罚。学生认为保育实习的经历为其研究与实践家庭教育方法创造了良好机会。母职预备实习的过程同样被校方拍摄并刊发于校刊（见图4-6）。女学生分为居住股与交际股两组，居住股的实习画面拍摄于实习教室门庭处。女学生们擦拭门框窗棂、洒扫，负责照料盆栽的女学生悉心摆放并为其浇水。值得注意的是，门庭前一位女学生眸中含笑，侧身牵着女幼童的小手。从女幼童体型与面貌气质来判断，很可能是被定性为"神经质"的幼童"师樸"。

图4-6　江苏省立第二女子师范学校四年级家事课实习之一

资料来源：佚名.四年级家事实习居住股摄景[J].江苏省立第二女子师范学校校友会汇刊，1919（8）：1.

交际股的任务是练习如何款待宾客。从蒋维乔的描述来看，拍照片的地点应该是实习教室二楼的客厅。客厅窗明几净，阳光从窗子透进房间，墙上挂有画框。女学生们围着大圆桌落座于编花藤椅上，其中几人俯身朝向女幼童"师樸"。虽然这幅照片的几何中心是大圆桌区域，但女学生围坐并面对幼童，形成了大圆桌之外的另一个小型区域（见图4-7）。儿童占据了图像的视觉焦点。视觉中心的交叠成为这一摄影图像"母职"劳作主旨彰显的表征。

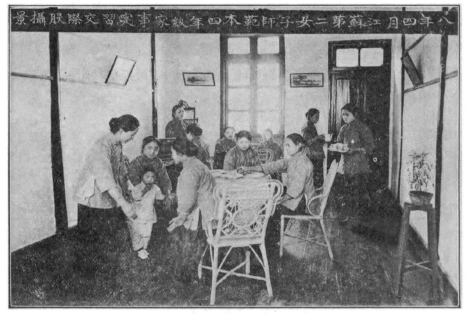

图 4-7 江苏省立第二女子师范学校四年级家事课实习之二

资料来源：佚名.四年级家事实习交际股摄景[J].江苏省立第二女子师范学校校友会汇刊，1919（8）：1.

综上，在家庭中强调的一系列技能和价值观都反映了这个领域对科学合理的家庭空间的日益关注，还有对合理和有效利用时间的新型观念（包括高度规范的惯例）以及对于营养图表和儿童心理学观点的关注。

家事实习使得学生对于家事实习产生了浓厚兴趣，不少学生自发地对实习的种种环节提出改良建议（如教室布置），并撰文记述自己实习的心得与兴趣（沈修梅，1919；张吟侬，1924）。因此，教育工作者达成共识：家事班级制课程的理论教授与实习教室的实践操作相结合，是培养女性在自己的家庭空间中成为更好的母亲和家庭管理者的有效途径。而这些接受过完整家政课程训练的毕业生中有相当比例的人继续从事家政教育，如江苏省立第一女子师范学校第二届毕业生中便有三人担任修身家事课教员

（佚名，1917）。

　　实习摄影展现了女校开展家事实习的成就，并满足了办学者对于教育理想与社会声誉的追求。在按部就班的普通教育的教授法之外，实习之所以必须被拍摄与记录，是因为它反映了家事教育对于新教授方法的探索。为公众观者所见的，不只是在实习场景中集体出现的女学生们，更是学校在家政教育社会性改革与声誉构建中所扮演的重要角色。

三、家政教育成绩展览的劳作景观

　　随着家事实习逐步成为近代中国家政教育一种必要的教授形式，与之所同步的便是家政教育成绩展览会的兴盛与转型。1919 年民国教育部"应注重家事实习"的训令中，特别规定学校应每年搜集家事之教材与学生所做的家事成绩品陈列于室，将该空间作为家事参考室（李桂林 等，2007）[838]。庄泽宣所考察的美国 20 世纪初的家事教育亦特别突出了家事教育展览的重要意义（庄泽宣，1919）[139]。

　　就展览目的而言，如果说早期的女学展览是为了扩大女学的社会声势与提高社会地位，那么伴随着学校实习开展逐见成效，家政教育成绩展览会的目的已不只在于向公众证明女学声誉，而开始聚焦于以展会形式促进家政教育学科建设。举办家政教育成绩展览会旨在：

　　　　使得优良有心得者，得一公开介绍之机会，俾得互相观摩；向来成绩平庸者，得一开其眼界而引起努力之决心；主持教育者得一觇地方教育之成绩已至何种程度，而谋改进的方法。以合作的精神，以研究的态度，各出所长，各补所短，以共谋教育之发达。（浙江省教育厅，1931）

　　在谋改进、促发达的办展宗旨下，家政教育成绩展览会愈发显现出蓬勃之气象。各学校积极创办校刊校报，或者善于借用时闻大报向公众与教育界同人展现其教育图景，为展览会预先创造声势。如欲达到展览会所期之目的，便要在举办前数周公开登报，发布展览会预告以吸引观众，以及在全校以及社会范围内征集成绩展览品等。

公领域媒介的社会性与展演性是公共生活不可或缺的构成基质。展览会现场的布置成为其得以“展演”的基础性设施。致力于推动女学的刘盛描述了第三次黑龙江女学展览开幕之盛况：会场正门处“匾额上醒目书写‘教育成绩展览会’七字，为贡缎所包，字上堆花”（刘盛，1915）。为这一盛况贡献出意匠与巧思的正是该地区女子中学职业科的学生们，展会现场的装饰物皆为女生“得意之作”。步入会场，“正中一匾，以大红缎为地，用青绒包成绛幔芳型四字，……女子中学果文淑用双钩摹成，再制绒字，点画端严。又有女中学生杨贵贞包绸一联云：‘教亦多术矣，学而时习之’，亦勾摹维肖云”（刘盛，1915）。在这段描写中，与同样投身创办女学的同人不同，刘盛一身兼具三重身份。作为黑龙江女学的先驱倡导者与此次女学展览的主要筹办者，她还为自己构建了一个更为特别的身份——展览情况的记述者。在多数情况下，成绩展览会筹办者并不会自行撰写观展记录，而一般会嘱托他人写就后登报。刘盛将筹办与记述女学展览的文稿投诸《中华妇女界》，其对于自己办学与办展成就的欣然与自豪跃然纸上。同时，我们可以从中窥见成绩展览会对于办学者的重要性。

步入20世纪20年代，女学校刊成为刊载其家政教育成绩的重要媒介，构成了公领域学校空间中的劳作成果的景观。北京女子高等师范附属中学于1922年创办校友会刊物《辟才杂志》，1923年举行全校成绩展览会，家政教育成为展览的重要单元。

观看和游览行为发生在展览会空间中，成绩展览品是在时间与空间序列中被凝视与观看的，对公众视觉的合理引导成为影响观展体验的重要因素。一些学校在举办展览会之前，会分发“导览图示”给来宾观众，并注重会场中指示标牌的设计，以便利观者。如有学校精心规划了会场的布局，沿着墙面与中部空间以课桌排布出“回”字形展台，所预留空隙刚好够两人同时走过而不擦肩背（浙江省教育厅，1931）。

在学校的展览室中，展品更为多元，包括实物、照片、图表与文字说明等。如《辟才杂志》1923 年第 2 期所登缝纫成绩展览照片所示，"回"形内圈展台上主要陈列小件的缝纫制品，诸如手帕、枕巾与绣花鞋袜等，外圈展台则陈列图表与照片等。展品依照类别陈列，主从有序，形成合理流动的视觉秩序。展厅空间亦被划分为上、下部并被充分利用，如服装等大件展品的陈列方式为悬挂排列。相形之下，早期的女学展览则呈现出传统市集一般的观看秩序，其视觉秩序感植根于强调君臣位阶的政治秩序，场地空间关系的营造被一再忽略。或许，对展演"技术"的忽视透露出女学展览在拓荒时期尚未做好充足准备的客观事实（见图 4-8、图 4-9）。

就展品而言，如果与女学初兴之时的展品相比较，此时期家政教育成绩展览会的展品已发生鲜明的转变。早期女学展品多为传统的刺绣等手工艺品，且更为注重其"生利"的经济价值，以及在国际赛会中作为中国卓越手工艺品为国家赢得赞誉的社会价值。其题材亦多取自传统祥瑞，如碧桃雏鸡、苍松寿鹤等。在 20 世纪 20 年代，闺阁女红逐步为机械化生产所取代，刺绣本身所彰显的技艺劳作与安顿精神的主体性渐行淡化，人们更重视其作为一种劳作所能获得的经济收入。随着以刺绣为代表的女性技艺的职业化与商业化，家政教育的课程体系亦发生了分化与重构，家政技艺不再面向闺阁以培育才媛，而是面向新式家庭培育新式"贤妻良母"。这一转变的背后是以"幸福家庭"论为代表的西方家庭意识形态的渗透与风行，它要求学校开设相关课程以使女学生掌握适应未来家庭生活所需的具有实用性与居家性的缝纫与布置技能。本书将在第五章着重探讨此议题。

在青岛私立圣功女子中学，校方开始将家政教育整合进学校的必修课程。学校关于此举措所刊发的课程说明则足以体现缝纫科与美术科显然是为新式家庭准备的。

缝纫科：初步学习连用针线，及衣服与各种应用物件之裁剪连缝等法，既而练习使用缝衣机器，制造样品，学习配色，选择材料，而于衣服之如何合乎卫生，美术之如何应用于缝纫，缝纫与家庭生活之关系诸点，尤为注重。凡学生习满六年缝纫课程后，即具有为家庭间

图4-8　北京女子高等师范附属中学家事成绩展览

资料来源：佚名.本校展览会家事缝纫成绩 [J].辟才杂志，1923（2）：14-15.

图4-9　黑龙江省立女子中学校成绩展览

资料来源：佚名.黑龙江省立女子中学校成绩品陈列室 [J].学生，1914（4）：8.

裁制大小所需衣服之能力，其他日用品需缝纫者，亦无不能自制焉。

　　美术科：……即授以美术之理论，以装饰房屋，布置家庭为主要之习练。

　　……

　　本校于民国二十一年秋增添烹饪科，除初中一年级生外，各级学生每周均有该科课程二小时，如厨房应如何设备，食物成分之考查，日常及病者餐素之配合，烹饪与处理家庭之关系等，皆其所学习者。其他如洗涤碗盏，整理厨房器皿等，亦均由学生操作之，以期于无力雇佣工役时，亦可独自管理烹调等职务也。

　　以上各科均以发展学生将来在家庭间主持一切事务之能力，造成快乐良好家庭为目的。（佚名，1935）

　　《辟才杂志》1923年第2期刊登的照片，正反映了这些女校开设家事与缝纫课程后累积的劳作成果（见图4-10）。女学生们精心缝制的服装被悬挂于高处。就样式而言，这些出自学生之手的服装已不同于20世纪20年代通常流行的中式"倒大袖"旗袍与圆下摆的袄裙，而是西方现代样式的连衣裙，特别是其中一件前襟纽扣式系带深色连衣裙。西式女装出现于成绩展览，是中西服饰文化交流的结果。这一方面表明西式女装已被中国社会广为接受，另一方面，更重要的是，西式女装的现代裁剪方法与新知识同时进入了中国家事缝纫课程。从缝纫展品的西式形制可知，北京女子高等师范附属中学学生在校中所学多为西式裁剪知识。

　　同样引人注目的是，西式的男女童装作为缝纫成果与西式女装一起高悬于展厅上方。这些童装依照最为流行的西式海军服式样，裁制精良得宜，煞是可爱大方。无独有偶，在青岛私立圣功女子中学的家事劳作成绩展览中，所展出的缝纫成果亦有童装（见图4-11）。

　　将所制作的童装作为成绩展品的更重要的意义在于，学校感到有责任为学生未来嫁为人妇增添必备技艺，使其不仅可以满足自己缝制衣装的需求，还可以为将来诞育的子女制衣。除此之外，展台上还出现了诸如手

图4-10　北京女子高等师范附属中学女学生缝纫成绩展览现场

资料来源：佚名.本校展览会家事缝纫成绩 [J].辟才杂志，1923（2）：14-15.

图4-11　青岛私立圣功女子中学家事成绩展览会

资料来源：佚名.本校劳作成绩一瞥 [J].青岛私立圣功女子中学校刊，1935（6）：35.

帕、靠垫、相框等用品，足以说明装饰与布置家庭居室已成为女校家政教育的教学内容。

同时，追求时髦摩登几乎贯穿整个 20 世纪二三十年代，并成为人们选择和裁制衣装的重要标准。《玲珑》杂志曾于 1923 年夏特意征求稿件，"以研究今夏男女服装之取材式样等，举凡一衣一履一帽一散均在讨论中，而为吾人制夏服之标准与参考"（佚名，1923），足见当时社会舆论对于服饰装扮的关注。时髦观念迅速渗透进学校场域，亦成为将流行式样转化为缝纫教授内容的动力。很多缝纫成绩展品采用了西方最为流行的系带连衣裙式样与海军服式样。从家庭经济或女性技艺的角度看，它们无疑在试图强调女学生已然具备"现代贤妻良母"的素质。

《民国日报》曾刊载了一则观展心得。作者在参观松江女中家政成绩展览会后，提醒那些因接受新式教育而忽略家政技能的女学生："离开了学校，除了识些英文字之外，对于家事方面，竟完全不懂。一旦出嫁而后，成立了一个小家庭，一切家事，非托请女佣不可。……一切的一切，非常的不经济，这样，那里好算得上一个贤主妇。做贤主妇的人，除了有学识之外，还要懂的一切家事。"（黄影呆，1931）就此意义而言，为社会培养富有新知的"贤妻良母"的目标为强调家政教育中的技能训练提供了必要性与合法性。家政成绩展览会亦因此成为证明学校家政技能教育成果的一种必要"展演"形式。

公领域的"观看"与"展演"还蕴含着变革的潜能与力量。与早期女学展览的形式与展品始终承担着性别隔离与公众凝视的压力不同，报刊媒介使得学校教育中的家内劳作在公领域获得了充分的可见性。在这一过程中，办学者成为成绩展览会"可见性"的精心筹划者，赋予了学校家政教育课程与女学生劳作成果被看见的权利，同时也决定了公众的观看方式。在学校与报刊媒介的联袂助推之下，家政教育的劳作成绩展品，包括被裹挟其中的那些经由学校教育所获得的关于性别职责与新的家庭意识形态的实践成果，转化为吸引公众的"社会性景观"。公众与教育界同人的凝视、审查与评判，与劳作成果的展演形成了一种"共赢"关系。家事实习摄影与家政教育成绩展览为学校体制内的家政教育构建了一系列"可视化"的良好声誉，学校因施教有力而积攒的象征性资本可以转化为经济资本，以助益其蓄力推动家政教育的改进。随着中国近代家政教育发展在媒介中的"展演"与形塑，性别职责与新家庭意识形态亦得到了进一步再生产。

本 章 小 结

传统性别权力的分配模式规制了"内"与"外"的空间领域与性别职责，然后依据性别职责赋予家庭内部事务分工以权力差异与价值差异，并由此奠定了与性别职责相关联的劳作与道德的观念。因此，性别秩序在较大程度上导致了女性家内劳作变得更加隐蔽而难以被发觉。就传统才媛的书写而言，其中往往充斥着穿越于公、私领域之间的张力。一面是瑟书作终日之乐，以逃避妇职与庸常家务俗累；一面是心怀雄才，试图以写作在公领域建立文学事功。书写与家内劳作扦格不止，计虑、惶惑与匆忙占据其大部分心境。才媛群体因试图建立书写事功而厌弃家事，加剧了传统女性家内劳作价值的"遮蔽"。因此，无论是男性将家庭管理权让渡于女性，还是女性群体内部分化所致的对于劳作的厌弃，均不是直接引发家政知识近现代转型的因素，它们反而在某种程度上导致了女性劳作价值的"遮蔽"。

20世纪以来兴起的报刊媒介成为家政教育文化与知识生产的另一重要平台。传统女性受制于复杂的生存境况与特定的价值观，其劳作的价值素来被低估，关于劳作的书写亦长期处于被"遮蔽"状态。民初女性适逢新兴报刊媒介兴起，她们将自己家内劳作的技能与经验诉诸书写并刊布于公共场域，劳作书写成为女性新的自我构建途径，由此形成了一种新的知识取向。

媒介的兴起催生了家政教育视觉化的呈现方式。公领域的"观看"与"展演"蕴含着变革的潜能与力量。这也意味着学校体系内的家政教育的成果面临着来自公众的检验。与早期女学展览的形式与展品始终承担着性别隔离与公众凝视的压力不同，新兴媒介使得学校的家政教育成果在公领域获得了充分的可见性。办学者成为成绩展览会"可见性"的精心筹划者，赋予了学校家政教育课程与女学生劳作成果"被看见"的权利，也定义了公众如何"观看"的权利。

实习摄影展现了女校开展家事实习的成就，并满足了办学者追求教育理想与社会声誉的需求。在按部就班的"普通教育"的教授法之外，实习之所以必须被拍摄与记录，是因为它展现了家政教育新的探索。大众观者所看到的，不只是在实习场景中集体出现的女学生，更是学校在家政教育社会性改革与声誉构建中所扮演的重要角色。

在报刊媒介的助推之下，家政教育的劳作成绩品，以及裹挟在其中的那些经由学校教育所获得的关于性别职责与新的家庭意识形态的实践成果，转化为吸引公众注目的"景观"。公众与教育界同人的凝视、审查、评判与学校劳作成果的展演形成了一种"共赢"关系。家事实习摄影与家政成绩展览，为学校体制内的家事教育赢得了"可视化"的良好声誉，学校因施教有力而积攒的象征性资本可以转化为经济资本，以助益其家政教育的改进。也正因为媒介在民初的独特属性，由"遮蔽"到"展演"的历史脉络形成了探讨家政教育文化在社会文化层面转型的一个独特视角。在这一视角下，随着中国近代家政教育在媒介中的"展演"与形塑，性别职责与新家庭意识形态亦得到了进一步再生产。

第五章
"幸福家庭"的愿景与性别化的现代知识体系

在新文化思潮下，20世纪的中国还发生了家庭观念与知识传统的转变。西方家庭意识形态在20世纪初带来思想冲击的同时，也为知识阶层"重构"传统提供了新的家庭图景。为青年所向往的"幸福家庭"，不仅是形式上的改制家庭，更是一种科学、合理与秩序化的理想家庭。为了实现家庭的革新与家庭观念的现代性迁变，女性在家庭与社会中的职能角色亦需要随之改变。报刊媒介再次成为传布"幸福家庭"理念与实现教育意涵的阵地。本章将通过"幸福家庭"的一系列具体论述来考察两方面内容：第一，家政教育新知识体系的构建，特别是性别化的知识体系的再生产过程，以及这一过程如何促进家庭观念在"幸福家庭"论的话语实践下迁变；第二，女性如何被期望通过汲取科学与现代家政知识而在家庭中进一步实现自我主体与国族主体的双重生产。

第一节 "幸福家庭"话语与家国同构的空间想象

在儒家观念中，"修身、齐家、治国、平天下"体现着传统男性主体实现自我的历程，个人、家庭与国家形成一个渐次扩大的同心圆结构，而"家"就是这一系列阶序同心圆结构之基底环节，一己之修为可以推而为"家"之"孝"，继而迁跃为"国"之"忠"（朴姿映，2003）。在此阶序格局中，"家"与"国"之界限并未截然两分，而是有所贯通，通过男性个人"欲治其国者先齐其家"之履践，"家"与"国"成为有机的"连续共同体"。因此，在第一章对于传统家政教化理念的回溯中，传统女性在家庭中被要求遵从家国同构的阶序格局，并从由男性士人手中让渡的家政实践中获得"半正式"的权力。

晚清以降，国势衰颓之气象与救国图存之殷切始终萦系于知识分子之襟怀。有识之士遂展开对于现代中国新的政治与社会制度进行界定的努力，并开始思索将中国建设成为一个与世界其他国家平等的现代化国家的合理途径。家国一体的精神内核仍然不断变幻着其表象而承续于追索富国强民的思想途径中，成为 20 世纪初有识先声者构建其政治理想时大举援用的思想资源。"修齐治平"阶序格局下的传统家庭意识形态，为现代国家想象与现代国家复兴计划的实际运作提供了最为核心的价值范畴与想象依据。

一、知识传统转变下的家庭革新

在 20 世纪初的新文化思潮下，中国还发生了知识传统的转变。传统中国治学与道德养成具有相当程度上的一致性，而晚清以降，西学在中国的传播颠覆了建立在传统学术基础上的道德体系。中国学术的道德传统开始向知识传统转化（陈致，2012）[204]。至民初，中国近代知识体系从形式到内容都已经倾向于将以"孝悌忠信"为根基的传统家庭教育进一步边缘化，转而借鉴与强调科学与秩序观念，以及传授西方现代知识体系。一些知识分子发现伴随着知识传统转变的是教育权力由家庭嬗递到国家的过程："在从前的时候，各家的子弟，都归各家庭教师教授，教育权掌握在家长的手中。到了近代国家制度发达，教育成为国家重要的文化任务，最基本的国民教育固然不必说，便是关于专门技术的教育，也归国家所经营。"（晏始，1923）[23] 道德知识传统的式微，削弱了父权制的传统家庭在文化和知识传承中的作用与地位。

家长制的宗族大家庭普遍以三代、四代累世同居、同堂共爨为形态，是与土地集中制度一同起源与存在的（陶希圣，1992）[69]。民初以来城乡之间的逐步分化与对立亦日益侵蚀着大家族存在的地域空间基础。在新文化运动的鼓荡之下，传统道德知识在人们的日常生活中进一步崩解，在传统学、政、教分裂的文化语境中，根植于乡土社会与宗族制度的传统家庭被视为糟粕，革新的号角吹入家庭内部。受独立、平等、自由、自主等西方新观念之冲击，中国旧式家庭遭受猛烈批判。在 20 世纪初的中国社会文化语境中，旧式宗族大家庭制度成为五四新文化运动之锋芒所向。而最为振聋发聩者，当属吴虞 1917 年所撰《家族制度为专制主义之根据论》，该文一度猛烈冲击了民初知识分子对于家庭与婚姻制度之体认（吴虞，1917）。对传统家族形态的批判进一步转化为一种对于西方现代家庭的具体的仿效与借鉴行动。怀揣理想与批判精神的胡适认为中国亟须家庭革新，他描绘了一幅近乎完美的西方家庭生活的图景。胡适留学期间适逢美国历史上的进步时期，亦是 19 世纪中叶以来西方家庭意识形态盛行之时，与杜威夫妇的密切接触使其将杜威的家庭视为夫妇同具高等学问且相敬相爱的极圆满的家庭（胡适，1998）[498-500]，诸种内外因素共同塑造了以胡适为代表的知识分子心中西方家庭的美好形象。1921 年，家庭革新之呼声乘间勃发，沸声于全国。有知识分子记述这一趋向："著书立说者有之，集会研究者有之，此诚解决家庭问题之佳兆也。"（张舍我，1921）婚姻制度"崇尚欧俗，尊重女权"，于家庭模式而言便有"小家庭之成立"。"自五四学潮而后，吾国人数百年之迷梦渐呈身欠预起之象，而小家庭之提倡亦于新文化之洪涛巨浪中翻腾而出。"（黄厚生，1921）

　　青年所向往的家庭革新，所借用的思想资源与论说范式已经不再纯然来自传统，而是呈现出一种跨文化性。一方面，辛亥革命与新文化运动所带来的社会体制冲击抽离了传统旧家庭依存的根基，但在这种"失根"的断裂状态下，还有另一种复杂面向。杜赞奇曾通过援引列文森关于文化主义与国族主义之间的范式区别的观点来探讨对中国现代与前现代观念的认识论的断裂问题。他提出，新的意义并非仅仅替代旧的意义，它们只有同时借助于旧的意义才能获得自身的合法性以及被理解的可能性（杜赞奇，2009）[225]。因此，在断裂之下，一方面，家国一体的精神内核变换其表象为现代国家想象与现代国家复兴计划的实际运作提供了最为核心的价值范畴与想象依据[①]；另一方面，在国族主义者话语中的"传统"已成为国族主义出于建设现代国家的特定目的而筛选与重建的意象（杜赞奇，2009）[225]。代表着西方现代中产阶级生活方式的家庭意识形态在 20 世纪初带来思想冲击的同时，亦为知识阶层"重建"传统的意象提供了新的观念与知识图景。因此，"小家庭于新文化之洪涛巨浪中"得到提倡，是基于西方中产阶级家庭意识形态的家庭结构迁变。

综上，有识之士对于理想新家庭的想象，蕴含了包括国族主义立场与西方家庭意识形态的复杂互动，其跨文化的异质复杂性还形成了对于国族、家庭与性别的新阐释。两者的联系存在于近现代家政教育被赋予的理论性使命当中，即现代家庭首先是一个被纳入国族话语的单位，而现代国家是一个共享着现代性想象并用以实现现代性运作的理想家庭的集群。

二、"幸福家庭"话语的提出

国族主义与西方家庭意识形态的联系使得"家庭空间"在那些意欲拯救中国的有识之士的现代性想象中占据了核心位置。20 世纪 20 年代，率先眼观寰宇的知识分子为民众描摹了一幅借镜于西方的"幸福家庭"

---

① 列文森将民族主义视为确切无疑的现代形式，在此种形式中，行动者被自觉意识所左右，而这种意识是在传统社会不曾被发现的。对现代中国的民族主义者而言，"传统"只是一种"第二层的知识"，不过是作为心理慰藉被犬儒主义式地操纵。参见：杜赞奇.从民族国家拯救历史：民族主义话语与中国现代史研究 [M].南京：江苏人民出版社，2009：87.列文森关于"传统"被利用的观念确有价值。传统的或"历史的"观念，会在它们自己所认可的目的之外被挪作他用。同时，他们也希望以此来确认作为中国人的标准。列文森置评道，民族主义式的对于中国传统特性的礼赞只不过是文化主义者对其文化自信的一种遁词，民族主义者急于使中国成为儒家式的民族国家，不过因为传统源自中国，而非因为该传统道出了真理。参见：列文森.儒教中国及其现代命运 [M].桂林：广西师范大学出版社，2009：153-154.同理，杜赞奇认为，现代民族主义者并非笃信儒教所代表的传统，而是笃信"其必须有所信仰"。参见：杜赞奇.从民族国家拯救历史：民族主义话语与中国现代史研究 [M].南京：江苏人民出版社，2009：142.

（happy family）图景，并经由报刊媒介的论说形成了一套相应的意识形态，或者毋宁说是一种类似于乌托邦的、想象的却展现出希望的理想家庭的愿景。他们确信，治国安邦始于家庭。如果家庭生活幸福而令人愉悦，那么国家与世众将受益于每个幸福家庭而逐步走向现代与富强。

为青年所向往的新家庭，不仅是形式上的改制家庭，更是依照西方现代家庭的样态打造的一种科学、合理有序的理想家庭。这一家庭理念在实践方面首先被要求从国族主义的立场来重新评估家庭与性别职能的关系：为了实现家庭的革新与家庭观念的现代性迁变，女性在家庭与社会中的职能角色亦需要随之改变。因此，知识分子假设与展望了一种基于新式"核心新居婚姻"（neolocal marriage）（曼素恩，2005）[8-12] 制度的"幸福家庭"。"幸福家庭"论的基本假设是：作为主妇的女性应合理有效地管理家庭空间，并对家庭成员的身心健康负有根本性责任（Glosser，2003）。因此，主妇有必要学习科学合理的家政知识并将其施用于家庭，夫妇双方在卫生、有序、管理良好的现代家庭中养育若干子女，并将之培育为未来优秀的"国民"。在此过程中，一个现代国家将随着越来越多"幸福家庭"的出现而走向强盛。易言之，主妇可以通过履行自己的责任复兴中国，并为强盛国家做出自身的贡献。

报刊媒介成为 20 世纪初至中期"幸福家庭"论的主要传播场域。同时，女性报刊的崛起和大量刊行与新的家庭意识形态的盛行密切相关。1919 年之后，大量关于家庭研究的杂志出现，关于新家庭与新主妇的论说往往与关于女明星的报道规模分庭抗礼，占据最为重要的内容版面。有关"幸福家庭"论的资料最早来源于 1915 年《妇女杂志》创刊号，在 20 世纪 20 年代到达峰值，最晚则至 1948 年《家庭年刊》停刊之时。在长达三十多年的时段中，"幸福家庭"论最常出现在报章杂志的"家政"专栏中，其构建逻辑可以在以《妇女杂志》为代表的众多女性报刊中觅得踪迹，包括《女铎》《妇女旬刊》《妇女共鸣》等长期出版的几份重要女性期刊。例如，《妇女杂志》在 1927 年分别推出"小家庭"与"家庭改良"专号，体现了报章杂志中"幸福家庭"的共同假设。《妇女旬刊》^①则在创刊号强调"致力于女子文化进展，重视儿童培养，及研究方法，为家庭谋幸福"。

在女性报刊的"幸福家庭"话语中，中产阶级的女性成为"幸福家庭"意识形态的首要受众，同时被期待成为新一轮的倡导者。然而，一些知识分子仍然指出，新家庭的女子，若未受过相当教育，则家庭幸福仍不能圆满（胡适，1919）。换言之，不能尽职的主妇，即便身处新家庭也是虽新亦旧。因此，"幸福家庭"论话语构建的过程亦反映了当时女性所面临的共同挑战：如何在现代性的科学观念与对"幸福家庭"生活的想象之下，不断修炼而成为一名优秀的家庭管理者，并且能够高效率、合理有序且高质量地安排与规划繁重的家庭事务。而能够完成这些来自"幸福家庭"新挑战的"新主妇"的职能角色已迥异于那些在知识分子眼中仅仅"主中馈、具酒食"的传统女性。因此，"幸福家庭"论的提出与构建过程还包含着对于"主妇"职能角色的现代期待。

在新文化运动与性别解放思潮的冲击下，"新女性"形象与"主妇"形象构建的话语形成强烈龃龉。一些女性报刊需要不断强化女性家内"天职"，以释放主妇的生产潜力。如《妇女共鸣》^②在创刊词中所声倡的，"幸福家庭"观念事关女性职责，而女性责任又与女性权利具有紧密联系——然而，这其中误解殊多——就其创刊动机而言，"乍言解放与自由平等"固是进步，却因"矫枉过正，逾越范围"而使得女性追求权利的行动陷入误途。他们认为女性在追求政治权利上浪费了过多精力却未曾获得

---

① 《妇女旬刊》于 1917 年 6 月 1 日创刊，由杭州妇女学社编辑发行、中华妇女学社主办，何慨秋为总务部主任，楼尹庚为主编。至 1931 年出至 387 期，于 1948 年 12 月停刊，共计 749 期。另出有《妇女旬刊汇编》第 1—2 集。

② 《妇女共鸣》于 1929 年 3 月 25 日在上海创刊，为半月刊，以期计算，自 38 期起迁至南京出版，1931 年 11 月 15 日第 60 期停刊；后于 1932 年 1 月在南京复刊，改为月刊，卷期另起，之后迁往汉口，改为半月刊；自 1938 年 8 卷 1—2 期合刊起迁至重庆出版，后又改回月刊，1944 年 12 月第 13 卷第 6 期停刊。该刊由上海妇女共鸣社编辑并出版发行，社长陈逸云及谈社英、王孝英先后任主编。

新知，"且于应享权利，反多忽视"，"况夫欲求权利平等，知识尤协力猛晋"（郑毓秀，1929）。如将那些新智识运用于家庭，于国家而言则有相当之改进。兼具成功商人身份的知识精英尤怀皋对于女性解放的态度是很多主张构建"幸福家庭"之男性观点的映现：尽管他赞成女性解放与女性在家庭权利上的平等，但他一贯强调解决女性在家庭中的问题是解决女性在社会与政治上不平等问题的前提与基础（张仲礼，1994）[127]。

从"幸福家庭"的构建逻辑而言，"幸福家庭"论在家庭空间的想象方面与"贤妻良母"密切共享着结构连贯性。幸福家庭、贤妻良母皆非古已有之，而是在近现代国族主义立场得到发扬与践行的过程中构筑而成的，由家庭作为构成现代国家的基础，以及女性作为富有智识的"女国民"双重构建的近代新形象（大滨庆子，2005）。在这一建构逻辑的空间想象方面，与传统"家国一体"的阶序格局中女性的图式相比，"幸福家庭"论强调主妇在家庭生活中的职能与地位，旨在期望女性尽职于家政以分担男性参与社会工作之忧劳。因此，"幸福家庭"这一逻辑形成了"女性的家庭"与"男性的社会"的二元划分（见图5-1）。

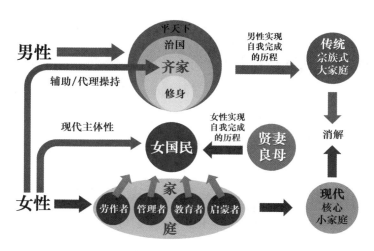

图5-1　"幸福家庭"的空间想象与性别秩序构建图式

表面观之，这一图式似乎是对于传统性别分工观念的老调重弹，实则不然，这一看似传统而熟悉的家庭空间实际上是一个全新而陌生的空间。一方面，传统道德知识的式微削弱了父权制的传统家庭在文化和知识传承中的作用与地位；另一方面，知识传统转而借鉴强调科学、有序、合理以及传授知识的西方现代知识体系。知识传统与政治体制的合力嬗变，使得知识精英们构建的"幸福家庭"以全新的"家庭/社会"的图式结构消解了"修齐治平"同心圆结构下的"个人/家庭/国家/天下"的结构。

在这样的图式中，知识传统转变所导致的父权损抑使得男性威权在家庭中衰落，仅施用于"社会"范畴；而"家庭"则在"幸福家庭"的话语下被重构为女性得以充分发挥其自主性的空间领域（任佑卿，2008）。由此，女性被提升为与男性享有同等地位的主体。在"家庭/社会"的二元结构中，"幸福家庭"便成为知识精英为女性构建的用以争取实现其现代性主体地位的想象空间。在"幸福家庭"中，女性的主体地位是通过知识分子所构建的"主妇"的职能之履行与行为规范得以彰显的。

"主妇"于"幸福家庭"的重要职责大致可归结为两方面，即再生产职责与管理职责。就再生产职责而言，"主妇"首先需要培养自己对家庭角色重要性的自我意识。最为重要的是，中国女性需要通过生育和养育孩子来培育良好的中国公民以履行"母职"。女性报刊的撰稿人强调了女性与国家和中华民族的优生联系。正如冯客（Frank Dikötter）所指出的，"人口的增加与种族的改善是国家生存的必要前提，这一项巨大工程需要所有人都积极参与其中，密切关注自己的生育潜力"（Dikötter，1998）[69]。然而，对于主妇而言，这一再生产的职责与任务远远不止于生育子女。她们必须营造与创建一个符合现代中产阶级标准的"幸福家庭"——其中，"幸福"的意义便等同于创造有着快乐氛围与清洁、卫生的家庭环境，健康而富有营养的餐食，现代化的器械与高效率的劳作的家庭空间，以完成"正确"鞠育子女、为国家培养优秀"小国民"的任务。

就管理职能而言，主妇被期望能合理、高效与有序地管理家政。主妇须学会正确与高效地发挥自己的劳力，学习使用各种最新的家用电器，最大限度地利用自己的时间和精力，并在必要的情况下合理利用家庭之外的劳动力——就 20 世纪初的中国而言，则诸如仆佣与乳母等。因此，合理、秩序感与效率成为知识分子用以衡量"幸福家庭"是否创建得当的重要标准。通过一系列对于家庭生活的现代性"重塑"的努力，"幸福家庭"的图景逐步清晰，并成为助益国家与民族复兴计划的重要内容。

基于此，本章将通过那些关于"幸福家庭"的论说与建议来透察新知识体系的构建，以及女性如何被期待通过汲取并实践新知识在家庭中实现主体性的双重生产。这一知识体系与主体性双重生产的过程有助于我们更全面地考察近现代家政教育在其中所起的作用。

第二节　维系"幸福家庭"的情感工作与知识教化

20 世纪初旧式宗族大家庭成为新文化运动锋芒所向之时，亦正是西方小家庭模式逐步确立的阶段。幸福小家庭模式得到青年的呼应最多，对幸福小家庭的向往成为西力东渐在家庭结构方面的具体表现之一。婚姻的意义从传统的"事宗庙，继后世"转变为强调夫妻之爱。特别是"五四"之后，爱情所催生的"幸福神话"形塑了青年"先恋爱，后结婚"的新型观念，青年更期待能在婚姻关系与家庭生活中得到情感的慰藉与满足。与此同时，小家庭的新伦理似乎并不足以弥补旧伦理衰息的真空状态，婚姻生活与家庭关系的维系几乎完全仰仗夫妻双方的情感关系。

然而，恋爱与情感的易变性也会为婚姻生活带来更多不确定性，一夫一妻制度下的小家庭稳定性变得今不如昔。因此，"幸福家庭"论者所支持的新型婚姻观主张维系家庭关系的稳固是开展家庭生活的重要前提。为此，主妇还需要付出高强度的情感劳作以维系"幸福家庭"。情感劳作还包括一部分审美劳作，这意味着以维系婚姻家庭为目的的情感劳作形成了一种重要的知识领域。这些情感劳作，不仅包括精神层面的情感维系，还包括家庭生活氛围与家居装饰视觉体验的整体营造。

一、"唱随之乐"：在新居小家庭中发现"爱情／婚姻"

在新居小家庭模式出现之前，传统婚姻是一种扩大家族关系和纽带以及社会资本，以维护和稳固家族阶层利益和声望的缔约结构，其两性分工在社会生育制度下形成，是基于对子嗣"双系抚育"所形成的重要缔约关系。由于传统社会生产力与生产技术不甚发达，人们的生活水平也较低，夫妻往往需要耗费大量精力获得物质资料，在生产与经济事务上所负繁重，因此婚姻中的两性分工较为明确，多偏重于经济事务的合作与养育价值的互供，而忽视夫妻间情感价值的互予。儒家之"礼"正是在不懈地强调社会身份的无僭与性别秩序的维系。在两性分工的职能构架中，夫妻之间往往只求抚育行为上的配合，而不求感情上的贴慰与契洽，更遑论奢求风月浪漫。异性间的拈花相传、会心一笑固然别有意趣，可在为抚育而奔忙砥砺的柴米生涯中却尤感多余（费孝通，1998）[121-124]。难怪冯友兰先生总结道："儒家论夫妇之关系时，但言夫妇有别，从未言夫妇有爱也。"（冯友兰，1961）[432] 显然，中国传统婚姻中的夫妻感情维系并非至为关键，与此相反，如若夫妻之间偏重感情生活的维系，则须在一个物质生产力和生活水平相对较高的社会。梁漱溟亦指出，只有当社会生活历史从处理"人与物的关系"转向处理"人与人的问题"的阶段，男女恋爱与夫妻情感的问题才可能受到关注（梁漱溟，2005）[494]。

上海作为近现代崛起的新兴移民都会，为商业发展、民族资产阶级的兴起以及家庭形态的一系列变迁提供了独特的契机。旧式大家庭的聚居关系已在地缘的迁徙与流动中趋于离散，伴随着昔日价值系统之崩溃的是对一夫一妻式新家庭结构日益高涨的呼声。沙姆韦（David R. Shumway）指出，就西方社会而言，婚姻从神圣的宗教事务转变为民事契约关系历经了数百年迁变，而以爱情为婚姻之基础也不过是 19 世纪末 20 世纪初的新时潮（Shumway，2003）[19]。曼素恩将近现代一夫一妻的小家庭模式概括为"核心新居家庭"。相较于传统宗族大家庭，新居小家庭在诞生之初就对传统婚配模式形成了挑战——它首先应是未婚男女公开社会交往的产物，而双方的结合是基于彼此的自由选择与相互承诺。

　　20 世纪初的知识分子无不艳羡地观察到："欧美诸国，男女自择，阴阳和谐，内无怨女，外无旷夫，群治之隆，蒸蒸日上。"（凤城蓉君女史，1901）不少知识分子将以一夫一妻制为基础的婚姻视为社会与政治体制改革的重要途径。[①]1915 年胡适造访卜朗夫妇后，便尤感于其"相敬爱之深真非笔墨所能写，此真西方极乐即家庭也"（胡适，2001a）[6]。杜威的家庭在他口中亦是夫妇"同具高等学问，又相敬相爱，极圆满的家庭"（胡适，1998）[498-500]，胡适之友人节君在信中透露其婚姻生活的美满："吾妇之于我，亦夫妇，亦朋友，亦伴侣。"胡适评价道："此婚姻上乘也。"（胡适，2001b）[18]自胡适呼吁恋爱结婚起数十年间，知识分子对于男女自择成婚、恋爱结婚、以一夫一妻形式分居成立的小家庭生活方式已有了基本认知。作为一种在近代被"发现"的情感，爱情重新定义了婚姻与家庭的观念，而爱情催生的"幸福家庭"的神话亦在此时期被塑造出来，"幸福家庭"成为一种为青年所寻求的全新的、空前侧重夫妇间情感关系的家庭模式（赵妍杰，2020）[196]。

　　在西来的恋爱思潮中，最广为近代中国知识精英所熟知的当属瑞典思想家爱伦·凯（Ellen Key）的观点，爱伦·凯极力主张恋爱结婚及改造组成现代家庭的个人。《妇女杂志》于 1927 年开设的"小家庭"专号成为后"五四"时代"幸福家庭"论者重组婚姻家庭观念的一处路标。知识分子试图延续"家国同构"的儒家话语修辞并将其作为安全阀，摒除自由恋爱的浪漫性外延，将爱情牢牢锁固于家庭价值观中。1928 年，《妇女旬刊》的撰稿人施煜方通过援引爱伦·凯的观点，强调男女两情相悦的恋爱是婚姻成立的前提条件，以恋爱为基础的婚姻才是合乎道德的。因此，最幸福的家庭应由一夫一妻"同等同权，同心同德"构筑而成。

　　施煜方笃信，家庭的模式固然有大小、新旧、贫富、雅俗之分，"幸

---

① 例如"我同胞欲实行其社会主义，必以一夫一妻为之基础"，参见：金天翮. 女界钟 [M].
　　上海：上海古籍出版社，2003：79-80.

福"从度量层面难以穷尽，持久度与深度亦难以衡量，但"幸福"的性质却易于区分，终逃不出两种范围，即"幸福的家庭"和"不幸福的家庭"。而幸福的家庭并非因为"拥有三四层的洋楼或公馆，亦非因为有众多仆佣可供役使，更不是三妻四妾七子八孙，乃是因为家庭是一个纯粹爱的结合"（施煜方，1928）。显而易见，幸福家庭是相对于社会基础而言的，是社会关系意义的体现。

同时，"爱情的发现"还肩负改良家庭与改良种族的任务，恋爱结婚的另一重要意义在于改良种族之健康。田汉笃信："由恋爱所生之儿女，于质的方面，较不自由恋爱所生儿女特别优良也。即谓恋爱之当事者，不仅余其自身享受个人的幸福，而其间乃生出实质优良之儿女，举改良人种之实。"（田汉，1919）李达亦曾坦言："必定彼此永久恋爱，方可为永久的夫妇。这样的结婚，后来生出子女，聪明灵秀，是改良人种的大利益，而且彼此恋爱，个人相互间的幸福愈益增进，可构成社会的真价值。"（中华全国妇女联合会妇女运动历史研究室，1981）[44] 在《妇女杂志》"爱的专号"中，杨贤江曾专门译介英国社会心理学家爱理斯（Henry H. Ellis）（也称"霭理士"）关于爱情与优生学完美适契的观点：爱情本质上是对于未来伴侣个人生物性基因与社会性品质的理性选择，优生学可以为女性维护自己择偶的自主权提供理论基础（爱理斯，1922）。因此，女性被"幸福家庭"论者进一步构建为"优生学意义上的主体"。上述主张共同形成了一种类似于"进化择偶论"的观点，即自由结合的夫妇所生育的后代在发育与成长质量方面远胜于包办婚姻的后代（周建人，1925）。优生学被视为一种在科学上合理可靠的方式，为"爱情"提供了道德与社会两方面的可行性。李海燕将这一时期"恋爱"与"优生学"的联袂概观为"幸福家庭"论者对于爱情"促进社会"与"瓦解社会"的两种倾向所进行的平衡（李海燕，2018）[186]。"幸福家庭"论者笃信，如果人们信奉婚姻与家庭的意义与价值，则许多社会问题可迎刃而解，家庭的前途一定"幸福无量"（施煜方，1928）。"爱情"在理念层面显然得到了诸多话语资源的支持，那么，其在现实生活中的实践又是如何呢？

知识分子很快发现"恋爱至上"所实践的自由恋爱并不够彻底。因为它只为女性留下了一条唯一的"生存之道"，那便是走入一夫一妻式的家庭（而这又恰恰是"娜拉"所反叛的）。吊诡的是，日常生活对于爱情日复一日的消磨却展现出"将爱情作为一种生存之道"的空想性。这使得那些持续鼓吹自由恋爱的愿景而无视其内在冲突以及与生活现实之间龃龉的观点的乌托邦性质愈发经不起考验："大半年来，只为了爱——盲目的爱——而将别的人生的要义全盘忽略了。"鲁迅的《伤逝》与《幸福的家庭》等一系列对于"爱情至上"予以拨乱反正的文本论说已经在试图证明：心灵迷醉状态的"爱情"已不再和自由、幸福联系在一起，而是沦为专门为"幸福家庭"的理想图式所纺织的一块虚假面纱，其悬浮飘影使得青年男女难以在现实的地面上找到支点。而夫妇间要实现"幸福生活"，除了"爱情"，还必须在现实层面有所依凭："第一，便是生活。人必生活着，爱才有所附丽。"尽管婚姻的社会经济领域与浪漫的感情领域在当时的现实中往往是互不相容且彼此割裂的，但是，"幸福家庭"不应沦为一种虚缈与廉价的愿景。在以鲁迅为代表的知识分子"唯物主义式的顿悟"下，两性分工与经济自由的结合是"幸福家庭论"者所希望达成的结合。在施煜方的撰文中，他强调在"爱情"的基础之上，更为重要的是夫妇彼此利他式的分工协作（施煜方，1928）。为了将"幸福家庭"合力打造为一个情感上紧密联系且合作互利、各尽职责的新式社会伦理的根基，"幸福家庭"论者需要解决两方面重要问题：其一，情感的不确定性所导致的婚姻家庭的不稳定；其二，家庭中除"爱情"之外的一切物质基础以及家庭事务的治理。

由此可见，爱情确保了全部美德的统一，将一夫一妻式的家庭转变为实现浪漫主义梦想的终极场域，如果说在"五四"反传统的话语中，爱情意味着走出父权制的家庭，那么在智识阶层的西方家庭意识形态对于"恋爱至上"的修正与更新中，"爱情"则要求必须投入核心小家庭的怀抱之中。一夫一妻式的情感维系必须进化成一种营造"幸福家庭"的稳定基础。

二、"婚姻"的不确定性与情感工作

在女性报刊对"幸福家庭"描绘理想憧憬以及"爱情"成为造就"幸福家庭"信念支撑的同时，民国时期动荡的社会政治局势与文化反传统主义瓦解了原有的社会共同体，价值体系与伦理习俗随之嬗变。新式的罗曼蒂克婚恋观在舶来之时迸射出美好的光晕，而在实践层面却始终仿若悬浮于青年人心中的一处蜃景，能够为动荡心灵提供的真正的安宁是极为有限的——自由恋爱的新观念固然使得青年从旧式宗族家庭的禁锢中解放出来，但是他们获取的很难说是真正的自由。这一时期的爱情叙说总是如闹剧一般妄诞夸张，试图将一切都填塞入爱情的领域内，却不可避免地以幸福的失落而告终。我们足以洞察到，"五四"以降不胜枚举的"恋爱至上"论说，表面上指向了恋爱与婚姻的自由以及组建小家庭的自由，而在根本上却指向断裂。这种断裂不仅仅是"小家庭"向"旧式大家庭"挥别，更成为现代自我与传统自我区分的表征之一。五四新文化运动在通过"恋爱至上"的浪漫主义寻觅幸福目标的同时，更是在寻找一个可以构建个体全新身份与主体性的途径。易言之，"五四"从根本上改变了个体的地位，使其激化为最终极的道德选择与行为的基本单位，经历爱情的洗礼后，一种现代身份认同形成了。

然而，新青年在新家庭中发现"自我"，却未能在婚姻与家庭的框架内重塑自我。正如钱穆先生所言：西人虽以恋爱为人生之至上，实际仍是人生一"争夺"面，而非如中国之为一"和合"面（钱穆，1998）[173-174]。假如"爱"的本质是利他而非利己，"恋爱至上"论下的爱情则以"利己"的成分居多，如此"爱情"实则演变为欲望的某种表现。因此，进一步强调个人主体与欲望的爱情，开始为婚姻与家庭生活带来诸多不稳定性。黑格尔将"偶然性"定义为现代爱情的要素，现代性转型过程的表征之一便是将偶然性与易变性纳入"爱情"的定义。亲密性的编码始于所有既成秩序之外，在承认了"爱情"的易变性、非理性与不稳定性之后，人们才认真地将社会反身性置入其中。

（一）"爱情定则"的提出

1923 年的一则公共领域的两性丑闻足以说明现代"爱情"下婚姻生活的不确定性。北大女学生陈淑君与未婚夫解除婚约，嫁给自己新近丧偶的姐夫——北大生物系教授谭熙鸿。未婚夫愤而登报控诉，舆论皆针对陈淑君的"不道德行径"口诛笔伐。而北大教授张竞生①作为谭熙鸿留法时的密友，在《晨报》公开提出"爱情的定则"为陈淑君辩护：（1）爱是有条件的；（2）爱是可兹比较的；（3）爱是可易变的；（4）夫妻关系应首先是友谊关系。（张竞生，1923）

张竞生显然洞察到了现实婚姻生活变动不居的边界，试图将被推上至高神坛的爱情拉回到"审慎的地表"，使爱情在真实生活的场域中尽可能臻于完满，而不是将其作为一种高处的抽象原则与不可能实现的理想进行供奉。因此，"爱情定则"一方面反叛了儒家传统婚姻模式，另一方面又试图修正"五四"以来浪漫主义与恋爱至上的婚姻，为其衍生出一套更为科学的伦理原则。张竞生表示，他提出的四条定则得自长期关于进化生理学与心理学的科学研究。

"爱情定则"所表征的是婚姻观念的另一重要变化，即由两个家族之间的联系转变为男女两个自由自主的个体在互生情愫时组成的"共识性联合"（李海燕，2018）[154]。爱情不需要稳固不变，而是可以转移的。一个在婚恋市场上具有更高"伴侣价值"（marriage value）的伴侣，总是会被很多人追求，当他们遇到更合适的择偶对象时，改变主意便很正常——恰似朋友可以分道扬镳，夫妻亦可以分离。无论是否已婚，都需要不断完善自身，提升自己在婚恋市场上的"伴侣价值"。西方国家的夫妻互相尊重，鼓励彼此提升自己，正是基于对日常生活充满偶然性与变易性这一客观事

---

① 张竞生教授是民国第一批留法博士，曾任北大哲学系教授，在研读卢梭《忏悔录》后转而研究性学，并提出"爱情定则"。究其思想之先锋，与其留法经历不无关系，粗略可归于欧洲浪漫主义思潮、进化论与精神分析之共同影响。此后一部石破天惊的《性史》使其在当时背负骂名，其学术生涯由此被迫中断，其思想价值亦被抹杀。随着 2016 年张竞生《性史》的再版，以及其后人所著《文妖与先知》的出版，我们应该对张竞生的思想遗产重新做出客观而公允的评价。

实的尊重和承认。概言之，"爱情定则"承认爱情的易变性，强调现实生活并不以超验的道德意志为转移。因此，爱情便不应被奉为绝对律令，而应以多元价值下的弹性策略运转，充分利用个体的机遇与条件去选择最为适契的婚姻伴侣。这一主张却因过于具有前瞻性而超越了大多数同时代人的认知，连鲁迅都直呼"大约当在 25 世纪才有望呢"（鲁迅，2007）[126]。

吉登斯曾将"爱"与"亲密关系"定义为一种社会学意义上的"纯粹关系"（吉登斯，2001）[38]，关系中的双方应共同致力于将爱情或婚姻定义为一种"纯粹化"的社会关系，因为社会交往的本质性原则同样适用于维系两性关系。根据张竞生的观点，"爱情"在婚姻生活中的重要性不言而喻，却难以成为社会纽带的长久担保。相反，戈夫曼（Erving Goffman）的"自我表现"理论与桑内特（Richard Sennett）的"自我再现"理论均可以为张竞生的"爱情定则"提供合理性的论说，即真正的社会纽带的维系需要一个过程，婚姻双方需要持续投入到戈夫曼所谓的"自我表现"中去，而非仅仅是"自我再现"。如果说"自我再现"是"真实地"展示自身，"自我表现"则是以一种创造性的方式展示关系中的自身。换言之，爱情不仅是婚姻的前提，还需要在婚姻与家庭生活的内部繁荣发展，其目的是使婚姻生活达到情感上的完满。

（二）作为知识领域的"情感工作"

如果说在"五四"反传统的话语中，爱情意味着走出父权制的家庭，那么在智识阶层的西方家庭意识形态对于"恋爱至上"的修正与更新中，"爱情"则要求必须投入核心小家庭的怀抱。正如易洛斯（Eva Illouz）所指出的，如果说"经济生存"是前现代婚姻的主要使命，那么现代婚姻的主要使命则是"情感生存"，即必须在日常生活中维持亲密关系浓厚的情感质地（Illouz，1998）[169]。"爱情定则"在各个维度都更强化了"情感工作"的情境与必要性，它在提醒女性：仅仅将原始的自我带入家庭与婚姻生活是远远不够的，因为如同真正的社会交往，婚姻生活要求一种"自我的疏离"，女性被期望进入一种身份的"表现"，亦即以最具创造性与最具吸引力的方式来"表现"自己，而不是满足于对自己本性的简单"再现"

（李海燕，2018）[157]；另外，女性亦被期待"在感受到情感的同时，又具有调节好这些情感的能力"（霍克希尔德，2020）[21]。"情感工作"正是出于维系婚姻关系的需要。婚姻家庭中的"情感工作"成为"幸福家庭"论者为女性寻求的一种能力的象征，它不再将自身神秘化，而是被归入一种规范化的知识领域。

尽管"情感"往往被认为是一种隐藏于内的心理与精神特质，但若从情感的外在表现看，它则被视为一种社会行动。例如，孔德在探讨"社会秩序如何可能"这一社会学中心议题的过程中，就特别突出"情感工作"的功能，其明确提出了个人情感和社会情感的概念并阐述了两者特征及其相互关系（郭景萍，2007）。"情感工作"（emotional management）最早由霍克希尔德提出。我们习惯于将心灵与肢体的各种精妙配合所完成的劳作称为"体力劳作"。就"幸福家庭"论者所构建的女性家政职能而言，当女性在家庭中负责烹饪、清洁与打扫等劳作时，她所从事的是体力劳作，而当她负责营造家庭氛围以及教育子女时，往往就在从事霍克希尔德所称的"情感工作"（霍克希尔德，2020）[21]。

从 20 世纪 20 年代开始，女性报刊的撰稿人将构建一个健康而和谐的家庭关系作为女性家政管理职责的一部分。这种劳作要求女性为了保持温馨的家庭生活氛围而诱发或调动自己的感受，以使他人，即其他家庭成员感到身心舒适与愉悦；同时，它要求女性在意识（mind）与感受（feeling）之间相互协调，并形成一种关于"情感工作"的知识。

首先，"富于感情"的天性使女性被认为比男性更具有情感方面的感受力。[①] 理所应当地，女性被期待成为家庭中的"感化者"与"慰藉者"，负有"感化"家庭成员的特定职责：

> 男子日劳于外，或遭否运，或逢险艰，或遇诱惑，常与困屯罪恶

---

① 这方面的研究认为，相比于男性可能较多地通过"下意识"的抑制行为来进行情感管理，女性倾向于通过"有意识"的抑制行为来管理情感。参见：Chodorow N. The reproduction of mothering [M]. Berkeley, CA: University of California Press, 1978.

为伍为敌，其势滋可危。以高尚之理想，沈静之态度，勇毅之决断，温和之同情，以鼓其勇，而苏其力者，非妇人不能。

据生理学者所言，妇人最富于感情，尤能鼓人勇气。男子每遭不遇，抑郁无聊之时，得妇人片言慰安，已足苏其已死之心。

故吾以为家政之整理，不过妇人技能之一小半，其大半乃在能为男子精神上之翼助。易曰：辅相天地之宜，注曰：相者，导也，又励也。故相夫云者，导男子以正途而励其气也。（梁令娴，1915）

如同黑格尔（Georg W. F. Hegel）所认为的，公共领域"非个人化"的互动是由家庭中"个人化"的互动来补偿的。强调"性别的情感劳动分工"意味着期望由女性担负起家庭中的"情感工作"，以补偿男性在公共领域的艰辛。[①] 稍后的孔德指出，家庭是建立在眷恋之情与相互同情的基础之上的"道德－情感"的结合体，他将女性视为承担社会三大动力（即智力力量、情感力量与物质力量）中情感力量的阶级代表（郭景萍，2007）。女性承担着社会分工中表达情感的角色，这种对于家庭与女性"情感工作"的职能角色分工反映了知识分子对于"幸福家庭"作为一个"慰藉之地"（haven）的想象，即外部社会是一个残酷无情的竞争世界，只有家庭能够提供防御和情感慰藉。

其次，女性还被期待正确运用"情感"知识，作为一个"道德仲裁者"意识到自己在家庭中的道德职能，以确保家庭得到维系或成功改良：

关雎葛覃，造端于夫妇；麟斯麟趾，及于父子兄弟；桃夭兔罝，教成于国；汉广汝坟，化及天下。此所谓礼乐成于家，而仁让兴于国

① 对于黑格尔的这一观点，女性主义的批判角度主要在于将女性限制在家庭领域，将家庭领域的活动和道德等同于女性的活动和道德。贾格尔（A. M. Jaggar）称"黑格尔是女性的掘墓人"，而他所掘的"墓"就是"家庭"或"私人领域"。女性主义反对将这种"男主外女主内"的劳动分工永恒化、自然化，主张高度评价女性在公共领域的作用。参见：李银河. 女性主义 [M]. 济南：山东人民出版社，2005：38.

矣。（胡品元，1919）

"一国内政之紊乱，实始于家庭管理之不合"，"幸福家庭"论者正是将女性在家庭中进行"情感工作"的感受规则与传统儒家"家国同构"的价值结构糅合了在一起。"幸福家庭"论者认为，家庭的有序管理将起到支撑与巩固整个社会和国家稳定的重要作用。"闺门为万化之源"，女性必须先以"修己"培养自己对家庭职能的"正确态度"，而后采取适当措施以调适丈夫与孩子的心理状态与情绪感受。"欧人恒言欲观其国文明之程度，先视其妇人之感化力如何。"（俞淑媛，1915）"国之兴亡，不系于男子而，系于纤弱之女子焉可也。"在 1915 年《妇女杂志》的"家政"专栏中，俞淑媛认为，妻子"敬之，勉之，无违于夫婿"是基本的"顺从之德"，若夫婿在竞争场中，则妻子还应具备"辅佐之能"；当夫婿抑郁无聊时，妻子有"慰藉之责"；而当夫婿在社会上有所濡染时，妻子则有"规劝之责"，务必保护丈夫免受外界的负面影响。（俞淑媛，1915）一言以蔽之，女性是相夫教子的主力，是帮助国家有所成就、有所教化的最初与根本力量。能够有序进行家庭管理的女性会将维持社会秩序的职责与女性自我道德意识的投入联系起来。"幸福家庭"论在新的社会语境下沿袭并强化了女性需要平衡家庭成员情感与心理需求的观念。

值得注意的是，1919 年前后的"幸福家庭"意涵普遍基于国族主义的立场。"情感工作"的性别化倾向被整合进"国族主义"话语中，并被进一步合理化与合法化，在国民政府时期的报刊媒介的话语中保持着鲜明的一致性。女性的"情感工作"作为精神与心理层面的"治理"策略，被纳入家政知识要素。这种意识形态的倾向可以被理解为传统儒家"家国连续体"结构的承续。

而在 20 世纪 30 年代左右，这种意识形态的聚焦点发生了转移，并比肩同步于"小家庭"占据主流模式，以及"夫妻之爱"日渐得到强调的过程。在 1932 年对"幸福家庭"理想的阐述中，《妇女共鸣》的撰稿人梅鸿英写道："家庭，实在就是漂泊的心的一个归宿的巢窝，在家庭中可以找到无限量的愉快，因为有自己合意的对象在那里，有自己灵魂的寄托者在那里。""我们要保存自己的幸福愉快，就该先保存家庭中永久的快慰和幸福。"然而，梅鸿英认为所谓"摩登女性"或"新女性"只是限于修辞与形式层面的"解放"，远未臻及"解放的真谛"，因为她们忽视了自己在家庭中"情感工作"的职责：

　　　　如果妇女做了人家的妻，不晓得怎样安慰为衣食而奔走的丈夫，或者督促他向正当的路上走，试问如此貌合神离不能互助的夫妇，有什么幸福可言呢？试问如此死气沉沉的家庭，有什么快慰可言呢？（梅鸿英，1932）

　　而何以保持家庭中永久的快慰和幸福？对于以梅鸿英为代表的"幸福家庭"论者而言，"为母之要贤，为妻之要良"（梅鸿英，1932），女性只要确立自己对家庭的正确态度，接受并积极投入到"新贤妻良母"的社会性别角色中去，便很容易与丈夫建立和谐的情感关系。而"幸福家庭"在很大程度上依赖于这种情感关系的基础。

　　尽管1919年之前提倡"顺从之德"的观念在20世纪二三十年代已经从大多数女性"情感工作"的职责清单中淡出了，但知识分子仍然撰文断言，妻子有责任经营与维护婚姻内部的稳固与家庭中的情感交流。1939年，《家庭良友》的一篇文章在对300对婚龄25年以上的夫妇进行调研后提出建立美满婚姻关系的建议。在这篇文章中，夫妻双方都对彼此提出了建议。例如，妻子们希望丈夫"不要全神贯注在你的事业，家里的事情请你多少照料些，许多问题需要二人的心力才能解决"，"对妻子儿女温和些，家庭定能更快乐"，"不要在你面前造起一座不使人亲近的墙"。反过来，丈夫们亦对妻子提出了完善家政与家庭氛围的建议，这些建议基本都是围绕妻子的"情感工作"的："不论在家出外，都请你和平些，友爱些，我不喜欢一个伤人感情，使人麻烦的妻子。"（佚名，1939a）丈夫们所认为的理想的妻子应该是一个恒定而温和的"情感堡垒"，还应平衡子女的情感需求。

在另一篇探讨美满婚姻之条件的文章中，知识分子提出"夫妇在娱乐方面有同样的倾向"有助于双方情感的维系（佚名，1939b）。而现实是，忙于家务的女性往往忽视内在修养的提升，"在体格方面都富有引诱性，思想方面却有些樟脑味"（佚名，1939a）。丈夫们因此对于女性的"情感工作"提出了进阶的需求："我希望我的太太能够在家中谈谈时事，书籍及音乐。"

撰稿人所传递的情感知识，表明婚姻还包含了一种外在的社会性交换属性，即维系双方之间的社会纽带的作用。夫妻双方以向对方提出温和建议的方式来为维系和经营婚姻做出努力：如果你做我的坚强后盾，那么我就是你的温暖与慰藉所在。以"情感"为外在表现的社会纽带越是深入，这种夫妻间的社会交换就愈发重要而隐蔽。彼此在对方领域的欠缺会在另一个领域得到补偿，而通过"情感工作"的内外社会性交换，这一补偿就可以实现。在"幸福家庭"论者的构建下，女性的家庭角色成为一种描述和构建的方式，它描述了女性的何种特质与心理感受是应该的（owed）与预期的（owing）（霍克希尔德，2020）[201]。

在 20 世纪 30 年代的中等阶层家庭中，鉴于女性相较于男性具有更少的职业机会，因此在经济上普遍较为依赖男性的供养。普遍的经济不平等渗透到夫妇之间日常的亲密交换之中。婚姻中的"互惠原则"使得女性更倾向于提供更多的"情感工作"来在一定程度上"报偿"男性所提供的亲职投资，这一"报偿"同时形成了"情感工作"的分工。《新时代的主妇们怎样建设非常时期的快乐家庭：从时代精神中贡献具体方案，新的主妇应该负起重大责任》这篇文章特别提醒女性，务必不要在自己的丈夫面前称赞其他男性的赚钱能力（佚名，1939c）。即便是提倡"摩登"的《妇人画报》，也同样强调女性"情感工作"的必要性："做太太的，不可在他人前指摘丈夫的过失。更不应使人家知道你丈夫最大的过失是同你结婚这一件事。"（建英，1933）"妻子切勿轻视丈夫，至少他会拿钱给你用的"，"妻子不可对丈夫的薪金表示不满。要晓得觉得不满的，本应是你的丈夫，是不是？"（建英，1933）尽管 20 世纪 30 年代女性在家庭生活中的地位较民初时期有所提升（一些关于"怕老婆"与"妻管严"题材的讽喻漫画在报刊中频繁出现即为明证），但她们需要对自己的情感进行调控与"整饰"，采取一种表面的"服从的姿态"以使她们的丈夫表现得更像是"统治者"。布尔迪厄对此强调，由于女性的社会身份现在（或将来）与男性密切相关，维护"统治地位的外在特征"的共识以一种心照不宣和无可辩驳的方式，要求女性通过"情感工作"去先验地承认并希望看到普遍得到承认的丈夫的尊严，以使得丈夫至少在表面看上去在夫妻关系中居于统治地位。（布尔迪厄，2017）[49]

如同心理学家所言，被"整饰"或"管理"得非常得体的情感，与那些发自本心的真实情感往往具有外在体验上的相似性，这些技巧有助于女性有意识地进入家庭角色的"深层扮演"。成功的角色扮演的结果通常是较高的"次级收益"（secondary gains）。所以，女性往往被认为在某些特定的情境与场合中需要有意识地控制与"整饰"自己的情感行动，特别是在那些需要肯定、赞誉男性社会地位与提升家庭成员的幸福感的生活场景中（霍克希尔德，2020）[105]。"情感工作"的存在构建出了一种特定的行事方式与知识体系。

在《若倘你的丈夫是——》一文中，知识分子鼓励女性积极调整自己进行"情感工作"与"深度表演"，以适应不同职业与不同阶层的男子（尘雄，1933）。《妇女须知：安慰丈夫的八项要件》一文则对女性提出了情感的展演规则的问题。"幸福家庭"的支持者认为，合格的妻子应勉力为丈夫排忧解烦，尽量积极提供情绪价值，而不是反向索要情绪价值：

（一）你不要因住的房屋小，用的家具坏，一切都应当打扫的干干净净，要叫你的疲劳的丈夫，在整天辛苦之余可以得到环境的清幽。

（二）你丈夫工余回来时，那一个相见的笑面是不能不给的。因为这个笑面可以叫丈夫对你保持相别的情感。而得到一些意外兴奋的。

（三）你丈夫回来之前，一切都要给他预备好了。……在他回来时，可以不叫他看见你的忙碌，由同情而生烦恼。

……

（八）如果柴米完了，你不要苦着脸告诉你的丈夫，你要想法子在不知不觉中告诉他，因为你的愁苦，很容易叫你的丈夫由惭愧而生烦恼。（祥麟，1933）

在 1927 年《妇女杂志》应时推出的"小家庭的主妇"专题讨论中，女性的"情感工作"与"生活的美观化"联系在一起，成为从旧式家庭到新式小家庭模式转变的重要组成部分。同时，两性的内外分工往往成为将"情感工作"进一步合理化的秩序前提。丈夫工余归家之际是女性情感劳动发挥效能的关键时刻，"做主妇的，应该把热烈真挚的感情，充分的流露出来，更要善观他的颜色，婉委的询明白他在外边所遇的情事，相机会附和几句或劝慰几句"（CC，1927）。女性积极发挥共情能力可以"使得彼此间的精神，互相贯穿，感觉到精神上的美感"，与生活的审美性相关的"情感工作"被知识分子视为"避免生活的干燥和拙劣"或"避免蛰居家庭的烦闷"的有效途径。（CC，1927）

显而易见，"幸福家庭"论者为女性"情感工作"规制了展演的规则。首先，这一规则为女性划分了正确与错误的"情感工作"。错误指的是"我真实的感受"与"我应该表现出的感受"之间的不一致。而这种"不一致"可能会破坏"幸福家庭"的氛围。因此，知识分子告诉女性读者，"幸福家庭"有赖于女性在其实际感受与应该表现出的感受之间做出"整饰"，即便家庭事务出现困难，女性也应该通过巧妙的方式告知丈夫，而不为丈夫徒增额外的烦忧。"情感工作"彰显了知识分子对于女性"制度性自我"（institutional self）①的规制，使女性相信自己"真实"的自我栖

---

① 特纳曾对比了"冲动性自我"（impulse self）和"制度性自我"，认为社会趋势是从第一种自我转向第二种自我。"制度性自我"指的是个体相信自己的"真实"自我栖居于自己按照各种外在制度性角色所做出的行为和所应具有的感受之中。与之相对立的"冲动性自我"，指的是那些将其"真实"自我置于各种制度性角色之外的个体，表现为在社交中并不很重视情感的"整饰"，亦较少受制于他人的要求。参见：Turner R H. The real self: from institution to impulse [J]. American Journal of Sociology, 1976, 81(5): 989-1016.

居于她们依照包括"贤妻良母"在内的制度性角色所做出的行为与所应具有的感受之中。

其次,"幸福家庭"论者通过传递关于"情感工作"的感受与展演规则的知识,确立并支配在情感交换中的义务和权利,而对女性在家庭生活中的"情感工作"起到指导与教育的作用。因此,我们可以认识到女性被期待投入"情感工作"的方法并不是通过结果,而是通过秉承"幸福家庭"论的知识分子对于女性这一行动的组织与形塑。20世纪30年代充斥于报刊的"情感工作"话语为我们展现了知识分子试图对女性的情感感受进行干预与整饰的过程。女性私领域的"情感工作"得到了来自公领域的"幸福家庭"论者自上而下的组织与筹划。每个女性都被期望贡献出自己经过"整饰"的情感以营造"幸福家庭",最终使家庭成为恰当的国族的情感单位。

此外,妻子还被教育在丈夫工余归家之际,尽量不使他看到自己的忙碌(祥麟,1933)。显然,"幸福家庭"论者所倡导女性投入的"情感工作"是一种单向度的劳动输出——正如伊里奇(Ivan Illich)所称的"影子劳动"(shadow work)(Illich,1981)[9]。这样的工作最好以一种默然与不可见的形式由女性在自我内部消解掉。"情感工作"与女性家务劳作的痕迹应尽可能被抹除,仅向丈夫展现一个整洁如新的家庭环境与慰藉辛劳的微笑。鉴于家庭主妇普遍没有外部的社会性收入,因此,丈夫对于家庭主妇而言是一个潜在的评价者。在奥克利(Ann Oakley)所提出的家务劳作标准和例行常规的四种功能中(奥克利,2020)[152],来自丈夫的外部评价可以被视作"幸福家庭"论者对于女性实行的某种奖励机制:当女性通过达到家务劳作规则的标准来让自己的表现被评价时,就使得由此带来的心理满足感具有存在的必要。然而,家庭生活中的"情感工作"也容易生产女性的另一种形式的虚假自我,即一种过度关注他人需求的利他主义者。因为,女性在家政事务中始终被灌输承担照顾家人需求的任务,并非由于女性的自我感薄弱,而是由于女性的"真实自我"时常被有组织地整合入国族主义的立场中,与国民群体的福祉紧密捆绑在一起。她们在家庭生活中的一个微笑、一种情绪、一种感受，更多地属于群体，而非个人。

　　总体而言，在20世纪第二个十年到20世纪40年代知识分子所举的每一个例子中，女性都有责任认识到自己在管理家庭方面的重要性，然后为自己和丈夫创造和培育一个"幸福家庭"。"幸福家庭"所需的"情感工作"正是建立在合作与利他的基础之上，将克服婚姻与爱情的易变性作为其不懈努力的伦理追求，以确保家庭中全部美德的统一。因此，基于一夫一妻制的"情感工作"正是20世纪二三十年代知识分子试图构建的"幸福家庭"的稳定基础。

三、女性气质的教化与"审美劳作"

　　"情感工作"还包含了对于女性性别气质的构建与展演。在"幸福家庭"论者看来，作为一名组建幸福家庭的合格妻子，她的良好外形与温柔个性缺一不可。米尔斯在其经典著作《白领：美国的中产阶级》一书中，详述了负责销售工作的女性如何以自己流线型的身材与明媚的笑容来增加自己的佣金（米尔斯，2006）。社会学家就"性格"与情感在社会交换中的重要性达成了共识，关于"情感工作"的研究也进一步转化为更为具体的研究。社会学与经济学文献已证实"能言善道、形貌俱佳"等特质在社会交换的私人领域与公共领域所具有的优势。"审美劳作"是结合了"具有吸引力的外形与性格"与"劳动力"而形成的概念诠释，在2001年由英国社会学家沃赫斯特（Chris Warhurst）、尼克森（Dennis Nickson）联手提出。[①] 美国社会学者米尔斯（Ashley Mears）的研究则延伸了他们的观点，并试图在更广阔的社会文化语境中做出具体回应。她认为"审美劳作"是互动式服务领域对于"风格化劳动需求上升的典型"反映，在这些行业中，受雇者被招募并训练形成具有亲和力的性格与具有吸引力的外形（米尔斯，2018）[103]。后续学者对模特群体的研究表明，模特是劳动力

---

① 沃赫斯特、尼克森通过对某些英国服务和零售业的招聘广告进行观察，总结出这些广告不约而同地要求应聘者具备"时髦""颇具魅力""能言善道、形貌俱佳"等特质。参见：Warhurst C, Nickson D. Aesthetic labour[M]. London: SAGE Publications Ltd, 2020.

市场中向自由职业模式和审美化劳作转变的一个典型群体，最能直观体现"审美劳作"的特质。① 不同于需要长期的能力训练并通过取得文凭与资格认证才可能获得的工作，模特行业的"审美劳作"恰好相反，社会学者威斯辛格（Elizabeth A. Wissinger）认为，模特对于自己体形与外表的重视必须时刻"在线"，几乎像一种时刻要履行的义务，直至它成为一种生活方式（Wissinger，2015）。

在私人领域的家庭空间，"审美劳作"则需要女性持续进行自我与身体的生产，这一生产过程需要劳作者时刻"在线"并且不离开自己的"产品"——更美好的整个自我。"幸福家庭"很大程度上就取决于女性在家庭生活中对于自己外形的控制以及精心塑造的那些想象中的"贤妻良母"的理想人格。相较于"显性"的家政劳作，"审美劳作"大多成为"幸福家庭"论者对于女性提出的一种隐性要求。大多数报章杂志的女性读者是即将步入婚姻的女学生与家庭主妇，职业女性相对占据较小的比例。家庭女性的"审美劳作"与模特行业的"审美劳作"所具有的一致性，表现在劳作几乎是在无人监管的状态下进行的，同时，这种无人监管的状态亦对家庭女性的身体与性格应对不同的家庭情境提出了新的挑战。

自古以来，书籍作为提供情报的媒介总是为传统意识形态所约束，而难以回应女性时髦与妆饰自我的需求。男性史家对于"妇容"所持的观点大抵不脱以身体形象承载其道德修为的框架，这亦深刻影响了女性自身形成容貌与德行相辅相成的观念。清代女诗人沈蕙玉援引"孟光举案"与"啼眉折腰"之典故以自鉴（沈蕙玉，2017）[1135]。汉代孟光勤俭知礼，以素朴的布衣与简单的"锥髻"留名。而"啼眉折腰"指的是汉顺帝皇后之兄梁冀的妻子孙寿，其"色美而善为妖态，作愁眉、啼妆、堕马髻，折腰

---

① 模特工作需要一个高度物化的完美外形，因为客户雇用他们的终极目的在于展示与销售商品，让大众接受并践行符合其利益的价值观。为了符合职业要求，模特们需要不断地健身、节食、减肥来应对面试、试衣和时装周，女模特必须尽可能年轻、瘦削，男模特则要展现坚实的肌肉线条。参见：莫沉. 时装模特、审美劳动和超经济逻辑 [J]. 读书，2019（10）：162-168.

步，龋齿笑，以为魅惑"（干宝，2019）[80]。其艳丽妩媚的妆容与别具神韵的体态，竟因宫内宠妃争相效学而风靡一时。此后，"锥髻"表征勤勉持家的贤妇，而"堕马髻"则表征不事生产而专事妖冶的女性。在后世男性文人的论述中，锥髻与布衣常被当作"模范妻子"的指代，其背后是对于"妇德"与"妇容"观念的构建。在这一意识形态下，良好的"妇容"是在适度修饰的前提下反映内心的贞淑与德行，女性过分修饰姿容被视为不事生产的表现。

20世纪二三十年代，"幸福家庭"的话语是通过女性报章杂志提出一系列在家庭领域开展"审美劳作"的具体需求而构建的，这些需求首先影响并引起了女性美容意识的现代性迁变，对于姿容修饰的基本认识已与过去有本质性区别。与传统观点所认为的"妇德"重于"妇容"相比，大量女性报刊教导女性"妇容"与"妇德"同样重要，甚至更为重要——内心的德行之美理应通过姿容展现，即便不是天生丽质，亦可以因掌握合理合度的修饰技巧而恰如其分地变得美丽。大量女性报刊传布化妆技术与妆容知识，规训女性身体与气质举止，肩负起中产阶级女性"审美劳作"的教化职责。具体而言，审美劳作包括姿容、身体与象征性的女性气质三方面。

（一）姿容的修饰

大多数在20世纪30年代负责为女性报刊撰写美容专栏，并致力于将美容经验分享给读者的撰稿人深信"三分容貌，七分妆"（翠菁，1934）。易言之，保存自然美并不是说原生的美就可以听其自然而丝毫无须修饰。"以人工美补助天赋的不足，才是正当的美容法。"（丽兰，1933）这些关于妆容细节修饰的文章一致倾向于设置一种理想的标准的美，大多数女性因未满足理想美貌而被认为需要修饰。妆容的修饰需要习得一整套精妙的化妆知识，而化妆技术的巧劣决定了女性妆容的妍媸。

《妇人画报》开设了"美容·时装·流行"专栏细致教授女性面部五官的修饰技巧。一份号称最尖端的化妆术的文章提到，根据调查，女性的眼部与唇部被男性视为最富魅力之处，因此亦成为最应重点修饰的对象。

眼簾墨（今称眼影）与睫毛墨（今称睫毛膏）作为最能令眼部妆容增色的工具，却并不容易掌握。女性报刊的美容专栏大量着墨于两者的用色浓淡技巧，如果使用不善，反徒增眼部的颓感。着色的位置亦有讲究，"眼簾墨最好搽在二重眼睑①的'下睑'上"，方能使眼睛更为大而明媚，"眼距过近的，可将眼影膏敷在外眼角，眼距过宽的，可将眼影膏敷于里眼角"。（丽兰，1933）倘若姿容之美的主体是眼部，那整个脸部美感的"Final Touch"（作者意指"点睛之笔"）则是由眉毛来担纲的。对于眉部不完美的情况，美容专栏亦详述其修饰技巧。譬如，天生眉毛间距过近者，应将中间多余的眉毛除去；眉形太短者，则须以眉笔将尾部引长一些。在另一篇教授画眉方法的文章中，化妆似乎不再遵循一种标准理想的美，各种脸型均有相适宜的画眉法，强调和凸显每个女性天然的气质。例如，细长而高挑的眉形适合高额长脸的女性，为其姿容"增加理智的闪耀"；而短额之人却不适宜，会更显局蹙。脸形圆润的女性则适合弯月眉型，以突出柔和与可爱的气质。精巧的发型固然可以增艳于美貌，但前提是应适合自己的脸形。例如窄额圆脸的女性不适宜有刘海，年轻少女则可以尝试头顶横长的卷烫发，更显活泼可人，而少妇的烫发适合大方与洒脱，额前减少杂碎的附属品，卷发可向后拢仅露出耳垂。（丽兰，1933）

此外，五官还应体现女性气质。在"审美劳作"的要求下，姿容与女性气质的教化达成一致。在《时装·美容·流行：美容的艺术》一文中，作者强调女性美容在于使得五官各处都富有"情"的表现力，"要使眼儿灵活，第一须培养女性的特有的情绪，第二是如何使眼睛溢出光辉的艳味和女性的温柔来"（露娜，1937）。常常转动眼球，且"晚间保证充足的睡眠，日间又以快乐的生活来调摄它"，可以使"眼睛溢出无限的深情，迷人的色素"。（露娜，1937）而眉的形态则应适合面部气质。女性报刊的美容撰稿人建议那些眉形刚硬的女性，为了避免给人强硬的观感，可以用修眉剪刀切去眉部上面的末端；而眉毛生得繁茂而杂乱的女性，可先将热毛

---

① 今称"双眼皮"。

巾敷于眉部，使毛孔充分扩张后拔除多余的眉毛。必要时还可以使用"漂白剂"将眉毛漂为淡色，而"使之含有若干柔味"。（露娜，1937）

随着核心小家庭中的"爱情"得到鼓励与认可，夫妻之间亲密示爱对女性妆容提出了更多的要求："接吻在中国的确也风行了，于是红嘴唇也就觉得时髦起来。但是你的嘴唇如果非常粗糙而不能红润，这在有爱人的小姐们是非常吃亏的，因为这样十二分容易使对方觉得不欢喜。"（穆因，1934）所谓未启朱唇已含情，唇部的保养同样不可忽视。关于如何养护唇部，专栏提供了科学的知识与方法，诸如用"雷杀而丁""滑石""阿剌比亚哥姆"与蒸馏水调配自制一种化学溶剂擦拭于唇部，即可达到去除废旧角质的功效（穆因，1934）。修补唇部缺陷同样值得花精力去了解。对于各种脸形与唇形，撰稿人提供了事无巨细的建议。此类建议涉及一种新近发现的"视错觉原理"以修正原有缺陷：长脸形之人，上唇宜搽为深色，圆脸形的人则可将下唇搽深色。薄唇之人适宜用唇膏涂出唇线，而厚唇之人则涂于唇缘之内或拉长嘴角。擅于利用"视错觉"知识成为化妆术巧妙的关键（陈紫娟，1935）。在口红颜色的遴选方面也毫不含糊，"颜色苍白的人，宜用一点带 Orange 色的红色唇膏"，"年青的用明快的艳红，中年人则用恬静温柔的红色"。（露娜，1937）涂完唇膏如何保持完美唇妆，这涉及上下唇动作的配合以及用纸巾将多余口红吸掉的细节知识（佚名，1937a）。

美容专栏的一些知识与技巧在于修饰原生容貌的缺陷，而另一些则涉及更为重要的保养之道。在一篇奉劝主妇力行不懈养护皮肤的文章中，已经出现"毛孔"的概念（Murrih，1932）。每日晨起饮柠檬水，能使皮肤洁净；以甘油代替肥皂，能使皮肤细嫩洁净；以纱布包裹冰块洗面，能使皮肤光滑紧致；到药房买美眼水注三四滴，对于眼部保养有益。一篇转译自西方时尚杂志的文章提供了当时最新最流行的自制面膜保养教程，其中涉及收敛剂、润肤剂与纱布的使用，做完之后"对镜时你会发现你所已获得的青春"。在"面丽牌"广告针对该品牌面霜的各个功效的宣传文案中，我们可以一窥女性对于姿容改善的诉求：诸如改善肤质粗糙，减退黑色素，增白肤色，隐灭粉刺，祛除雀斑以及防日晒，等等（佚名，1936a）。

1936 年的《小姐》杂志刊登了女影星朱秋痕化妆的系列示范照片（见图 5-2），她一丝不苟地使用睫毛夹将睫毛夹得更翘更长，用细齿发梳盘起乌黑光亮的发髻，对镜细致地为唇部涂上唇膏，再耐心地将眉毛向眼尾拉长。1937 年由梁赛珠出镜表演的《特写》杂志的主题摄影生动再现了主妇出门之前那些精致而烦琐的修饰过程（见图 5-3）：

> ……洗脸，漱口，坐到化妆台前（三十分钟）；敷上雪花膏，或其他油膏等物（五分钟）；敷油膏的脸上，再扑上一次粉（二分钟）；脸的两面，各搽上红红的胭脂（三分钟）；眼皮上染上一些灰色的油汁（三分钟）；本来的眉毛不美观，须用铅笔加长（四分钟）；上下嘴唇，须用唇膏描画一下才鲜艳（三分钟）；头发没有光，也得敷上一些油膏（五分钟）；挑头路，让头发向两旁分开来（一分钟）；把前后的头发梳理整齐（五分钟）；修指甲，染冠丹，是最费时的事（三十分钟）；戴上耳环与首饰（各二分钟）……一切都舒齐了，穿上外衣（二分钟）；拿了手皮包预备出门，已经耗去了一小时有半的时间。

图 5-2 女影星朱秋痕化妆的系列示范照片

资料来源：佚名.面部美的建筑 [J]. 小姐，1936（1）：1.

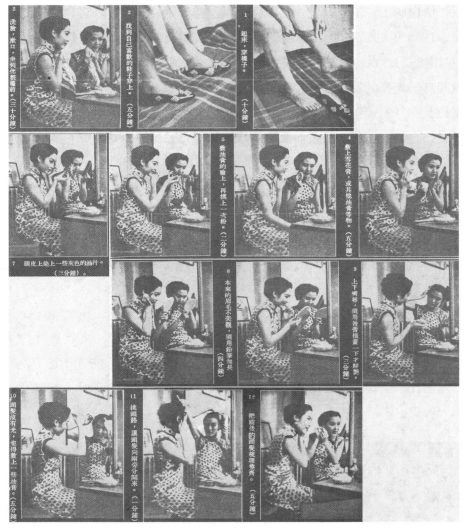

图 5-3　梁赛珠出镜表演的《特写》杂志的主题摄影

资料来源：薛志英. 都市女性出门之前需费时一百分钟的化妆时间 [J]. 特写，1937（13）：16.

　　图 5-3 所呈现的仅仅是 20 世纪 30 年代女性化妆意识的"非典型"缩影。我们注意到，如同有待整饬、有待获取知识的"学生"一样，精致而良好的护肤习惯被"维系"成为一种生活方式（巴特基，2007）。姿容与身体其他部分的护理一样有着高要求，首先，需要投入大量精力去获取、

学习关于美容产品与美容仪器的专门知识，并掌握一套方法技巧。其次，将这些习得的美容技巧应用于生活，事无巨细地履行并维系这一生活方式。身在都会的中产家庭主妇往往需要学会正确使用大量美容产品与美容器械——包括眼影膏、唇膏、胭脂、唇刷、睫毛夹、吹风机、发型刷、烫发钳、卷发夹等等，它们常常来自西方最新美容杂志的介绍（见图5-4）。科学主义的盛行为姿容修饰的浩繁工程增添了精密技术的加持。1935年，《妇人画报》刊登的《科学化的美容法》一文向读者介绍了美国新近发明的"面容测量器"，"能用325种不同的方法测量面部各处，以评测出如何化妆能够助长她的美或补益美中不足之处"（见图5-5）。女性报刊以西方时尚杂志中关于美容的最新信息来构建这种时尚的护肤、护发、修指甲的知识与"课程"。因此，教授美容技巧与方法的文章往往还与特定的美容产品的推销融为一体。

图5-4 20世纪30年代报刊中的唇膏

资料来源：陈紫娟.涂唇工作[J].妇人画报，1935（26）：7.

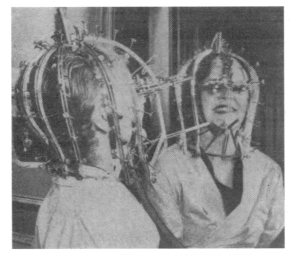

图 5-5　20 世纪 30 年代的美容仪器

资料来源：佚名.走在世界的尖端上：科学化的美容法 [J].妇人画报，1935（28）：32.

　　"面丽"面霜的一组广告漫画（见图 5-6）为我们呈现了女性在各个时段使用该品牌面霜的场景。该图所表征的现象是，20 世纪 30 年代中产阶级的女性上妆时间已经非常灵活，不仅有早妆，还有午妆，更有晚妆。

图 5-6　"面丽"面霜广告中不同的上妆场景

资料来源：佚名.美容漫画 [N].新闻报，1936-12-04（13）.

　　不同时间段的化妆行动表明了化妆动机的多元性与偶发性，可能是为了接待一位突然造访的贵客，或是临时被邀请去参加一场舞会，又或是应付与女性好友临时起意的购物计划……。总之，化妆时间的"变奏"交织着不同的社交情景与社交需求。这足以证明，在拥有社交生活之后的中产阶级女性的"审美劳作"不只是为了取悦丈夫，更是适应社交生活的需要。"审美劳作"成为女性为社交语境中的家庭增加象征资本的重要方式。

也正是由于"审美劳作"的高度展示性，家庭领域不再是共享天伦的私密空间，转而成为展示妆容、接待宾客与联络交谊的社会空间。

（二）身体的规训

有关健身与节食的教导文章同样充斥于 20 世纪 30 年代的女性报刊中。中产阶级女性尤其对外在目光感到焦虑并达到其象征异化的极端形式。这些文章告诉女性，体形会随着时间流逝而衰老走样，她们会失去窈窕的身姿与青春的活力。"欲求美化的体态，第一当然是每天勤习健身运动。"（佚名，1939d）"正规的运动机能才能调整体态，使你轻快，使你不僵硬。因此我们不能以为运动是乏味的事情。"（履箴，1937）诸如此类的话语以各种方式反映了"幸福家庭"论者对于完美妻职的规训力量。健美在于训练全身各个肌肉群，以保持身体的线条与活力（费缦云，1938）。节食则以规训的形式对抗身体本能的饥饿感：食欲必须随时被监管并受到意念的控制。一篇文章探寻了那些生活优渥的女性失去窈窕身段而变得"痴肥臃肿"的原因，而作为"幸福家庭"西方镜像的好莱坞女影星的塑身经验最具说服力："琼·克劳馥的早饭是很简单的，一杯热开水，一杯柠檬汁，还有香蕉和小米粥。"（基，1939）因此，"你能自己管理得当，那么你的体重才能保持"（基，1939）。而那些无法克制对食物的单纯需要的人，使得不完美的身体仿佛被视为破坏规训计划的异己，站在了"完美妻子"的对立面。女性报刊专为读者撰写的大量关于健身的教导性文本，除了教育女性维持或缩减身体的尺寸，更是遵循了"审美劳作"与流行时尚的观念来让女性"重塑"身体各个部位。因此，撰稿人建议女性仿效好莱坞当红女性健美其体态的运动，使身体的轴部多加运动，以纠正驼背、腹鼓、乳垂、颈斜等不良体态（可可，1940）。"审美劳作"便通过这样一系列不间断的教化与训练推广开来，并持续通过姿容与身体的训练和节制而得到强调。

在这一切对女性身体的规训实践中，姿容的规训仅是在处理与强调性别气质的差异吗？几乎不能这样简单认为。对于男性而言，肥皂、水和一把剃刀，以及平时注意卫生，便足够应对日常的家庭与社交生活。而对女性而言，这些远远不够。就男性而言，装扮与服饰倾向于使人注意其社会地位而忘却其身体；对女性而言，则倾向于张扬身体并使其成为一种"审美"或"诱惑"的语言，这可以解释为何女性在装扮方面的投入要比男性多得多。[①]

富有女性气质的精致容貌与完美身体，是"幸福家庭"中贤妻良母的重要部分。"幸福家庭"论笼罩下的大量姿容教化与化妆知识生产活动持续不断地向女性暗示：未经化妆的女性的容颜是有缺陷的，而这种天然缺陷会使她们无论是在面对作为私领域家庭成员的丈夫，还是公共的社交生活领域的人时，都处于不利地位。即使没有这些或多或少的明确教导，媒介报刊也在向读者呈现各种完美无瑕的女性图像，使得大多数主妇都坚信她们未能符合理想标准。因此，在普遍认为自己形貌与姿容有缺陷的状况下，女性开始学习接受各种妆容知识，并实践各种培养女性气质的知识技术：素颜必须被精妙地修饰与改造，身体亦必须如此。这足以说明女性不由自主的甚至仪式性的特征举止的来源，"审美劳作"的规训计划在"幸福家庭"的语境下演化为一套愈加完备的"组织结构"：它要求的姿容与身体规训转变是如此剧烈而普遍，以致几乎每个沉湎于其中的主妇都无法绕过。

（三）女性气质的维系

"审美劳作"的要求还涉及女性气质的彰显与维持。"幸福家庭"论者建议女性在处理与丈夫沟通过程中的举止与措辞方面，应讲求策略与技巧，适当摈除生活的烟火气，巧妙提升自己的伴侣价值——"切勿在额角上留着汗珠"，"如果是腹痛，则最好不要实在的说'腹痛'，最好应说头痛或别处较好听些"。消化系统、泌尿系统、生殖系统的疾病则万万不可

[①]　布尔迪厄指出，女性在象征市场上的特殊地位揭示了女性配置的根本所在：如果整个社会关系在象征交换中，每个人都将其可感的面貌付诸评判，那么在这种被感知的存在中，相对于不那么直接可感的属性（如身体语言）而言，属于身体的部分将被贬低为肉体（被潜在地性欲化），这对女性而言比男性更甚。参见：布尔迪厄. 男性统治 [M]. 北京：中国人民大学出版社，2017：139.

直接说明。即便在约会期间突发属于"下半身"的病痛，也应将病痛部位指引向高雅的上半身部位，如称是"头痛""喉咙痛"等病症。在面对男性时有必要剔除身体与语词中所有可能指向粗俗、庸常的意象，仅保留"爱情"中的浪漫意象。正如桑塔格曾在《疾病的隐喻》中所指出的，那些位于身体上半部的、精神化的部位的病症总是与倾向于浪漫主义式的文化构建联系在一起，被表征为一种富有启迪作用的、优雅的象征（桑塔格，2003）[3-16]。《妇人画报》的撰稿人告诉女性要善于利用这一微妙的疾病符号表象去提升与经营自己在两性关系中的精神地位和伴侣价值。而所谓"女性气质"通常不过是一种迎合男性真实或假想期待的形式，特别是在增强自我方面。正如萨特所言，只有爱情才能让人在自身最无关紧要的身体存在中感到自己得到了证明（萨特，2003）[125-128]。

布尔迪厄指出，包括家庭领域在内的社会世界是作为一个被男性观念统治的象征财产"市场"而起作用的。当涉及女性的"审美劳作"时，姿容与身体的规训过程即是被男性的眼光或由男性范畴支配的眼光所感知的过程（布尔迪厄，2017）[133]。女性的性别优势也是在"被感知"的社会交换中形成的。布尔迪厄认为，对审美劳作与姿容的自我表现的关注，以及对其所带来的利益的意识，和女性真正赋予审美劳作的实践、精力的一系列投入，与她们可能从中获取物质或象征利益的机会成正比（布尔迪厄，2017）[139]。更确切地说，所有这些都依赖一个家庭领域内部的审美劳作"市场"或"交换关系"的存在。在这个"市场"中，富有女性气质的姿容与举止所构成的"审美劳作"可能在家庭中的社会交换关系中获得价值。因此，她们倾向于维持美貌并收获爱情——这无疑是因为从中获益巨大——婚姻在最普遍的形式上为她们提供了一条向上流动与维系生存的途径。女性报刊的撰稿人时常忠告读者，维系完美的外形便是在某种程度上维系婚姻：

　　　　最要紧的，是你必须知道你的丈夫为了什么才和你结婚。……你不要以为爱是无条件的……第一步你一定得明白你的丈夫和你结婚的原因。知道了以后，便可以在那一方面紧抓住了他。如果你是美丽的，你必须更加注意你的容貌。失掉它便失掉丈夫的爱了！（海张伦，1937）

即便丈夫因姿容俊丽而娶你，也难抵红颜易折损，"你还须仗着感情来维持你们的爱情"，"装饰你的家庭，和装饰你自己一样重要"。（海张伦，1937）"不要节省你的衣橱。瞧，那是多么使你丈夫难堪的事：和一个衣履不入时的妻子走进华丽的宴会里……女人是应该有选择衣服的学问的，虽然她不必懂得什么科学和政治。"（海张伦，1937）诚如布尔迪厄所洞察的，那些如愿以偿地拥有了美丽姿容或完美身体的女性，会赢得人们的注意和一些羡慕，但得到的真正尊重和社会权力却很少。事实上，女性很难摆脱不断强化自己性别特征和女性气质的行止，在她们与男性的关系形成的表象中，她们考虑的是全体男性与全体女性对她们使用已得到普遍认可的评价模式时不可避免地形成的表象（布尔迪厄，2017）[49]。或更确切而言，是将女性所能交换而来的优雅的象征资本，转化为一种"高度人格化的象征服务"（布尔迪厄，2017）[142]。在家庭外部亦是如此，女性在社会空间中占据的位置越高，她们投入姿容和身体的程度就越高，其姿容投资所获得的利益机会也越大（布尔迪厄，2015）[316]。因此，中产阶级的妇女比所有其他阶层的妇女对美貌的交换价值更具有意识，并且更倾向于把时间、精力与意志力、金钱等投入到对身体姿容的修饰中，且对美容上的唯意志论的所有形式予以无条件的赞同，于是她们在家庭领域总是在履行"审美劳作"的职责。

因此，作为一个富有魅力的妻子，她成功的"审美劳作"是两个卓越的标准之间张力的体现：一方面，一般性的完美身体外形与温柔体贴的个性确认了其"审美劳作"的普遍体现；另一方面，成功的"审美劳作"使妻子与其他女性相比与众不同，这表明她是一位出类拔萃的"贤妻良母"。"幸福家庭"很大程度上就取决于女性在家庭生活中对于自己身体外形的控制与理想妻子人格的精心塑造。

要言之，女性身体的规训是现代性之于家政教育的作用物，是解读现代性与女性之内在关联的一把最生动的钥匙。作为构建"幸福家庭"重要部分的"审美劳作"亦可能成为家政教育受制于性别秩序与消费主义的具体而微的缩影。女性被"幸福家庭"论者期望为家庭的象征资本的再生产做出贡献，并首先通过姿容、体形与服饰等显示出家庭象征资本（布尔迪厄，2015）[316]。20世纪30年代"幸福家庭"所需的"审美劳作"所传达的对于姿容修饰的要求已经"合法化"为一整套完备而精细的知识体系，并在报刊媒介中成为一种必要的书写与教授内容。相较于传统的美容意识，这一知识体系是全新而异质的。

第三节　营造慰藉之所：家庭装饰的知识体系

装饰居所作为风雅生活的典型实践，其实自古便是为上层文人雅士在闲暇玩赏之余所构建的生活风格。装点居室可以作为"审美劳作"的一个重要的视觉化分支，亦是现代家庭结构迁变的语境下非常典型的符号性产物。法国社会学家列斐伏尔（Henri Lefebvre）曾在对西方日常生活之批判的理论基础上提出"生活艺术化"的宣言式设想。所谓"日常生活的审美化"是突破生活与艺术之间的二元对立划分，直接将审美的态度引入对于现实家庭生活的筹谋与规划当中，实现彼此跨越界限相互渗透（列斐伏尔，2018）[182]。

一、家居空间的布置

"幸福家庭"论者同样重视能够使家庭成员倍感安宁舒适的"家居空间"的重要性。一个合格的"贤妻良母"有责任创造一个整洁雅致的家庭环境，而这一家庭空间在布局与结构方面首先应是有序而合理的。毕业于康奈尔大学的章元善教导《妇女杂志》的读者，仅将房屋视为御寒避暑之地已经是未开化时代的观念，而"二十世纪之房屋，其为用岂只如此而已哉"。在秉持"幸福家庭"观的章元善看来，家庭不仅是父母妻子团聚与饮食起居之所，更是"人生过半光阴之所消磨之地"，与家庭空间管理之良窳与人生幸福关系甚密。因此，家庭空间"如何设备"成为重要话题。（章元善，1916）章元善指出了中国传统的院落式住宅的诸多不便，包括厨房与用膳的饭堂距离过远导致备膳通行不便，厨房不洁净，开放式庭院空间的低效利用，等等。基于"幸福家庭"的改良立场，他提出将"适用、秩序与简单"作为家庭布局的三个原则，并认为西式两层住宅的布局结构为中国现代家庭居所提供了一种更为适宜的模式。在他看来，西式房屋布局以"合乎逻辑"的方式互通开放，不必迂回绕道。譬如"西屋不分列，屋之大门，近客室，客室又近食堂，食堂又接厨房，以便款待也；卧室接儿室，近仆室，所以便管理也；洗濯有所，储物有所，既适用而又有秩序矣"（章元善，1916）。在 20 世纪初家庭改良与核心新居小家庭普及的时潮之下，更加高效与合理有序的西式布局理念显然更有助于为中国小家庭的夫妇的日常生活增添幸福感。

章元善对于西方家庭布局结构的提倡，无疑提供了一个向现代性转型的例证。在 20 世纪 20 年代，西方的家庭意识形态几乎是作为一种更为秩序化与合理化的范式得到知识分子们的认同的。在短篇小说《不装饰的家庭》中，女主人不擅理家所致的满屋凌乱狼藉被作者诟病为丈夫屡屡不愿归家的首要原因（胡寄尘，1922）。小说中"不装饰"的背后原因是家庭生活的"失序"与主妇的"失职"，两者与"不幸福的家庭生活"互为表里。

在"幸福家庭"空间布局的结构选择问题上，西方显然是作为一个更为有秩序与合理的体系被"幸福家庭"论者有意识地借鉴与采纳的。这种倾向亦在家政教育的学校体制中得到了强烈体现。江苏省立第二女子师范学校一名曾参与家事实习的本科四年级学生孙琬录对学校家政实习室的布置方案提出建议。她认为，虽然全部采用西式家庭的布置结构对于本不充足的经费是个考验，且许多学生家庭还尚未达到足以支撑全部西式布置的经济条件。但就家事实习的目的而言，宜根据多数"中等家庭"的需求来布置"家事实习室"。更重要的是，"客厅中之布置宜仿照西式，几案上更宜陈列花卉，助人兴趣"且"能令人入内觉有文明景象，而无尘俗之气"。
（孙琬录，1918）这一观点透露出，西方室内装饰的现代性与文明性已为
率先接受新式教育的学生所憧憬，"选择以西方家庭空间作为布局的范式"
已经具有鲜明的阶层归属性质。正如对日本家庭布置与生活风格的研究所
提出的，那些主张配备开设实习教室的中国家政教育者们显然已经考虑到
新兴中等家庭对于西方现代小家庭模式的向往，并试图将这一阶级趣味纳
入中学阶段的家政教育中（Sand，1998）[196]。

在家庭装饰知识体系的构建与传播方面，报刊媒介无疑体现着"幸
福家庭"话语的力度。《家庭》[①]杂志在1922年推出"装饰专号"，在《快
乐家庭》（1936—1937）[②]杂志目录中，"室内装饰"专栏被置于最为显要
的位置。在《家庭》杂志对于室内装饰意见的征集预告中，编辑声明那
些"富家钜户穷奢极欲的装饰"并不在征集范畴之内，他们希望为普通
家庭征求"美而不奢，雅而不俗"的装饰方案。因为他们认同"家庭装
饰与家人的情感卫生上都有极大的关系"。而新家庭空间的规划与居室的
装饰问题则涉及多元的知识体系，成为大部分新婚家庭主妇首先面对的
问题。

首先，室内空间的合理利用与陈设得当是家庭装饰的首要原则。在
《家庭》杂志1922年"装饰专号"中，沈家骧的一篇文章指出，全然以
西式风格装饰并不现实，且所费较多。作者以当时上海最为普通的"一楼
一底"式的户型为例，说明如何做理想的规划，合于日用，使家庭生活受
益：如楼上作卧室与浴室，楼下作膳室、会客室与休憩室。装修好房子，
不是靠物质条件，而是靠户主的"品味"（沈家骧，1922）。过度奢侈的家
庭装饰观念则受到劝诫，避免因拥有过多华而不实的物质财富而造成冗杂

---

① 《家庭》1922年创刊于上海，英文名为"The Home Companion"，主编为江红蕉，由上海
　世界书局负责发行，月刊。停刊时间为1922年12月，具体原因不明。
② 《快乐家庭》1936年1月创刊于上海，英文名为"Happy Home"，月刊，由徐百益、卞其
　蕤主编，俞蕙东发行，快乐家庭出版社出版。它是发行于20世纪30年代的一份意在教
　授妇女家政知识，形塑现代家庭观念的家政类刊物。

局面。"放置家具实在可说是一种艺术"（万秋红，1939），房间里的家具放置应遵循均衡的原则——如果一边太空旷而另一边家具太拥挤，房间看上去便不舒适和谐（万秋红，1939）。而插图形式则可以直观地说明如何合理放置家具。另一篇文章专门讲授了如何将平平无奇的顶层阁楼充分改造为家庭生活"别有洞天"的一处良所，充分享受顶楼充沛的阳光与通透的空气。例如可以将"假三层楼"改为凉台、客室或书房。主妇若是懂得这些别致窍门，巧妙布局与精心装饰，即便是上海弄堂狭仄的亭子间，也能平添舒适（蕙荪，1937）。

在家庭空间布置的经济能力问题上，《快乐家庭》的撰稿人周丽华提出，资产阶级的经济资本足以使其尽可能地讲求居室设备齐全、色彩和谐、器具风格与灯光协调。然而，富人却未必拥有足够的"文化资本"使之尽善尽美，其陈设往往富丽琳琅有余而雅致舒适不足。因此，对于中等家庭而言，家庭装饰与布置在某种程度上依赖于主妇良好的审美智识与艺术趣味（周丽华，1937）。"室雅何须大？"周丽华鼓励那些中等家庭的主妇在经济条件有限的情况下尽可能将居室布置得和谐雅致，这需要她们具备相当专业的知识（周丽华，1937）。《快乐家庭》杂志的一篇文章鼓励读者中的新婚夫妇重视家庭作为情感空间的重要性，建议夫妇拿起卷尺一起丈量新居，先从绘制设计平面图开始（万秋红，1939）。而创造一个名副其实的"幸福家庭"便取决于这一点。

其次，家庭装饰包含着日常家庭生活的科学的审美化知识。"家庭空间"不仅是生活居所，而且是表达个性和审美情趣的场所。主妇对于家庭生活空间的管理涉及对适当的审美知识、设计知识的吸纳与应用，并结合艺术感、品位与均衡感来进行装饰。《快乐家庭》杂志特邀著名建筑师李锦沛[1]开设专栏教授家庭装饰的色彩知识。家庭装饰的色彩问题包括室内

---

[1] 李锦沛，字世楼，广东台山人，1900年生于美国纽约，1920年毕业于普赖特学院建筑科。1921—1922年于麻省理工学院和哥伦比亚大学进修建筑。李锦沛早年在美期间，曾在芝加哥和纽约的建筑事务所任职，其作品融合近代建筑与中国传统建筑，使得"中国风格"第一次进入美国人的视线。

光线的调和、装饰材质的纯粹及色相原理知识。色彩因光线混合而产生，便有原色、和色、中性色与半中性色之分，而在色彩搭配方面，又须注意主色、辅助色与对比色的关系。（李锦沛，1936）一些撰稿人亦开始注意到色彩与环境心理学的联系（红尘，1933）。

李锦沛用色环教授读者在选用装饰色彩时主辅色较适宜，而对比色则少用为妙；在光线充足之处可选用深色，反之则宜用浅色；墙壁与墩柱宜用主色，而窗帘、门框与壁饰则可以辅色与之协调；地板宜用浅色，万一选用深色，则又可以浅色地毯与之相谐，木质家具也以淡色木料为宜，如械木、槐木、槲木等（李锦沛，1936）。而家居质料的选用又与经济能力息息相关。"摩登生活"的逻辑以一种享乐主义的消费道德取代了建立在节制、精打细算基础上的苦行主义的生产和积累道德。

二、摩登的生活风格

在知识分子努力试图构建一个较之于传统家庭空间更为合理的现代家庭空间的同时，这一空间中的"幸福"与"慰藉"又从何彰显与感受？从"幸福家庭"话语产生的制度层面与物质层面而言，其构建既在概念层面也在想象层面，既是核心也是表层。在对于晚清人口构成以及生育文化的研究中，李中清（James Lee）等认为伴随着晚清改良家庭的"现代性态度"而来的是一种物质消费文化与一个追求中产阶级"雅致生活"的群体（李中清 等，2000）[121-140]。

在努力将家庭营造成为"慰藉之所"的外壳之下的是"有阶层趣味的生活风格"。趣味不仅是女性个人意趣之好恶，"趣味还通过在客观上被分类的与实践的相互关系中按照社会分类模式来认识这些实践，并将物质变为区分的和特殊的符号"（布尔迪厄，2015）[274]。易言之，趣味使对象被分类，也使分类者被分类，它本身还具备了表征阶层的功能，更是阶级惯习的体现。因此趣味是区分特点之系统的根源，这个系统注定要被随便一个拥有实践认识的人当成一个拥有特定生活条件的阶级的一种系统表现，也就是作为一种具有区分性的生活风格（布尔迪厄，2015）[275]。家庭装饰的知识体系的另一意涵包括家庭生活的阶层化。

不少知识分子在女性报刊中提出"摩登居室"的概念，在居室装饰的风格方面强调"简而美观"（张品惠，1931）[120-121]，即采用简单、整洁、明亮与调和的色彩（佚名，1936b）。作为英文"modern"的汉译词，"摩登"一词初现于 20 世纪 20 年代，在 30 年代频现于诸新派作家笔端，其意涵逐渐偏向于"时髦"，且为"紧随着西方的潮流"①。概言之，本节中的"摩登"指称那些受到西方家庭意识形态与消费文化影响的生活风格。②报章杂志则热衷于向读者传达摩登生活风格的种种图景，家庭装饰的知识体系不可避免地与消费文化裹挟在一起。诸如构造新颖的写字台与化妆台两用桌、玻璃与桃木混合材质的咖啡桌以及带有背光的沙发等等（佚名，1936c），又如铁艺楼梯栏杆，比平常电灯光线更为柔和的"尼安灯"（今称"霓虹灯"），琴键可收纳入琴身之内保持外观简约平滑的钢琴……（佚名，1930a）。显然，这些摩登器具构成了"幸福家庭"的物质性外壳。在报刊构建的摩登图景中，现代性的舒适场景与幸福生活已跃然纸上。大量"摩登居室"的视觉图像比言说与论述更具说服力，"幸福家庭"论者借助对"摩登居室"的描摹与叙述构建起关于西方现代新家庭的意识框架，以实现近代家庭观念的跃迁。

1934 年，上海女青年会主办"国货展览会"并参与其中"模范家庭"的布置，将消费主义与家庭装饰风格成功地融合在了一起（见图 5-7）。"模范家庭"即为展览现场的装饰样板居室，并分别根据预算划分为国币两千元式、国币一千元式与国币五百元式三档。其布置原则为美术化与经

---

① 按《申报月刊》"新辞源"的解释，"摩登"起初除作为"modern"的音译词语外，还兼具另外两种意涵，分别为描述与"现时"（present）和"时髦"有着明确关系的事物。在"摩登"初现的 20 世纪 20 年代末期，有人在"现时"意涵上使用它，有人则在"时髦"意涵上使用它。参见：张勇."摩登"考辨：1930 年代上海文化关键词之一 [J]. 中国现代文学研究丛刊，2007（6）：36-50.

② 鲁迅在《且介亭杂文二集·题未定"草》中称，"今人一味效仿西洋，自称摩登"；张爱玲的随笔亦证实了在西方和现代性之间的这种等式关系："交际花与妓女常常有戴平光眼镜以为美的。舶来品不分皂白地被接受，可见一斑。"参见：张爱玲. 更衣记 [M]// 张爱玲. 流言. 北京：十月文艺出版社，2006：64.

图 5-7　国货展览会中的家庭布置

资料来源：佚名. 现代居室：上海女青年会主办之国货展览会中之模范家庭布置 [J]. 妇人画报，1933（13）：33.

济化，最为重要的是，全部采用国货（佚名，1933）。女青年会列出三种预算的详细价目，两千元式样板居室所用家具多为"克罗明"（20 世纪 30 年代流行于上海的镀铬家具）①材质，包括写字椅、五斗橱、单人沙发、大床与梳妆台，甚至连夜壶箱、照相架都是镀铬的，"克罗明"的金属质感构成了最为摩登与前卫的视觉体验。除此之外，器皿皆为银质或铜制，家纺用品一律为缎面，还包括电咖啡壶等最新的小型家电。显然，两千元

---

① "克罗明"即铬（Cromium），是一种银白色光泽的金属，具有延展性，主要用于制造不锈钢与耐高温耐腐蚀的合金。镀铬可使钢铁和铜、铝等金属形成抗腐蚀的表层，并且光亮美观，大量应用于家具、汽车、建筑等工业制造中。有关当时对于该元素的研究，参见：克兴. 克罗明电镀论 [J]. 南方半刊，1938（1）：42-62. 结合文中语境，"克罗明"指的是 20 世纪 30 年代流行于上海的镀铬家具。

的装饰预算已极尽奢华。一千元式所用家具多为柚木与红木，家纺多以花绸、府绸与棉质为主，较适宜中等家庭。五百元式则更为简单，适用于大多数普通家庭。（佚名，1934）大华铁厂作为国货展览会的主要赞助厂商之一，亦借助展会专刊宣传其生产的铁艺家具"对于新家庭最为适用"。

虽然我们无法忽视此次展览是声势浩大的"国货运动"的组成部分，但就其展览的创举形式而言，以实用性与现代性为要旨的"样板居室"确实成为主妇在家居布置方面重要的视觉性指导。展览借展示新的家居产品来提倡一种新的家庭生活方式，并像叶文心所认为的，它们企图传递这样一种信息：只要具备合宜的物质条件并匹配以恰当的产品，都会中的小家庭就可以获得切实的"幸福"（叶文心，2010）[101]。而这样一种现代"幸福家庭"的愿景已率先在视觉图景上深入那些希望建立新的小家庭的青年男女与家庭主妇的认知范畴。同时，它将日常家庭生活纳入了一个更为摩登与现代的叙述话语与视觉图景中，它所许诺将要贯彻的新的家庭观念，已经远远超过它已经直接呈现出的物质需求。

三、慰藉之所与阶层趣味

亚历山德拉·斯托达德（Alexandra Stoddard）曾在其《雅致生活》一书中提出，家庭是百无聊赖还是充满活力，其中之区别在于日常生活是否能够使人心境愉悦舒朗。而日常家庭生活如何能够升华为一种更为充实的人生体验，则取决于其细微之处（斯托达德，2006）[10]。在20世纪二三十年代的"幸福家庭"论者看来，这些"细微之处"所带来的慰藉感正是通过家庭生活的"审美化"达到的。1927年，《妇女杂志》开设的"小家庭的主妇"专号中，一位撰稿人以建筑为喻，认为"男子只能供给建筑上所需的材料"，而"内部的布置陈设和精神上爱的需要，实有赖于妇女"，所以倡议女性"拿恋爱的精神和家庭的灵魂熔到物质的建筑中去"。（李纯天，1927）又正如《摩登妻子的责任》中所强调的，摩登妻子的重要责任在于"注意家庭的美化"（燕宛，1932）。《妇女杂志》的撰稿人空前疾呼装饰的重要性：

家庭好比是一个大气球，装饰和布置好比是空气中的氧气，没有
　　　装饰和布置，就是没有空气，没有氧气，可以致我们于死。装饰不入
　　　时和布置不周到，就是氧气的分量不完善，我们就有昏闷烦燥等感觉
　　　了，所以装饰对于我们既如此的需要，我们应该如何重视啊！（谭
　　　绍云，1941）

　　期待"审美化"的装饰所产生的主观情感意义往往会带来客观的社会
结果，即家庭情感的慰藉。缔造一处舒适而富有趣味的家庭环境成为"幸
福家庭"寄予每个主妇的责任。因此，除了家居物质形态的"生存性边际
装饰"，营造一个幸福的"慰藉之所"更多地依赖"发展性边际装饰"。这
些装饰不再属于日常家庭生活的必需品，而属于更高形态的娱乐性与情感
性的装饰范畴，而这些又需要一定的闲暇时间与审美趣味。

　　"幸福家庭"论者认为，"审美化"的家庭装饰开启了消弭艺术与日常
生活之间距离的可能性。将充分的审美趣味用以装点居室与家庭生活，不
仅可使生活质量或生活品质提升，亦是特定生活风格的写照。一位摩登
的贤妻，应有充分的审美化与形式化的才能来维系亲密关系，营造出温馨
而富有情调的家庭氛围。在《摩登新家庭讲座》关于卧室装饰风格的建
议中，混杂着西式舶来词的话语表征了知识阶层对于卧室的精英式趣味。
"不暗而朦胧的灯光，能在视觉上添加 accent"，而"在乌黑黑的房间里静
幽地谈话已成为过去的魅惑了"，"寝具的色彩，以一般淡绿色加上一些的
鲜红，将墙壁，寝具，用淡绿色，睡衣则以鲜红色，更为适合新婚夫妇"。
（志毅，1934）所谓"日常生活的审美化"，是直接将审美与艺术的态度
引入家庭生活，将家庭空间转化为艺术作品的谋划（费瑟斯通，2000）[96]，
"墙壁上的挂饰与其挂'毕克莎'不如挂'郎兰勋'的绘画，以'伽哀儿'
的油画替代'高霍'的吧。霍笔的写真，'洛邓'的素描，如果用影星等
的照片，那么用'梅惠丝'或'琼哈罗'"（志毅，1934）。"幸福家庭"
论者坚信，在艺术化与审美化趣味的魔法棒下，跌入庸常泥沼的夫妇可以
重新焕发魅力。"幸福家庭"论者为女性创造出了一个具有艺术与审美倾

向的"需求系统"，然而在 20 世纪 30 年代，并不是所有普通家庭都有足够的条件浸染于艺术当中，这个需求系统对于那些底层家庭来说是难以想象的。

在居室装饰的趣味方面，鲜花是典型的"发展性边际"装饰物。鲜花虽并非日常生活中不可或缺之物，却自古被视为能为平淡而枯索的生活增添风雅意趣之物，蕴含着浓厚的家庭意识形态与生活美学。在"幸福家庭"论者看来，插花艺术正是能够在细微之处使人倍感愉悦舒朗之物，能够为忙碌而索然的家庭生活增添活力："桌子的中央供着鲜花，在阵阵花香里，我们真知足的感觉到这是人生的福地。"视觉所及，惟觉和谐与柔美。（玲，1935）"瓶花中是四季的花枝，木香与花香幽雅的香气使人精神振奋。"（张倩珠，1922）这也是插花一事在西方家庭极为盛行的缘由。《家庭》杂志的撰稿人访仙强调，中国的主妇也应该学习插花艺术。"将花供养在房间中，不但尽装饰的最大能事，同时更足以发扬我们高尚思想和敏妙的技术，真是帮助娱乐和增进健康的最佳卫生良剂啊！"（访仙，1937）在文中，作者详细地教授插花艺术的知识以及养护鲜花的各种途径。花枝的剪法是否讲究，关系到鲜花是否能持久养护。在修剪花枝的时候，"应该细细的观察她的姿态，而用艺术的眼光，去加以选择"，"过肥则俗而不清，过直则强而乏势"，"宜酌量其姿势，参差上下，以完成其姿态"。又如"参差者意在互相照应，以便气势相连"（访仙，1937），花朵构成的"点"与枝条所构成的"线"，其疏密或聚散的关系需要主妇在艺术与审美的意图上去把握和决定，方能尽显花枝婆娑之态，或疏影横斜之致。从本质上而言，"幸福家庭"的话语在于倡导主妇应具备一种"形式化的才能"①——在日常生活实践中采取一种特定的、具有审美意图的技艺，在对日常所占有的普通物品的改造活动中完成一种审美实践，在家庭生活中的烹饪、服装和家居装饰方面使用一种纯粹的审美原则，以达到感

① "形式化的才能"是对某些对象采取一种特有的形式化的审美观点的才能。参见：布尔迪厄. 区分：判断力的社会批判 [M]. 北京：商务印书馆，2015：65.

官愉悦。

专注于装扮居室，同时工于精致妆容；深谙摩登家居，精于插花艺术……。总之，那些被教导应致力于在精神上为丈夫提供慰藉的女性必须习得上述形式化与审美化的"仪式"，使家庭生活有所附丽方才"值得一过"。关于"形式化"，潘诺夫斯基（Erwin Panofsky）曾以"写信"为喻来说明形式与功能的关系："当我给一位朋友写信邀请他共进晚餐，我的信件首先是一种交流工具；但当我越将注意力集中于我的字体形式上，这封信就越倾向于变为一件书法作品；而当我越关注我的语言形式，这封信就越倾向于变为一部文学或诗赋作品。"（潘诺夫斯基，1987）[10] 同理，当女性被教育以艺术化的眼光去关注家庭生活的形式与外观，并具备符合审美原则的能力时——这种能力旨在让家庭装饰中的每一件物品都成为一种审美选择的机会，将和谐或美的意图带入浴室或厨房这类由其功能严格定义的地点，或在选择一个平底锅或一个壁橱时严格采取美学标准（布尔迪厄，2015）[602]——"幸福家庭"的精英式话语便在家政教育中开辟了"形式化"才能的取向。

审美艺术修养作为无关利害或无关经济必然性的文化资本，被视为一种"形式化"才能，并因此是区别于其他阶级的最合法的标识之一（布尔迪厄，2015）[497]。在布尔迪厄看来，作为"技术产品"的世界与作为"审美产品"的世界之间的分界依靠这些产品生产的意图。而"生产的意图"本身也是社会规则与惯例的产物：社会规则与惯例致力于确定体现"功能"的技术产品与体现"形式"的审美产品之间在历史上多变的不确定差异。（布尔迪厄，2015）[497] 循以此观，生产"形式化"的知识与技艺，其意图在于呈现一种"有阶层趣味的生活"。而作为区分产物的"形式化"趣味，又反过来形塑了知识精英阶层所期待的具有稀缺性与区分性的生活空间，并彰显着他们的社会地位与阶层属性。家居环境的装饰与布置，即精力、时间与劳动的一种日常的必要浪费；社交性的宴请与招待，盛装围坐于精心铺设的家居装饰中，享用那些参照最新食谱烹饪的精美餐食。这一"生产意图"使得家庭装饰的"形式化"知识体系鲜明体现着阶层化意涵。因此，在努力将家庭营造成为"慰藉之所"的话语之下，"幸福家庭"论者所倡导的女性在家庭生活中培育并充分施展的那些具有审美意图的才能，并不仅仅是情感与心理层面的，还是阶级趣味层面的。而彰显这种"形式化"的趣味，是通过在客观上被分类的相互关系中将事物转变为区分的和特殊的符号（布尔迪厄，2015）[274]。易言之，趣味使对象被分类，也使分类者被分类（布尔迪厄，2015）[275]。以布尔迪厄在《区分：判断力的社会批判》一书中的观点来看，审美化与艺术化的"幸福家庭"正是作为具有特定生活条件的阶层的一种系统性呈现，也就是一种"区分"的生活风格。

"幸福家庭"的构建既依靠家政知识的生产，也形塑着现代家庭观念的嬗变。"幸福家庭"与"慰藉之所"话语下的理想家居空间"经由与之相关联的图像和象征而被直接居住"。家居装饰的图景与知识体系为知识精英构建的"幸福家庭"理念提供了一种可视化的"外观"，同时也是对20世纪20年代以来都会新市民阶层家庭观念迁变的重要回应。

值得注意的是，家庭中性别之间的劳动分工亦强调女性应习得"形式化"的知识与技艺，因为性别分工模式将女性置于趣味的特权与维持家庭象征资本的功能之中，而将转向行动、经济与权力的功能留给了男性（布尔迪厄，2015）[497]。即便部分女性如同"娜拉"那样以"走出家门"的方式来拒绝典型的性别分工，她们也会更加失望地发现自己被（部分地）排斥在重要的社会政治与经济事务之外。于是，女性面对着既在维系家庭象征资本方面享有特权，又被排斥在社会经济权力之外的现实（布尔迪厄，2015）[141-143]。而构建"幸福家庭"的使命却使女性在审美与形式化的知识中找到其特别的表达，并在家庭生活的装饰与布置中找到她们的"成就"所在。总体而言，在20世纪30年代，作为"幸福家庭"的缔造者，女性被鼓励在家庭生活中承担更多创造性的职责并积极更新自己的知识体系与家政技艺。除了构建一处能够使得丈夫在工余归家之时得到慰藉之所，更重要的是，合格的妻子还须创造一个洁净卫生、秩序井然的舒适家居环境，让家庭的幸福与慰藉始终萦绕于丈夫心间。

第四节 健康观念：清洁、卫生与营养

正如罗芙芸（Ruth Rogaski）在其对于天津卫生现代性的研究中所表明的，对卫生的关注构成了现代性的一个要素。以其对科学、秩序与政府威权的复杂典故的研究，清洁与卫生被理解为一种"卫生现代性"（hygienic modernity），政府将之视为"实现 20 世纪城市理想的主要基石"（Rogaski，2000）[30]。同样，秉持"幸福家庭"论的知识精英笃信，卫生与清洁是一个现代性的家庭空间的基本需求，而主妇应该创造一个洁净与舒适的家庭空间，以使家庭成员能够健康栖居成长。对"幸福家庭"论者而言，卫生与清洁不仅止于传统意义上家内的"洒扫"，更意味着要解决更广泛的社会性卫生观念的问题——在知识精英看来，密切关注卫生与清洁不只是家庭空间得到有序管理的体现，更是中国现代性的重要表征。

这项卫生工作的职责显然在于主妇。包括早期《妇女杂志》在内的众多女性报刊致力于卫生与清洁观念的普及。在周叙琪对于《妇女杂志》撰稿内容和分类的研究中，关于清洁、卫生及医药常识的内容成为该杂志中最为"压倒性"的知识内容（周叙琪，2005）。同时，清洁与卫生观念还延伸出"道德洁净"的象征性意义，与家庭革新运动的内涵联系在一起。

一、清洁与卫生观念的构建

在家庭革新与国族关系层面上，考察肇始于 20 世纪 30 年代的新生活运动，对于更好地阐释"幸福家庭"话语构建与卫生、清洁的现代知识体系的形成是有益的，因为新生活运动属于民国时期对社会观念层面进行改革的重要尝试之一。首先，民国政府借新生活运动特别明确了国家强盛与家庭卫生之间的关系。其基本预设是，现代国家的存续需要既定的行为规范与社会秩序，与之相反，缺乏清洁与卫生无异于失序、落后和道德堕弛之迹象（Thomson，1969）[156-157]。民国政府于 1934 年设计出一整套方案，试图以"卫生现代性"原则来教授国民那些"现代公民"应具备的质素与

国族复兴的理念（Ferlanti，2010）。

其次，清洁与卫生观念还衍生出一种更为抽象的"精神/道德洁净"（moral cleanliness），并在一系列家庭革新"清洁旧弊"的象征性行动中得到构建。根据巴巴（Homi K. Bhabha）的观点，"清洁"作为一种"遗忘的文法"（syntax of forgetting）与"遗忘的义务"（being obliged to forget），被视为一种"遗忘"或"摒弃"过去的意志力以及与此种意志力相关的一套生活方式，以建立一套新的准则作为富国强民之途径（Bhabha，1994）[86]。在家庭革新的话语下，其隐喻引申与"革除"和"节制"等行动共享象征性意涵："革除"与"摒弃"旧之陋习，或"节制"种种由于失去控制而导致的累赘与冗余。《节制》杂志的封面图绘能够形象地演绎基于"道德洁净"的改革的两个方面：一为积极提倡慈、孝、贞、俭，二则为杜绝烟、酒、赌、邪（刘王立明，1926）。

如图 5-8 所示，占据图画视觉中心的是一径生长有杂草之蜿蜒呈"Z"形的道路，左边一男子手持镰刀，标识有"烟""酒""赌""邪"等字样的野草被其一一割除。这一图像意涵的表现逻辑基于"革除"与"割除"的象声性所引发的象征性关联，并将象声与象征的双重隐喻进一步转换为动作的视觉描绘。而图绘右侧则为妇孺辛劳铺置标识有"慈""孝""贞""俭"等字样的砖石。从图像所呈现的叙事秩序来看，男子割除象征诸类弊害的野草正是在为铺路砖的妇孺清除路障。构建以革除旧弊为前提，而一面革除，一面构建，消极与积极行动配合相得益彰，其共同之目标是通往理想的"幸福家庭"——标示有"幸福家庭"字样的房屋，以及房屋背后的金色光芒，视觉与语义的双重修辞强调了"幸福家庭"的意涵，为图中的"劳作"指明了所要构建的终极愿景。

以"幸福家庭"论为指导的家庭革新运动亦通过新生活运动来拓展其进程：主妇被期待积极提升自己与子女的新生活水平，进而将新生活运动的理念推及全体公民，最终提升国家的清洁卫生观念与社会道德水准。在1935 年出版的《新生活》的一幅配图中，我们可以看到知识分子所期待的主妇形象是如何被构建的（见图 5-9）。穿着素朴衣装、头发未经烫染

图5-8 《节制》(五周纪念特刊)杂志封面

的主妇正在奋力扫除所有污秽与道德堕败的象征物,诸如高跟鞋①、骰子、香烟、烟斗与麻将。"道德卫士"或"弊害清道夫"的主妇形象表明,在那些想象拥有一个更加幸福、理性及更富效率和具备更高道德水准的"幸福家庭"中,"清洁"不仅在象征层面与道德改善密切交织在一起,也成为主妇于家庭生活不可推卸的职责。

---

① 在民初,穿着高跟鞋、摇着"含羞扇"、身着旗袍的女性常被人们认为是放浪妖娆的,因此,彼时的高跟鞋往往代表着不检点。

图 5-9　实行新生活

资料来源：佚名. 实行新生活 [J]. 新生活，1935（1）：3.

　　在清洁与卫生的表意层面，主妇需要从个人清洁做起。而将"清洁"与国家现代性相联系的象征意义，则来自"家国同构"方面。这与罗斯（Kristin Ross）研究发现的法国 20 世纪五六十年代发起的清洁运动中的"等价链条"（chain of equivalences）并无二致。其共同的逻辑是："如果女性是洁净的，家庭会干净整洁，那么国家与社会便趋于清洁与卫生。"（Ross，1995）[78] 尽管鲁迅曾在其著名的短篇小说《肥皂》中质疑进口肥皂等清洁类商品能够在真正意义上起到净化国族道德的象征性假设，同时亦质疑女性被置入这一系列家国链条中所产生的作用——肥皂固然可以清洁身体，却难以起到真正道德净化与提升国民素质的政治目的；但至少在"幸福家庭"论者看来，现代化与工业化生产方式下的清洁类商品在清洁功效上压倒性地代替了传统的清洁用物。正如小说中丈夫劝说妻子使用肥皂的理由："有些地方，本来单用皂荚子是洗不干净的。"（鲁迅，1924）因此，诸如肥皂、洗浴用品与消毒剂等来自外国的清洁类商品，被视为至少可以在家庭生活层面让这一等价链条发挥效用的物质基础，以及主妇被期望以科学知识来选择的个人与家庭卫生用品的最佳物质材料。

而掌握正确的清洁知识是使用商品以实现其清洁效用的重要前提。近代中国"幸福家庭"论的倡议者与卫生改革者以主妇为首要目标，构建起与之相类似的"等价链条"。主妇们被期待像《肥皂》中听从丈夫"现代性建议"的妻子那样——"她于是就决定晚饭后要用这肥皂来拼命的洗一洗"（鲁迅，1924）——通过清洁自己的身体而使家庭变得整洁干净。自20世纪20年代起的家政栏目中，"清洁"开始成为定义家政劳作最为首要与基本的标准：人们会期待家中"万事万物各就其位"，却更容易忽视床底与缝隙里所藏纳的污垢，对于"忽视"的关注使得关于清洁的现代性知识生产占据了大量版面。

作为《女铎》编辑之一的知识女性李冠芳[1]便提出，全国家庭清洁运动要先从主妇做起，并面向全国推广。她撰文为家庭的清洁提供具体建议，并描述了可能取得的成效，她详尽地普及了清洁房间、衣服、食物、炊具的诸种科学方法，介绍包括福尔马林、石炭酸水、来苏水或克拉苏埃（甲酚）等在内的清洁剂。她提出衣服应该以消毒水祛除细菌，但各种不同质料的衣服有独特的清洗方法（李冠芳，1934）。例如，1939年的一篇文章提出清洁东西使它们"出新"的生活窍门，并提供了袜子、绒线制品、久积茶垢的茶壶与柳编篮子等器物的洗涤细节（佚名，1939e）。这些细节与窍门都超出了肥皂的使用范围。随着肥皂清洁功能的普及，一些知识分子开始对清洁提出了更细致的标准。例如在头发的清洁护理方面，肥

---

[1]　李冠芳，四川泸县人，早年毕业于南京金陵女子文理学院。后赴美国留学，获波士顿大学文学硕士、宗教教育硕士学位。回国后任上海广学会《女铎》月刊编辑主任等职，是基督教上海青年会骨干。1936年2月，应聘为福建协和大学教授，讲授社会学，并兼校女部主任。

皂和硼砂的作用很有限，有人便建议使用西药房所出售的"乳化椰子油洗发水"，作为植物类洗发油，在对人体健康的影响方面，它比肥皂更稳妥（林瑞香，1922）。

在最新的卫生观念方面，主妇还需要了解有关"细菌"的现代科学理论。1915年，一篇长达十页的文章为女性详细普及了细菌与尘埃在空气中的分布，球状菌、杆状菌与螺旋状菌等不同细菌种类的形状、构造与繁殖条件，以及细菌致病机制及其病原作用（淑婉，1915）。了解细菌知识是为了更有效地对抗细菌，因此文章还列出了消除细菌对应的物质反应的化学式（淑婉，1915）。检视物"性"是一种了解其"理"的手段，亦是掌握"道"的核心关键（沙培德 等，2013）[16]。通过对国外最新细菌理论的译介与讨论，作者提出了在家庭中除菌的有效措施，如洁净居室、清洁食物、煮沸饮水、驱除蝇类与严密消毒等等（淑婉，1915）。

一些主要的家事学教科书着重介绍了住所管理中的清洁工作。迁入新住所，为全家安全计，主妇应懂得首先实施全方位的消毒工作。教科书提供了最为有效的清洁方式与清洁剂的说明：在紧闭门窗后燃烧硫黄所挥发的气体具有良好的杀菌效果；福尔马林混合高锰酸钾所成的溶液所挥发的气体具有同样的消毒功效，而且不会损坏墙壁与房间内器皿的本色（方济各玛利亚传教会，1940）[19]。

值得注意的是，化学式与化工专业翻译名词在女性报刊中的出现，体现出知识分子对于清洁与卫生的科学知识的构建虽然力求适用于家庭，却已不再延续晚明以来的"格物"传统。林郁沁将之解读为"阳性知识"向"阴性知识"的转化（林郁沁，2013）[274]。借用白露（Tani E. Barlow）的说法，清洁与卫生观念还创造出了一种化学式与元素符号等化工语汇与身体论述相结合的语汇，此现象反映出一种"通俗科学的身体论述"的知识生产途径（王宏志，2013），这意味着主妇需要尽快掌握与适应科学知识话语，尽管这些符码在一些受教育程度有限的女性看来仍旧是全新而陌生的。

清洁与卫生知识还影响了知识分子对于女性装扮的态度，形成了官方主宰的对于女性气质的重新阐释，即洁净为美。在《妇女的新生活》一书中，知识精英傅岩批评女性"大多是喜欢漂亮，而不讲究清洁"，在她看来，妇女"衣服很华丽，搽粉施胭脂，装饰很美丽，至检查她们的个人卫生，则缺憾多端"（傅岩，1935）[38]，因此，今后贯彻新生活"宁可不讲究服饰的漂亮，但不可不讲究身体的卫生"（傅岩，1935）[38]。在一篇关于如何洗发的文章中，作者评价那些打扮艳丽的女性，"与其洒很多香水，不如将头发洗的光滑洁净，才是一种真的美啊！"（剑我，1922）。特别是在20世纪30年代日益高涨的国货运动中，舶来化妆品属于助长女性虚浮奢艳与自我放纵的"轻佻用品"，因而不被鼓励购买；而舶来的清洁卫生用品，却被视为清除污垢最有效的商品。与其说是对于商品功效的关注大过对于商品国别的关注，不如说中国的知识精英有重构国家"卫生现代性"的急迫需要。知识分子一致认为，那些具有清洁、治愈或强健身体功能的商品——诸如肥皂、药品和保健品，才值得主妇为了家庭的需要去研究与购买，而不是那些时髦却虚浮的服饰与化妆品。

清洁观念对于性别之影响的另一重要维度在于恋爱与婚姻生活的稳固。正如科尔宾（Alain Corbin）在其《污秽与芬芳：气味与法国的社会想象》中从嗅觉角度对于气味与19世纪法国地下水道市政工程的关系的探讨：作为表象的气味不仅是一种文化想象，亦会对现实生活中的社会关系产生影响（Corbin，1986）[164-175]。女性身体的清洁与否，是其自我管理与个人修养的映射。一篇强调女子形象整洁的文章指出，不良的个人卫生会导致女子屡次恋爱受挫："指甲缝里的一条不十分明显的垢痕"足以"在她的心版上刻下一道懊恼的纹痕"，更别提"蓬乱的头发"与"皮鞋上面的灰尘"了（韦茵，1946）。同样，家庭清洁与否，反映了家庭管理的良窳及夫妻关系是否和谐。黄克武关于民国时期《申报》中医药广告的研究，以及李欧梵对于《东方杂志》与《良友》中保健补品广告的研究，亦暗示了清洁观念在夫妻生活中的应用（黄克武，1988）。补品与药物广告的图绘内容展现了一夫一妻的叙事情景，在外夜夜笙歌忙于应酬的丈夫已染性病，但在家内的妻子则是干净健康的（佚名，1930b）。显然，广告叙事的话语提供了两种推断：首先，相比于充满诱惑与邪恶的外界，家庭被视为一个因清洁而安全与健康的所在——如果丈夫安心与妻子待在家中，则不会染上"肮脏"的性病；其次，清洁与卫生的"性习惯"才是确保夫妻生活健康的第一要素。

二、烹饪与现代营养观念

女性创造幸福家庭的责任还包括烹饪。在幸福家庭的观念构建中，"烹饪"之意涵远不仅是将食物烹煮后从厨房端出来再呈置于桌子上那般简单——如同"烹饪"一词自古就被纳入礼仪与规范的殿堂之中所衍生的复杂含义一样，其比"技艺"的意涵要复杂得多。

斯威斯洛克基（Mark Swislocki）在其所著的《烹饪怀旧：地域饮食文化与上海都会体验》一书中提到，清末民初为女性设计的一些文本内容，标志着人们对家庭主妇的期望从仅仅"筹备"食物转变为烹饪与制作那些真正对于家庭成员富有营养的食物（Swislocki，2009）[134-141]。"幸福家庭"论者鼓励女性不仅要烹调美味的食物，还要在理想情况下对食物做出正确的选择，以确保她们的家庭成员摄入"适当"量的维生素、矿物质和蛋白质。一些期刊撰稿人告诫妇女要了解营养科学，并不遗余力地解释妇女应该准备有适当营养含量的食物。例如，一位1915年的撰稿人用了一整篇文章来介绍鸡蛋的信息，描述鸡蛋的化学成分、营养价值和药用品质，以及如何选择、保存和烹调鸡蛋（梅梦，1915）。文章通过指出鸡蛋在营养价值上等同于一定数量的肉，并通过提供开胃食谱，鼓励使用鸡蛋，对作为家庭组建者的主妇提出了新的期望。

对许多讨论烹饪的知识分子来说，"营养"观念才是改善国人健康状况和洗刷病态国民耻辱的关键。《妇女杂志》的撰稿人映蟾指出了中国在喂养孩子的方式方面落后于其他国家。中国的"孱弱"表现在无论在哪里都能看到"佝偻咳疮的病态"。映蟾写道："美国的小孩子脸孔又红又满，好像旧金山产的苹果一样；中国的小孩子脸孔又黄又瘦，好像中国出产的黄萝蔔（今称胡萝卜）一样。"（映蟾，1931）在此，中国人作为一个相对弱势的种族被作者以颜色与形态的视觉性对照加以凸显，而究其原因，作者认为西方并无特殊的强健之法，中国人亦并非天生黄瘦，而在于后天之营养，营养的补足与重视则落实在对"实在是太缺少食物化学的智识"（映蟾，1931）的强调中。于是映蟾提供了解决之径：如果家庭主妇做出更好的营养选择，中国的国力和种族可能会得到加强。为了强调这一点，作者提供了一份关于欧洲中产阶级工人之食物数量的描述，并责难中国人将食物数量放在质量和营养价值之上。作为有权力为全家选择和准备食物的主妇，"应持着丰富的新学识"去组建健全的新家庭，并培育健全的新国民，其有责任改善家庭和国家的营养标准。（映蟾，1931）

此后，《家庭》杂志的一位撰稿人在 1939 年也提出了类似的论点，还提供了中国与世界其他国家的比较，认为中国人对营养的理解远远落后于美国和欧洲。"在美国和英国，已经有很多人不吃东西是为了快乐，但他们完全是基于什么能使他们的身体健康。"文章提出了"卡路里"的概念，并提供了一张不同食物之价值的图表，指导人们了解不同职业需要多少卡路里："一位家庭主妇每天需要大约 2400 卡路里的热量。一个外出工作者一天需要大约 2500 卡路里，一个农民一天需要大约 2400 卡路里。"（芳菲，1939）令人惊讶的是（虽然可能是不正确的），体力活动最少的工作据说需要更多的卡路里。总之，这篇文章普及了能量供给的科学概念，以及食物作为能量的最主要来源的知识，与营养观念联结，并提供了有关营养价值的信息，以便主妇根据不同家庭成员的需要，合理而有效地筹划全家的膳食。

有关现代营养观念的论述还促使知识分子鼓励女性探索西方烹饪方式。《妇女杂志》的一位撰稿人积极提供数种西式烹饪菜谱，并认为"现在的妇女差不多全都会烹饪，而所会的也不过是我们日常生活家庭中所享受的而已。时代化的家庭，每日的饭菜和点心都要更讲究些，我们彼此全是中国人，自然中国的菜和点心就觉得很平常，不由的就觉得西餐馆的汤和菜，咖啡馆的点心是比较新奇些"（文龙，1941）。在一些菜谱中，除了烹饪技巧的指导与教授，作者还特别提倡以审美化的眼光为餐桌增加一些愉悦感。董竹君也在《健康家庭》发表关于烹饪术的教授文章，从刀法、器具、配色、应季等方面提醒主妇在烹饪中所应掌握的技巧（董竹君，1937）。例如，春季万物欣欣向荣，适宜配以鲜艳的菜品，而夏天炎热易躁，则适宜以淡色菜系为主。董竹君还特别在"刀法"方面对中国传统烹饪方式提出了疑问：

> 刀法不特是使食物整齐美观，亦文明国家人民之表现。欧美食物，刀法美观，自不待言。即如后进之日本，亦有惊人之进步。试看日本店门首所陈列之菜肴样品，整整可观。反观我国菜肴，除少数菜馆稍稍留意外，其他菜馆仍墨守陈法，不知改良。欧西人当谓，杂碎为中国菜之代表作，因杂碎即为乱七八糟之意。（董竹君，1937）

在国族主义与主妇性别职能的共同语境中，区区"刀法"便足以上升为一个国家文明程度落后的表征，烹饪技艺在此转化为一种微观政治学。面对讲究精确的质量的西式烹饪法，仅仅是以笼统的"火候"或"若干"来定义食材分量的中式烹饪法便相形见绌。因此，当中国传统式的烹饪技艺被认为未能培养出展现一个民族之现代性的必要素质时，在接受过西式教育的智识女性眼中，它便是一种无秩序与落后的象征。

第五节　家政劳作的效能化

一、身体效能

在 20 世纪 30 年代的美国，家庭经济学家泰勒（Frederick W. Taylor）认为，家务劳作可以而且应该变得"合理化"，如同工厂车间的生产工作具有生产效能一样——类似于泰勒或福特式（Fordist）流水线生产模式。概而言之，效能或效率被视为可以取得较高工资和较高利润的保证，应用科学原理与方法来代替惯例与经验，可以在不花费女性太多精力与体力的情况下，实现较高的家务劳作能率（Banta，1993）[235]。

"幸福家庭"论者敦促女性将一部分"工业化技能"（industrializing skills）融入实际的家庭生活中。1937年《家庭良友》节译的一篇文章指出："我们采取生活底改善，生活底合理化，其'范围实在是广汛'，这些合理化的倡议仅仅限于诸如废止贺年片，婚丧仪式的简易化等等社会惯习的改良，而对于那些最为日常与基本的生活的科学，却丝毫未顾忌到。"（敏浩，1937）作者敏浩继续指出，那些所谓名义上研究与指导劳作合理化的论述，往往仅聚焦于生产性经济方面，而对于消费性经济方面的观点与建议，往往"残留着旧态"（敏浩，1937），致使本应普及的家庭生活"合理化"仅能停滞于消极的勤俭节约方面，丰饶有趣的生活则被限制于干燥无味的境地。俭德固然值得称许，然而长期"节流"却容易陷入所谓"无发展的发展"，家庭处于低效能与低生产状态，并无"合理"可言。同时，家庭的合理化与私领域个体的挣建家产的"蓄财主义"不同（敏浩，1937），那种线性的积节之举被作者视为"过时"与"伪合理化"的下策，显然，新的"合理化"是对于身体劳力与劳作时间的系统性的整合优化，是家政劳作与身体效能的"开源"之上策。因此，"幸福家庭"论者译介美国家政学的文章，正是希望将消极低效扭转为积极劳作，避免劳力与体能的无端耗费。

在作者看来，一位富有智识的主妇能够通过对于自己身体劳作的深思熟虑，高效而谨慎地消耗和使用自己的体力与能量，"使家庭劳作简易化"不但成为主妇应享有之权利，更成为其义务，因为"幸福家庭"论者坚信，家庭幸福与主妇的健康成正比，家庭快乐与劳作能率会随着简易化的劳作而成倍增加。（敏浩，1937）

如前所述，重组与优化家庭生活的目标之一是提高效能，或者确保时间、金钱和食物都得到"合理"与"正确"的利用而不致浪费。循此观念，女性杂志的撰稿人遵循运动生理学和时间管理研究的线索，建议女性管理自己的身体，以便合理地利用与消耗体能。这位撰稿人测算与列举了各种姿势所耗费的能量，并详细展示了家庭主妇如何在掸尘、洗濯、拖地、熨烫或剥豌豆等家务劳作上节省劳力（见图 5-10）。例如趋向前方立姿较之于立正站立要耗费数倍气力；站姿较坐姿更为多费气力，弯曲坐姿又较直立坐姿更为费力；而在清洁地板时，弯曲体态不如跪姿省力；等等。通过改变姿势与劳作观念——如同弗雷德里克所倡导的，将科学性的思想和理性融入家务劳作——家庭可能会在运作上更为合理有序、更富有生产力、更为幸福。

图 5-10　主妇的工作与姿势

资料来源：蕴杰. 主妇的工作与姿势 [J]. 家庭，1939（4）：58-59.

家庭主妇可以通过某种方式移动身体来管理自己的工作，并可以将节省下来的能量用于其他可能有助于为家庭积累财富的生产性工作。作者以"身体效能"的视角审视那些因为家务劳作而倍感疲惫的家庭主妇，认为她们并不是真的因为耗费了过多的身体效能而劳累，而是未能对身体效能进行合理有效的管理，例如使用了不合理的姿势与体态，从而造成身体效能的无端耗费（敏浩，1937）。1939 年《家庭》中的一篇文章特别将女性的家务劳动与重复性的工业任务进行比较，并认为"工厂已经消除了导致疲劳的因素。在普通家庭里，有许多简单实用的方法来减轻工作和避免疲劳"。"不做这些改变的危险不仅仅是简单的疲劳：不当的姿势会导致疲劳，有时还会导致内脏疾病。"（蕴杰，1939）杂志上的图示（见图 5-10）

呈现了八种不同的姿势对比，提供了可以节省时间和精力、促进女性健康的姿势，包括熨烫时应采取坐姿而不是弯腰。图六显示了如何使用适当的劳作设备，如一个长柄拖把，图七建议改变洗脸盆的高度，这将有助于缓解家庭主妇不必要的拉力与负荷。

在家务劳动中有效地使用身体对于家庭主妇还有额外的好处。身体效能合理与高效的发挥，不仅可应用于家务劳动，还可以运用于能使身体得到锻炼的一系列"有益运动"。《家庭与妇女》中一篇译介自西方女性报刊的文章建议，女性与其将大量金钱专门花费在美容与运动方面，不如在完成家务的同时利用身体能量的消耗达到塑形健体的效果。作者列举了诸如折叠被褥、洗濯碗碟与拖扫地板等家务提供的锻炼机会，"对于身、臂、腿、背等部，都是很有益处的"（芳菲，1940）。再如熨烫时保持"把胸部挺出，腹部向里肩膀挺直"，可以使全身的重心集中于熨斗上，不仅会熨烫得更好，而且对身体有益。这位作者深信，如果主妇意识到劳作时特定的身体姿势对体形带来的益处，便可以节省一笔专门去美容院的开支（芳菲，1940）。尽管这一言辞有些夸张，劳作对于美容的增益也未经验证，但其话语内核在于强调，正因为具备关于合理利用身体效能的知识，家庭主妇在如何正确利用自己的身体进行家务劳动方面可以发挥主观能动性，将无谓而枯燥的家事劳作转化为一种"使得自己变得更美的运动"。而在更大的层面上，这一处理身体效能的想象性说教可以说是"幸福家庭"论者鼓励女性更加投入家务劳作的一个绝佳理由：它不仅试图创造一个更高效、更洁净与更有序的家庭空间，还试图缔造一个更智慧、更健康、更美丽的家庭主妇。

二、"现代时间"的合理统筹

在今天看来，"统筹方法"是我们所熟知的运用统筹兼顾的基本思想，对错综复杂、种类繁多的工作进行统一筹划、合理安排的科学方法，属于管理运筹科学的一部分。尽管统筹方法是 20 世纪 50 年代之后发展起来的一门新兴的应用数学科学，我国的统筹法更是在 1964 年才由著名数学家华罗庚教授研究并加以推广的[1]；但20世纪30年代女性报章杂志的撰稿人针对家庭主妇所提出的科学统筹安排家务劳作的方法，正是统筹法的雏形及其初步的实际应用。主妇在主持家政时，随着处理的事务愈发繁多，事务之间的关系就愈错综复杂，千头万绪，未加统筹计划，往往容易出现"万事俱备，只欠东风"的情况，贻误整个家务劳作的时机。因此，除了对于身体效能的合理利用，持"幸福家庭"论的知识精英还提出，家庭主妇应通过富有成效与价值的时间统筹方式，全面提升家务劳作的效率。常言道"一日之计在于晨，一年之计在于春"，家政劳作中对于时间的管理正是基于这两种维度。

（一）一日之计

早在宋若昭《女论语》成书的前现代中国，"早起"就被列为专章以规训古代女子的德行举止与持家事理：

> 凡为女子，习以为常。五更鸡唱，起着衣裳。盥漱已了，随意梳妆。拣柴烧火，早下厨房。摩锅洗镬，煮水煎汤。随家丰俭，蒸煮食尝。安排蔬菜，炮豉春姜。随时下料，甜淡馨香。整齐碗碟，铺设分张。三餐饱食，朝暮相当。莫学懒妇，不解思量。日高三丈，犹未离床。起来已晏，却是惭惶。未曾梳洗，突入厨房。容颜龌龊，手脚慌忙。煎茶煮饭，不及时常。又有一等，铺馔争尝。未及炮馔，先已偷藏。丑呈乡里，辱及爷娘。被人传说，岂不羞惶？（陈宏谋，2015）[95]

我们可以注意到，前现代社会将"早起"视为妇德不可或缺的元素。"早"与"晚"的二元对立框架的背后实则是"勤"与"惰"之别：早起的主妇事事有预备而"百事无妨"，而贪睡的"懒妇"事事混乱，最终导致"失德"与"失检"，使家门蒙羞。因此，传统社会妇德规训的"时间

---

① 美国于1956年率先研究统筹法，将其称为"计划评估"。1958年，美国将统筹法应用于北极星导弹的研制。

维度"虽然不可避免地暴露出对于一部分女性的暴力性结构，但足以证明，女性能够正确进行"时间管理"显然被视为是勤劳、克己与具有妇德的表现。

20世纪初，在"守时"与"精确"等西潮东渐的背景下，"时间管理"不再仅与"妇德"绑定在一起，而更是一种"效率"的保证。那些试图改良中国旧家庭的知识精英认为，国人弊病之一在于"无时间观念"，很多家庭在"幸福家庭"论者眼中往往"起居无时，惟适之妄"（陈仪兰，1916）。而与其称之为"无时间观念"，不如说是"无现代时间观念"。国人所奉行的传统时间观念，本质上是基于农耕生产中对于节气与季候的粗略感知，而非基于现代工业化生产下对于时间的精细管理。而现代性的重要表征之一则是对于时间的精确化管理，时间是可以量化和计算的，以可量化的时间来定义单位时间内的事务，这一观念还适用于对于家庭生活的科学合理统筹。

时间统筹的观念的内化与践行首先体现在主妇对于家庭成员的"身体规训"上。1916年，《中华妇女界》的撰稿人陈仪兰提出对于时间的合理统筹是家庭事务井然有序的基础，她主张主妇在保持勤劳品质之外，还应督责其他家庭成员共同培养起精确可量化的"时间观念"：

> 吾人规定，夏秋之际，早起必在六时前，冬寒则在七时前，晚十一时，一律安眠，由老仆摇铃一周，以为号令。清晨八时前，早膳一律用毕，下午二三时后，则料理灌园或种植事务。（陈仪兰，1916）

围绕可量化的时间维度所展开的"身体规训"使得家庭的"散沙之象"得到整顿，对于她此后发动家人开辟二百亩良田等促进家庭勃兴的一系列举措益处良多（陈仪兰，1916）。1937年，《家庭良友》的撰稿人余为义提倡"将时间利用地得法，以增加工作的效率"，并提出"半点钟早起主义"。作者为读者算了一笔账，如若每日早起半小时，"一年则多产生出一百八十多个钟点"，将之妥善利用，长久之后产生的效率将与今日有云泥之别。如同 20 世纪初"幸福家庭"论者所一致相信的那样，一天之计在于晨，"早晨早点起来，这个清晨的兴奋的感情影响于全日的活动，使这一日的时间（利用）得到明确的好效果"。早晨还是全家分组清扫庭园与训谕家风的良好时机。因此作者有理由认为，早起是一个家庭或家族"繁荣"的基础。（余为义，1937）时间统筹的观念还应渗入处理日常事务的方方面面，事实上，作者在文中所提出的"能率增进法"，其要义已经与 20 世纪 60 年代数学学科中"统筹方法"的基本思想非常接近，可谓是朴素"统筹法"在家庭生活中经验式的运用。

晚间工余时间同样不应浪费。这位撰稿人建议在晚间就寝前，做主妇的应该把次日需要的衣服与随身物品提前准备好，"尤其是入学儿童的课业品"，这样可以确保第二天清晨诸事有条不紊。在吩咐下人完成任务时，不仅要令其"赶快"，还要"指定时日"，确定明确的截止时间。向仆佣传达"时间观念"也会增强其责任心。（余为义，1937）

1933 年，《玲珑》杂志刊载《白夫人的一天工作》，该文所描述的主妇白夫人仅 26 岁，却在已育有三个子女的情况下将家政"治理的井井有条"（邬瑶章，1933）。这无疑要归功于其合理的时间统筹。文章记述了一天当中白夫人的家事活动（见表 5-1）。

表 5-1　白夫人的一天工作

时间	事务	时间	事务
上午			
6:30	早起喂婴儿牛乳	9:35	推婴儿车去外面呼吸新鲜空气
7:15	起身梳洗	9:45	将婴儿换洗的衣物洗净
7:45	预备婴儿就浴用具，女仆则准备早餐	10:20	筹备午膳
8:00	与白先生、两子女同进早餐，婴儿则入睡	11:00	外出购买家用物品，婴儿入睡
8:30	丈夫外出办公，送子女进入学堂，与女仆为婴儿沐浴，同时煮热牛乳	12:00	购物归来，准备婴儿牛乳

续表

时间	事务	时间	事务
下午			
12:45	与两子女同用午膳,喂婴儿牛乳	16:00	为放学归来的子女准备点心
13:45	送子女上学堂,洗涤碗碟,命女仆将婴儿车推到外面一小时	18:00	准备晚餐,活动婴儿的身体
15:45	喂婴儿牛乳一次	18:30	再喂一次婴儿牛乳,使其入睡

作者为《玲珑》的读者呈现了一个理想的"育婴时间表",这位白夫人不仅定时定量喂婴儿牛乳,还同时照顾丈夫与另外两个已入学的子女的生活起居。值得注意的是,白夫人以牛乳哺育婴儿的养育方式,在时间序列上强调定时定量的原则,这是女性报刊传播以科学为蓝本的牛乳哺育法,并试图对主妇提出"科学化母性"(卢淑樱,2020)[296]要求的体现。在1937年,《健康家庭》中一组题为"模范家庭主妇一日生活"的摄影作品呈现了主妇一天的劳作序列,诸如"早起整妆",亲手烹饪羹汤,照顾子女早餐,在子女上学后整理被褥,亲自裁制衣服,至于晚间,主妇"量入为出"主持家计,晚饭之后督教儿女课程,在丈夫结束工作归家前添换鲜花,在安顿子女入眠后再抚慰丈夫。(何汉章,1937)如此观之,"幸福家庭"论者不仅希望主妇合理统筹诸项家庭事务的时序与时长,而且希望其家务劳作紧紧围绕丈夫与子女的作息,使"幸福家庭"的起居生活变得合理而有序。

在女子教育日益受到重视的20世纪20年代,尽管家政教育旨在训练"贤妻良母",但不少女性却期望在处理家事与教养之余,享有一定程度的个人自由。因此,一个合格的主妇还应该学习合理利用家务劳作以外的时间。陈仪兰告诉《妇女杂志》的读者,家事之余的一己修为同样不可忽视:

吾人日修,则于午前后自课一小时。大约午前临字,午后习算,晚读书，或为子女温课，余时则从事刺绣缝纫……

　　此则一日之程序，按时而进，从容不迫，尚颇有余闲。

　　……

　　盖一日之间，除安眠外，即以十六小时计，饮食去其四，自课去其四，治事去其四，亦尚有四时足以优游。（陈仪兰，1916）

在陈仪兰的安排下，用于家务劳作的时间管理同样运用于个人的学习计划。如果这些时间得到合理利用，家事也变得高效而有序，在完成家政之后，"亦尚有四时足以优游"。她还强调，鉴于家政劳作已占据主妇的大量精力，留给自己的光阴本就所剩无多，因此她倍感珍惜，与叶戏（中国一种纸牌博戏）等徒耗时间的市井娱乐保持距离，而每逢周末"则力求娱乐，如会晤亲友父母，或研习烹饪，求新馔佳酿，或与丈夫唱和小诗，发抒心志"（陈仪兰，1916）。

现代性的重要特征之一便是将"工作"与"休闲"分离开来。工业化进程使得劳作趋于专门化与规范化，人们得到更多的休闲时间，并开始思考应该如何合理安排这些时间。陈仪兰将休闲时间用以增进家庭间的情感联络，特别是夫妇之间的精神交流。她以一己持家经验为读者树立了一种典范：如果合理统筹时间，那么每日每时的家政事务将不再仅是徒事枯寂的庸常琐事，还可能转化为提升自我的学习机会。从这个意义上而言，"时间统筹"成为主妇缔造"幸福家庭"所需的一种必要知识。

（二）一年之计

当主妇们安排每一年度的家政劳作时，这一时间统筹大多基于季候性劳作。家事诸端，终日纷繁若乱丝。虽然对于一个持家时间较长的主妇而言已习以为常，然而在一些时序发生变更的阶段，往往会有一些突发的家庭事务，哪怕经验再丰富的主妇也难以应付自如，往往举措失宜。因此，为《中华妇女界》撰稿的秦邢丽明认为，将家庭中每年常规与例行的重要事务编制成"家政历"，可以作为持家的"年度"筹划的一种有效而合宜的参考（秦邢丽明，1916）。

在民初新旧交替之际，"家政历"依旧以"阴历"为主要时间度量，旁又标注阳历。家政历囊括了每月重要的家庭事务，诸如每月一次付取房租，为仆妇发放工资，每季度定期的"薄暮赈孤"慈善活动，清理各店账目，每月初一总结上个月度的家庭收支情况，此外还有每季度的总结。除了家庭经济的定期整理，正月的家宴与祭祖活动最为频繁，阴历二月底应为清明时节的扫墓忌辰活动做好预备，如整理杯盏香烛、大扫除等。七月中元节过后，年中到年末的几场家宴，包括中秋家宴、重阳家宴与除夕守岁酒又是主妇须费神操办的，同样需要提前安排人力与食材。一些零杂的家政活动则按照二十四节气安排。例如，春分后栽荷花，将盆花移至庭院，清明当天晨摘柳叶制饼，整理庭院内外的"花砌"，播撒花种，立夏前应开始准备腌制芥菜，立夏后择晴天晾晒衣被，处暑前后炸酱，白露后收桂花做桂花糖，而霜降前后则要记得将盆花置入室内，立冬前后腌制白菜，制作腐乳与米粉团，冬至则要为次年正月准备食材，风干鸡鸭肉、腌制鱼肉、酿酒等事项。（秦邢丽明，1916）一年当中生活与生产材料的筹备活动皆依历而行（见表5-2）。

表5-2　秦邢丽明"家政历"中每月的事项安排（1916年）

月	日	家政事项（含节气）
正月大 民国五年 （阳历） 二月三日 至 三月三日	初一日	行家庭祝贺礼，家宴进团圆
	初二日	戚族来贺年者留以酒食（初三日，初四日同）
	初三日	立春（午前十一时十一分）
	初五日	家宴，总结去年十二月份及冬季出入
	初八日	辽道戚族来贺年，预备筵席（每年如此）
	十三日	上灯，祭祖
	十五日	祭祖，元宵家宴，总结去年通年出入
	十八日	雨水（午时前七十分）祭祖，落灯
	三十日	付取正月份房租，发给仆妇正月份工资

续表

月	日	家政事项（含节气）
二月大 民国五年 （阳历） 三月四日 至 四月二日	初一日	总结正月份出入
	初三日	惊蛰（午前五时二十九分）周太金媤忌辰
	初七日	稷香公忌辰
	十八日	春分（午前六时四十分）春分后取沟泥栽荷，移置盆花于庭
	二十三日	南郊扫墓（清明前十日）
	二十五日	麻虾子桥扫墓（清明前八日） 附记：扫墓前一二日整理香炉烛台笼盒杯筷等，其余应带各物均列入扫墓单中，与去年同。
	三十日	付取二月份房租，发给二月份仆妇工资
三月小 民国五年 （阳历） 四月三日 至 五月一日	初一日	总结二月份出入
	初三日	清明（午前十时五十九分）晨摘柳叶制饼，馥堂公姑邱太忌辰，薄暮赈孤，清明后整理内外花砌，播撒各种花籽
	十五日	大扫除
	十八日	谷雨（午后六时十四分）
	二十五日	士杰公忌辰
	二十九日	付取三月份及春季房租，发给三月份仆妇工资
四月大 民国五年 （阳历） 五月二日 至 三十一日	初一日	总结三月份及春季出入
	初五日	立夏（午前五时四分）立夏前腌芥菜，干千余药，立夏后择晴天晒衣 附记：晒衣频于杨花未飞之时或已飞之后。
	二十日	小满（午后六时二十五分）小满后整理浴具，雇瓦木工修葺市房 附记：修葺市房所用之砖瓦石灰木材等，均于价值较廉时购办。
	三十日	付取四月份房租，发给四月份仆妇工资
五月小 民国五年 （阳历） 六月一日 至 二十九日	初一日	总结四月份出入
	初五日	端阳家宴，端阳前戚族赠送节礼，裹角箓，酿浆酒，清理各店账目
	初六日	芒种（午前九时五十一分）芒种后整理垂虹舫天香阁所用帘泊
	二十二日	夏至（午后三时四十七分）
	二十九日	付取五月份房租，发给五月份仆妇工资

续表

月	日	家政事项（含节气）
六月大 民国五年 （阳历） 六月三十日 至 七月二十九日	初一日	总结五月份出入
	初八日	小暑（午后八时二十五分）小暑后磨面造酱，整理酱篷 附记：合酱须用小汛日，如初八二十三是，勿用大汛日，勿用辛日。
	十三日	初伏
	十五日	大扫除
	二十三日	中伏
	二十四日	大暑（午后一时五十二分）大暑前开后垂虹舫，曝书约十日
	二十七日	渭阳公忌辰
	三十日	付取六月份及夏季房租，发给六月份仆妇工资
七月大 民国五年 （阳历） 七月三十日 至 八月二十八日	初一日	总结六月份及夏季出入 初一日以后预备中元节祭祖冥碇
	初十日	立秋（午前六十六分）食西瓜，立秋前后腌黄瓜茄子
	十三日	末伏
	十四日	祭祖，烧外经
	十五日	家宴，薄暮赈孤
	二十五日	处暑（午后八时五十二分）处暑前后炸酱
	二十九日	渭阳公妣曹太忌辰，士标公忌辰
	三十日	付取七月份房租，发给七月份仆妇工资
八月小 民国五年 （阳历） 八月二十九日 至 九月二十六日	初一日	总结七月份出入
	十一日	白露（午前九时一分）白露后收桂子制糖
	十三日	戚族赠送中秋节礼，医家送节金，清理各店账目
	十五日	馥堂公忌辰，中秋家宴，分月饼，制藕饼，供月，是日以前安置浴具挂帘等
	二十六日	秋分（午后六时十五分）
	二十九日	付取八月份房租，发给八月份仆妇工资

续表

月	日	家政事项（含节气）
九月大 民国五年 （阳历） 九月二十七日 至 十月二十六日	初一日	总结八月份出入，严太翠林忌辰
	初七日	清阳公妣张太忌辰
	初九日	食糕，重阳家宴
	十二日	寒露（午后十时五十九分）寒露前后雇工收南郊荡草
	十五日	大扫除
	二十八日	霜降（午前三时五分）霜降前后盆花入室
	三十日	祭祖，付取九月份及秋季房租，发给九月份仆妇工资
十月小 民国五年 （阳历） 十月二十七日 至 十一月 二十四日	初一日	总结九月份及秋季出入，立十冬腊三月出入预算表，薄暮赈孤
	初三日	稷香公妣邵太忌辰
	十三日	立冬（午前二时五十一分）收田租送租者有酒食，制米粉团，立冬前后腌白菜，制作乳腐
	十五日	忙钱粮
	二十七日	小雪（二十六日午后十一时五十七分）小雪前后腌白萝卜
	二十九日	付取十月份房租，发给十月份仆妇工资
十一月大 民国五年 （阳历） 十月二十七日 至 十一月 二十四日	初一日	总结十月份出入，再立冬腊两月出入预算表，此两月中会事往来出入尤巨，须查去年底账细核之
	十三日	大雪（午后六时五十八分）
	二十七日	祭祖，烧外经
	二十八日	冬至（午时十二时十五分）冬至后购米麦，风鸡鸭，腌鱼肉，是日前后发会帖于各会友，酿酒
	三十日	付取十一月份房租，发给十一月份仆妇工资
十二月小 民国五年 （阳历） 十二月 二十五日 至 民国六年 一月二十二日	初一日	总结十一月份出入，初一日以后再催田租，预办会酒用物
	初八日	民国六年元旦
	初十日	前后大扫除，备会酒
	十三日	小寒（午前五时三十三分）小寒前后脱树枝
	十五日	以后再催田租，书春联，磨米麦，蒸馒头及糕，预置度岁用品，须查去年底帐，购明年阴阳合历

续表

月	日	家政事项（含节气）
十二月小 民国五年 （阳历） 十二月 二十五日 至 民国六年 一月二十二日	二十五日	以后亲戚赠送年节礼物，医家送节金，清理各店账目
	二十七日	**大寒**（午后十时四十六分）
	二十九日	除夕，悬祖先遗像，请神主，祭祖，经外经，贴春联，付取十二月份及冬季房租，发给十二月份仆妇工资，分压岁钱，晚有守岁酒

　　秦邢丽明所提供的家政历所规划的"一年之计"，可以使我们关注到家政教化中以"年度"为单位的时间统筹与空间的关系。一年中的自然时间被善于总结经验的主妇们"重新发现"其使用价值。自然时间呈现出节奏性，在度量与定性上，一些按日计，一些按月度、季度计，一年的家庭劳作与家庭活动依循季候与庆典的节奏，在饶富规律的时间统筹下发挥效能。虽然节奏往往不可避免地呈现出重复性与循环性，"仲冬已届，转瞬新春，来年之事，又不可不依历而行"，但是，如若我们仔细观察家政历中的活动要项，可以发现劳作的节奏与循环总是在一年一载的周而复始中崭露新奇之处："幸福家庭"论者向主妇输出无声号令——"一年之计在于春"，一年当中充满企望的筹划总是在初春种下，因此，年初应做好至关重要的筹划，而诸种经验与收获又总是在一年的尾牙得到盘点与反思。作者告诉读者，这份家政历是年迈的公婆在理家之余为即将主持家政的媳妇编写的，作者将之刊登于报，以便主妇相互切磋研究持家经验。传统的以"时令"与"节气"为主要依据的时间统筹，在步入近代之后，通过家政教育经验的代际传递与当时的生活紧密相接。

　　时间统筹的另一重要方面还在于凡事预备，留有余地。《妇女杂志》的撰稿人俞淑媛谆谆教导女性主持家政重要的是"操作之筹划"：

　　　　每日做事，何者宜先，何者宜后，须先期一一支配，而后依次行之。或尤为良人应为之事，当白之良人，并讨论其事之若何优胜，若何失败，使得藉以进行。至于已一日所为之事，比格外勤勉，以期早完，留有余暇，以治临时猝发者，苟能如是，则家绪虽纷杂，自当迎刃而解矣。（俞淑媛，1915）

1940年的《家事学》课本将时间统筹与管理观念相结合。编者教导女性"管理亦即先见之谓"，"智者必先见及之"。（方济各玛利亚传教会，1940）[2]富有"先见"的贤明主妇如果提前预备，则在任何时节都不用仓皇准备了。一些喜欢在家中制作女红的主妇往往需要投入较多的时间精力，因此《家庭良友》的一位撰稿人提出主妇可以"利用在家中暇居空闲的时间，随手依了季节的需要，做点手工艺品，也是十分便利而有用的"，"应季而做"，譬如在春季可为夏季预备衣物用品，秋季则可以制作结绒线的毛衣以御冬（余为义，1937）。

综上，那些笃信"幸福家庭"论的知识精英希望在时间统筹下对女性及其家庭成员进行"身体规训"，通过女性改变家庭的日常行为模式，进而改善一个国家。通过使家务劳作中的身体效能更科学与更合理，以及描述女性的家务劳动与国家进步的关系，凸显家庭主妇作为最主要的"家政管理者"，即应安排家务和休闲活动，并对家庭的顺利运作负主要责任。一个家庭管理者对时间的有效利用和家庭内部的身体能量的合理化的关注，将有助于提高所有中国公民的生产力而产生远远超出家庭的效果。

三、劳动力之利用

在新旧家庭结构交替之际，随着家庭生活水准日益提高而来的是家务劳作的日趋繁杂。因此，"幸福家庭"观念还涉及家庭主妇对他人劳动力的合理利用。前现代的西方社会家庭经常将婴儿从不利于健康的城市环境送至乡下交给乳母代为照管。在古代中国同样如此，例如自宋代以来，乳母便是中国士人家庭中再常见不过的角色（伊沛霞，2004）[158]。尽管雇用仆役的能力取决于家庭的阶层与社会地位，但雇用劳动力代为哺乳还被视为一种医学层面的必要举措。传统的妇科医学观念便认为"世俗之家，妇人产后复乳其子。产既损气已甚。乳又伤血至涤。蠹命耗神，莫极于此”。

因此，前现代时期的中西社会并未明确反对雇用乳母，但家训与家书之类的文本告诫士人家庭选择乳母或佣人应务必了解其健康状况与家境，以免士族子弟熏染来自底层劳动力的不良习性而有损家门荣光（伊沛霞，2004）[158]。

在民初时期，对于仆佣的选择连同“女性为中国进步而培育未来国民”的议题均为知识精英所关注。一如奥利斯基（Constance Orliski）在对清末民初上海女性劳动力的研究中所强调的，知识分子将女性问题视为中国问题的根源，其首要的解决途径是使女性成为“富有生产力”的国民。一个“中等家庭”的主妇也许有足够的经济能力在家里雇帮佣，但总会有知识分子提倡或劝诫尽量减少雇佣（Orliski，2003）。1911 年，一位中产阶级家庭的丈夫赞扬妻子“家政精明”，打理家政“普通非女婢四人不可，今则仅用二人”，在节省劳力的同时，妻子依旧将家里打理得秩序井然，令丈夫颇感欣慰（妩灵，1911）。民初“减少雇佣仆役”的话语在现实层面的目的是减少家庭开支，但更为重要的目的是复兴一种关于主妇能动性的勤朴旧德。①

尽管《妇女杂志》1915 年的一篇文章也建议“取缔仆役”，但作者强调，如果在家事繁重的情况下不得不雇用仆役，那么更为重要的是，家庭主妇需要将管理仆佣作为家政职责的一部分（俞淑媛，1915）。比起 20 世纪初完全取缔仆役雇佣的呼吁，这似乎仅是一种理想主义式的话语构建。大多数中等家庭的主妇所面对的家庭生活现实使她们更需要仆役分担家务——特别是在 20 世纪 30 年代之后，一些家庭主妇已从事社会性职业，但她们仍然有责任维持家庭秩序并兼顾对子女的鞠育责任，因此不得不考虑适度借助外来劳动力。

从“效能”的角度考虑，借助外来劳动力本是为了满足家务需求、提高家务效率。而对于一向被认为懒惰与懈怠的仆佣，“倘皆任其所为，

① 参见本书第二章第三节。

不加约束，则家事废弛；而家产亦且被其侵耗，家道凌替"（俞淑媛，1915）。疏于督管的仆佣反而会降低家务效能，"故督察之方，不容或懈"（俞淑媛，1915）。因此，合理鉴别、利用与管理外来劳动力，成为20世纪二三十年代的家庭主妇需要掌握的学问。

传统社会对仆役的道德与健康状况存在担忧，智识女性也难以对仆佣放下"焦虑"。除了未能对雇主家庭做出忠诚度与身体方面可信的"承诺"外，他们的卫生与健康隐患成为智识女性——雇主——眼中更严重的问题。确实，从20世纪初一直到30年代，女性报章杂志的撰稿人都从不同侧面表达了她们对于仆佣"卫生"情况的高度关注。换言之，在私领域的家庭空间中使用外来劳动力的焦虑并没有被明确地建构为一个阶级问题，而是首先被视为一个科学性的卫生常识问题。如果说前现代中国社会私领域家庭对于外来劳动力的利用更倾向于对其道德进行考察，那么20世纪二三十年代的私领域小家庭则更倾向于对其"健康与卫生"情况进行考察。这一转变折射出知识系统的近现代转型。

仆人因其方言、风俗习惯与体格而备受质疑，但更重要的是，在中产阶级家庭眼中，他们的身体并不一定是健康的。特别是当一个新的小家庭需要雇用一名乳母时，这一问题变得尤为值得注意。乳母是否健康，直接关系到她所养育的儿童是否健康（王杰，1929）。1938年，《现代家庭》的一篇文章将雇用乳母与中国婴儿死亡率高的事实相联系。在很多秉持传统养育观念的女性撰稿人看来，乳母协助那些奶水不足的母亲代为哺乳是"万不得已"之事，本不具备"雇佣"与"职业"的性质。很多"有产阶级"的女性因为"贪图个人的宽闲，和顾全颜容的漂亮"而选择雇用乳母，将一己保育婴儿的母职假手于他人的风气不失为养育观念的一种"异化"。这些女性忽视了雇用乳母哺育婴儿存在的巨大隐患：首先是乳质不合宜，其次是乳母群体缺乏基本的育儿与卫生常识，以及乳母身上可能存在的传染病风险。因此，作者建议女性，如果一定要雇用乳母，那么请医生进行体检是非常有必要的。（李士英 等，1938）

除了外来劳动力自带的"卫生隐患"，其对于劳动的态度也是中产阶级女性持家管理所需要考察的。另一位撰稿人指出，在中流以上的家庭，卫生清洁"大概是仆役的职务，可是他们对于卫生既无知识，而且都是搪塞了事"，因此作者建议"主妇应当亲自监督"，特别需要注意仆佣打扫房间角落与缝隙的情况（佚名，1934）。《家庭周刊》关于主妇职责的文章提倡自行烹调，"虽然有许多富裕人家是雇佣厨役或委诸于女仆们去料理"，但是总比不上自制的饭菜清洁适口，且卫生得宜（吉人，1937）。"家务切不可完全叫佣人去做，因为佣人是无知无识的人，所以都是靠不住的，弄出的小菜也是不卫生的。"（佚名，1939c）还有一篇文章讨论了主妇外出就职如何托嘱家政，作者使用了一连串令人难堪的词汇去形容她眼中的仆役——"粗鲁、无知、污秽、迟缓、懒惰、愚笨、贪心、奸诈"（淑宜，1937）。显然，卫生常识匮乏、忠诚度低以及劳作态度不端正，使仆役在智识阶层女性看来是"不可靠"的，因此主妇应务必倍加仔细地督查她们所雇用的仆役。而女性报刊媒介传布针对外来劳动力的"质疑"时则致力于提醒那些合格的主妇不应疏忽这一重要责任。

　　然而，一味对外来劳动力感到"焦虑"并"质疑"显然不是上策。在秉持"幸福家庭"论的知识分子们看来，主妇能够独立完成家务固然是一种美德，但不能"训练一个佣工使之如意"，却是一个主妇管理能力的缺陷。（凤，1937）一群无知无识与懒惰散漫的仆役背后，一定是一位"失能"与"失职"的主妇。而只有受教育程度较高的女性才能够创建一个合理而健康的幸福家庭。因此，"幸福家庭"论者认为，有智识的家庭主妇对于家庭的合理运转负有最终责任。面对外来劳动力，则需要"管理"的知识。

　　《家庭良友》杂志的撰稿人淑宜认为仆佣的"茫然无知、唯钱是视"皆出于"缺乏训练"，而欲收良效，唯有对这些仆佣"授以烹饪、管理、育儿、会计等"专门知识。主妇可以通过对仆佣的培训与监督管理，提高其劳动的效能与质量（淑宜，1937）。主妇虽然掌握着家政大权，但如果滥用权力，也同样难以收到良效。有些主妇经常更换却难以雇到令人满意的仆佣，这往往不是仆佣单方面的问题，而是主妇自身缺乏管理的知识与才能。诸如过于严苛、过于疑心、过于急躁或过于放纵，都妨碍了对于外来劳动力的正确利用（凤，1937）。而"正确利用"的前提在于以合宜的心态对待仆佣，并施以耐心训练："贤良的主妇和佣工是打成一片的，心中不要存有阶级观念，他（佣工）不过是代你做那些你做不了的工作的。"（凤，1937）

小康以上家庭，凡事付诸佣人之手已成普遍风习，但《上海生活》的一位撰稿人佩贞认为，无论是从劳动效率方面还是时间消耗方面，一日之中多次役使仆佣去市场采购，都不够经济与高效，反而平添许多烦冗。因此她建议"购物一事，总以主妇自任为愈"（佩贞，1939）。合理安排好采购计划，也是主妇发挥管理职能与高效利用劳动力的重要方面。

综上，从"效能"方面而言，学习督管那些看起来"不道德"与"不卫生"的外来劳动力并正确引导与利用之，是提升家政劳作完成度的一个重要方面，同时也是"幸福家庭"观念下每一位合格"贤妻良母"的家庭职能。致力于在女性报刊中普及传布关于"时间统筹"与"身体规训"的知识分子希望女性将这些科学管理的新智识应用于改善旧有的家政运行模式，以期全面改善一个国家的生活面貌与发展蓝图（Brownell，1995）[27]。

第六节　新家庭中的育儿知识与母职构建

尽管母职与养育在任何社会都是女性生活中无法绕离的内容，但从传统到近现代的女性所面临的这两项职能的社会语境却非常悬殊，这取决于社会特定语境对于女性生理特征与文化构建的阐释。而实际上，生育这一自然性职责向来就难逃意识形态的钳制。母职的角色对于女性众多的身份角色而言并非唯一与不可分割的，而是由于在传统社会，父权被视作社会和道德的基石，母职角色的强调实际上是对这种国族意识形态的自然回应。本书认同帕特（Sulamith H. Potter）的观点，即传统之中国文化并非以孩童为中心的，孩童亦并非成年人出于天性所渴望拥有的，而更倾向于被视为解决成年与家族延续之问题的"方案"——这显然是传统中国人向来更为重视的（Potter et al., 1990）。

　　而民初关于生育与教养孩童的社会语境，似乎与传统有着一定的断裂。自晚清以降，国族危机与性别问题一同绞合于历史情境中。1915年，梁启超的女儿梁令娴在《中华妇女界》声明，女性在母亲角色中的"感化力"是一个国家文明程度之标尺，并与国家未来发展道路紧密相联：

　　　　欧人恒言欲观其国文明之程度，先视其妇人之感化力如何。

　　　　慈母之于爱子，其感化力之大实，非言语所能尽述。盖人当儿时，未与世接，其眼帘中所映之人杰，只有其母。其与母亲近之时，又居其生之半。故母之一举一动，皆深印儿童脑中，于其终身有极大之影响。

　　　　而现在之儿童，又将来之国民也，国之兴亡，实赖国民，民之良莠，乃赖其母。则凡一国之为人母者，其责任之重，为何如虽谓国之兴亡，不系于男子而，系于纤弱之女子焉可也。（梁令娴，1915）

　　从以上言论中不难看出，以梁令娴为代表的知识分子试图将"国民"的概念注入生育与养育的天然性进程中，她们笃信"贤明的母亲"是建设一个更为强大的中华民族的核心。在昔日中国正遭逢千古未有之变局时，亡国灭种的危机感助长了"强国强种"的意识，女性的母职角色与备受关注的兴国强种的大业联系在一起。这一论调影响了那些为国家谋求幸福与发展的知识精英，他们笃信女性是照顾年幼子女的最优人选。而这一假设一方面基于女性与男性的自然生理差异，另一方面也反映了知识精英对于近代"优生学"的关注。正如冯客在其对于优生学的研究中提出的，尽管早在传统帝制时期，妇科医学与政治改革家均已持续地提出过关于母亲道德与身体质素如何影响子代抚育的观念，但对于民国时期的家庭观念改革者而言，女性繁衍后代的能力在寻求国家现代发展途径的过程中持续发挥着至关重要的作用（Dikötter，1998）。女性作为"幸福家庭"的缔造者与培育者的观点主张女性理应成为一个贤明的母亲。显然，近代对于母职的论说的关注焦点从为了家族利益而养育子代转移到了为建设更为强大的现代国家而关注家庭教育（福建省妇女联合会 等，1996）[133]。这一理念转变的背后映现的是，20世纪以国族主义为导向的政治与社会想象引发了家庭观念的迁变，并进一步构建了新家庭模式下的育儿知识。

一、新家庭的育儿知识获取途径

"五四"时期，旧式家庭制度一度在舆论中遭受猛烈质疑。特别是以吴虞为首的知识分子在《新青年》撰文抨击中国宗族式的家庭制度与皇朝帝制环环相扣，以至于中国无法在建制层面与现代西方比肩（吴虞，1917）。中国传统家庭的弊病成为"五四"之后家庭改革的锋芒所向。葛淑娴认为，从更深层次而言，"五四"一代对于婚姻自由的追逐是将家庭革命浪漫化的体现，其本质涉及社会结构与经济问题，反对传统大家庭结构旨在从旧有家长手中夺取经济利益与权力（Glosser，2003）[27]。"五四"之后，以夫妇二人为主的核心小家庭逐步取代宗族大家庭，在城市中蔚然成风。

然而，看似现代的小家庭制度无形中切断了昔日大家庭当中女性亲属成员对于育儿问题的知识支援。在讲求科学与秩序的知识精英看来，传统家庭中姑嫂妯娌之间所提供的育儿支持仅是代际经验式的传承，缺乏科学与合理的知识体系的依托。这使得女性亲属育儿知识的影响力日渐减弱。对于小家庭中新任母亲的女性而言，她们远离了母辈亲属的经验支持，唯有自行从目力所及的媒介中获取知识以育儿。一些智识女性的经验表明，小家庭中首次生育的女性最为无助。曾撰写《母亲日记》的知识女性绿萍由于缺乏母辈的支援，丈夫又远在外地，临盆之际只能选择告假回娘家生产，或将母亲接到城市的小家庭中帮忙（绿萍，1935）[29]。一些男性也不得不在这种非常时期匆忙习得育儿知识：《妇女杂志》一位男性读者在妻子生产之际，自行从报刊与书本中学习妊娠知识，不厌其烦地逐一向妻子普及孕产期的注意事项。可见失去母辈知识依托的青年夫妇唯有靠学习报刊媒介中的家政育儿知识完成生儿育女的"创举"。育儿知识与夹带商业势力的信息也得以"趁虚而入"。卢淑樱的研究向我们展示了自 20 世纪 20 年代始发生的哺育方式的转变（卢淑樱，2020）[194]。婴儿哺育开始步入"奶粉时代"，而由奶粉生产商提供的"育婴支援服务"为小家庭的新任母亲获取知识提供了更多的选择。这类服务虽实际以贩售奶粉产品为主，但依旧能够为新手母亲提供一些颇为专业实用的育儿知识。

二、生育知识与身体规训

家庭结构的迁变直接导致了育儿知识获取途径的改变。女性报章杂志中关于育儿与母职的知识生产正好契合新旧交替之际那些缺乏母辈支援的小家庭育龄女性的知识需求。特别是"五四"时期，知识精英的极力主张使得科学与卫生观念成为一时之显学。在报刊媒介中，女性身体的规训与她们的生育作用紧密相联，这种联系表现在两方面：第一，对于妇女生育能力的生理和情感关注；第二，对发育中的儿童在生理层面的养育和心理层面的教育。

学者卢淑樱指出，女性身体的"国家化"在 20 世纪 20 年代业已开始（卢淑樱，2020）[74]。1915 年，《妇女杂志》的一篇翻译文章通过图文并置的形式展示了在十二岁到十八岁之间发育的女生应该如何通过锻炼增强体质，因为她们的身体发育不同于男孩。作者指出，"女子于发育时代，当施以适当之运动，使其身体发达，而造于健全之境。且于其智识道德，亦大有关系，诚为他日良母之基础也"（马龙麦尔柯，1915）。显然，较之同龄的男孩，知识分子对女性青春期的发育表现出了特殊关注。月经期与哺乳期对于即将步入婚育年龄的女性而言充满危险，因为经期使女性易患疾病，这将危及她们生育未来的健康"小国民"，因此女性经期宜"静养精神，安闲身体，避风寒潮湿"（沈芳，1915）。1915 年《女子之最要时期》一文中，作者描述了行经的过程，并警告在月经期间采取预防措施是很重要的，应避免过度劳累与冷风，因为毛细血管会被感染（PM 生，1922）。还有文章建议女性在经期不宜辛苦劳累，要保持安静与足够的睡眠，避免摄入生姜、辣椒、酸类、酒类（沈芳，1915）。

"幸福家庭"论者还敦促女性在孕期应特别重视生理和心理问题，因为孕期行为会影响未出生胎儿的身体素质。女性在怀孕期间的观念与行为，会对未来儿童的情感和智力产生影响。一些针对孕妇的预防措施和行动听起来很像那些针对经期妇女的建议。《妇女杂志》的文章描述了月经期间应该避免的事情，也要求妇女在怀孕期间保持冷静，避免吃可能"有害的食物"。作者沈芳也劝阻妇女在饭前饭后锻炼，并在用脑之后锻炼。（沈芳，1915）沈芳同样解释了孕期卫生的重要性，诸如孕妇应在明亮、通风良好的房间里静养，在产后四个月内不宜洗澡，否则可能会导致有毒物质进入血液，还应注意其他易感疾病的时刻。情绪上的快乐满足也是沈芳提出的孕妇养生法的一部分，因为笑"可以缓和消化，增强肌肉，预防疾病"（沈芳，1915）。纪一介在1934年的一篇文章中回应了这些建议，提出孕妇应该增加户外锻炼，但同时应避免剧烈运动，如跳舞、乘坐人力车在崎岖不平的道路上行驶，或在汽车或火车上被推搡（纪一介，1934）。这些作者一致认为儿童的力量取决于妇女的身体，妇女的生育潜能被视为女性性别职能角色中的重要部分。

那些被认为有损女性生育潜能的"新时尚"同样值得警惕。1915年，一位由上海私立城东女学毕业留任舍监的女教师沈维桢对《妇女杂志》的读者呼吁，近期流行一种用束胸的半臂无袖背心，俗称"小半臂"，在女学界被奉为时髦又美观的新式服饰。但是女知识分子认为它"阻人天然之发育，而害生理之甚"，怎么能被认为是美观的呢？作者认为，束胸导致女性"虽有乳汁，必不畅旺"，会进一步导致胎儿发育不健全。（沈维桢，1915）束胸曾是流行于清末的女性身体美学观念，一些名妓为仿装"清倌人"扁平孱弱的未发育体态纷纷束胸。芬南（Antonia Finnane）的研究证明，在20世纪30年代，修身旗袍风靡一时，束胸则一度成为时尚，19世纪的西方女性也曾以束细腰为风习（Finnane，2008）[161-167]。但显然包括鲁迅在内的更多知识分子联合女性报章杂志的撰稿人一致认为，时尚无法作为阻碍与戕害女性生育潜力的理由。

束胸风习由"美"而肇始，却因"国族"而式微。对女性生育潜能的关注开始转向限制束胸行为。由束胸所导致的贫弱生育力与贫弱的子代相联系，随之上升为国家贫弱的象征①，束胸也被视作"弱国灭种之因"（沈维桢，1915）。民国政府在 20 世纪 20 年代遂开展"天乳"运动，甚至广东省在 1927 年还发布了落实反束胸的法令——"限三个月内全省所有女子，一律禁止束胸，以种卫生，以强种族"，唯恐那些将来要成为母亲的女学生失去哺乳能力。在 20 世纪初的"幸福家庭"论者看来，女性应通过养育健康的子女来履行她对国家的职责。对女性所承担的生育职责有伤害的行为都是会导致"亡国灭种"的危险尝试。沈维桢恳请女学生不再束胸，"保护自然之发育，须以强国强种为人身之要图"（沈维桢，1915）。循以此观，女性被要求务必保护她们生产母乳的能力，以及一切为生育做准备的生物潜能——特别是那些可在未来的"小国民"出生后为其提供充分营养的能力。

　　针对"女国民"倡议不再束胸既是为了"小国民"着想，也是社会对于女性的移风易俗之举，以实现国家对于女性身体的规训。同时，随放乳法令而来的是一些女性为保持乳房的体态美感而拒绝亲自哺乳。为了保持姿容而拒绝哺乳的女性，在一些家政学书籍中被批判：

　　　　世人或云，产母自乳，则姿色易衰，是以委之他人。噫！谬哉斯言。顾娶妇乃为育佳儿计，何取乎容颜之美。然方今日文明如欧美，尚未免此卑陋习，可叹哉……凡世之为人母者，慎毋弃其天赋之职也。（下田歌子，1902）[12]

　　特别是在 20 世纪 30 年代，摩登女性因美丽与个人行动自由而拒绝哺乳，那些经济条件较好、社会阶层较高的女性具有更大的选择空间，她们

---

① 鲁迅认为仅攻击束胸是无效的：第一，要改良社会思想，对于乳房较为大方；第二，要改良衣装，将上衣系进裙里去。旗袍和中国的短衣，都不适于乳的解放，因为其时即胸部以下掀起，不便，也不好看的。参见：鲁迅. 忧"天乳"[J]. 语丝，1927（152）：8-10.

可以聘请乳母或购买牛乳代替。因此，"有乳不哺"也成为社会舆论的众矢之的。《现代家庭》的一篇文章指出，"有产阶级的太太奶奶们，为了贪图个人的宽闲，和顾全颜容的漂亮，对于自己的婴儿的保育，乃不得不假手于他人"，在作者看来，雇用乳母是对传统养育观念的"异化"，因为在传统时代，"乳母"是周围邻里帮助那些奶水不足的母亲代为哺乳而产生的角色，并不具备"雇佣"与"职业"的性质（李士英 等，1938）。雇用乳母被视为忽视母职、贪图安逸的行为。

要强国强种，首先要亲自哺乳。而一些女性为行动自由而"有乳不哺"或因特殊原因无法产乳，则须借助牛乳等代乳产品。就中国传统的哺育方式而言，牛乳喂养一直被视为母亲奶水不足情况下的不得已之选，那些缺乏母乳却又未找到合适的乳母的母亲被建议以牛乳作为替代性选择。20世纪初，在西方"优生学"与"营养学"的观念影响下，国内还兴起了以"摄入牛乳多寡"来衡量国家种族强弱的论说（McCollum，1920）。牛乳哺育的方式遂乘兴而起，其卖点在于促进婴儿健康发育。而占领乳品市场需要商家在与女性的"母职"角色形成一种"共生"关系的前提下开展宣传，并以进化论、定时定量与严谨科学的步骤对母职角色进行构建与规训。

三、商业助力下的育儿新知与母职构建

20世纪30年代，以牛乳商为代表的商业力量开始渗入"幸福家庭"关于女性母职的话语构建中。宝华干牛奶（"干牛奶"今称"奶粉"）通过主办、赞助全国首个婴儿健康大赛，构建起以牛乳"强国强种"的知识倾向与社会舆论。宝华干牛奶品牌方信奉"竞争即进步"的原则，提出"只有不断比拼与竞赛，父母方知子女的弱点，加以改进，方有助于育儿方式的科学改进"。婴儿赛会的前身源自宝华公司驻华经理李元信与苏州"婴儿卫生讲席社"联合举办的一系列活动，每周三下午开展育婴知识讲演，介绍婴儿卫生问题，并为新手母亲提供育婴技巧指导。讲演之后还有婴儿体检活动，凡被评为聪敏活泼的婴儿均给予奖励。前两名优胜者可获赠大号银质玩具一件，其余奖项则是小号银质玩具若干。具体的比赛方法是由

家长将家中未满两周岁的婴儿照片邮寄至编辑部，经大会遴选在《良友》杂志分批次刊登（见图5-11），最后由读者投票选出前三名。流于"选美"形式的婴儿赛会，虽然并不能在实际意义上对母亲有所助益，却营造出了重视婴儿哺育与育婴知识的舆论氛围。

　　为了进一步开拓市场，勒吐精代乳粉公司在1924年开创了女护士上门提供育婴指导服务的先例，并将这种为促进产品销售而附带的免费"知识服务"定义为公司"义务"。宝华干牛奶公司也在1926年发布广告推出育婴支援服务，并声称公司特请的女护士"均系已受专门训练者，对于育婴事宜，哺乳方法，十分精擅，确能获得无上安全"。20世纪30年代，商业力量所提供的知识支援更加高明。受过良好教育的商人尤怀皋创办的"自由农场"实行会员制，将育婴支援转化为每月定期上门提供的健康检查服务，让免费医疗服务成为新手母亲的后盾。尽管这些牛乳商所提供的育婴知识支援服务实则是推销牛乳粉的手段，却在无形中为那些因缺乏母辈亲属支援而倍感惶惑的新手母亲带来了些许精神慰藉。

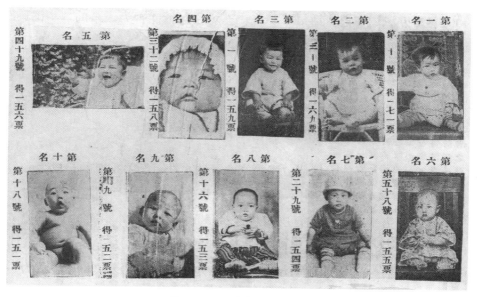

图5-11　宝华婴儿赛会

资料来源：徐乃礼，汪英宾，金汉生，等.婴儿竞赛第一次选举揭晓[J].良友，1926（10）：3.

上述牛乳或奶粉广告，无不以更科学、更健康、更卫生为宣传卖点，契合了"幸福家庭"论者对于新智识的期待。而达到这些宣称功效的前提是，女性必须遵循科学的指示依次冲调牛乳和哺养婴儿。冲调牛乳需要依循一套标准化的程序，一些女性报章杂志的"家政"专栏专门刊发了有关牛乳的文章，对准备与清洁哺乳瓶、冲调牛乳的分量、哺育的方法和时间段都做出了详尽细致的指导。（俞亮时，1925）

综上，"幸福家庭"论者肯定了女性的生物性基础，通过对科学知识和新观念的阐述，再次强调了女性履行母职的重要性。我们观察到，20世纪二三十年代兴起的代乳品的销售策略，试图以科学话语对其产品功效进行合理化，不仅实现了商业目的，还凸显了科学育儿方法的重要性，更成为敦促女性积极学习育儿新知识的一种外部力量。"幸福家庭"论联袂商业势力，一同强化了科学新智识对于女性母职角色的构建与规训作用，还改变了母职的评价体系，即母亲是否称职，并非在于能否亲自哺乳，而在于能否运用科学新智识，保持充沛而健康的生育活力，以及能否运用科学的哺育方法。在消费话语下，这一立场还包括能否为未来的"小国民"选择优质的代乳产品，以及科学合理地进行哺喂。"科学母性"在知识传统转换与商业元素袭来的新语境下，被塑造为"幸福家庭"论者试图为女性重新审视母职角色所树立的一种典范。

四、"幸福家庭"中的家庭教育

要成为一名有能力缔造"幸福家庭"的女性，至关重要的是成为一名现代母亲。"幸福家庭"论不仅强调现代母亲应在生育层面精心照料自己的身体，还需要在精神养育层面注重对子女的家庭教养。这与19世纪美国科学母性观念的传播不谋而合。正如阿普尔（Rima D. Apple）所认为的，重视女性参与家庭教育的观念，在一定程度上使"现代母亲"成为一种专业性的"职业"。将科学创新应用于那些原本被认为平凡的日常工作，最终提高了女性作为家庭劳动力的地位（Apple，1997）[94-95]。

在中国，没有妇女对于未来"国民"的正确塑造，就不可能产生幸福的家庭和繁荣的现代国家。据一位 1931 年的撰稿人所言,养育一名健康的孩子是一项"有着十二万种不同挑战的工作"(成英,1931)。作为"现代母亲"的女性必须努力理解科学观念并关注孩子的身心健康。管理不善的家庭可能会侵蚀本应茁壮而富有智识的未来"小国民"的思想并影响其成长。抚育孩子的问题通常集中在对身体的照料,对孩子的营养、衣着和卫生的照料,以及对孩子的心理、情感道德的陶养等方面。

科学与国族的话语形塑着育儿新知识的构建,这使得育儿知识更加详尽与注重细节。1930 年的一篇文章就孩子出生后如何照顾的问题提供了非常具体的建议。清单包括卫生清洁、儿童的体型和发育、营养摄取、衣着、居住环境等,例如儿童房应朝向东南或西南以获取足够的日晒。(李冠芳,1934)在儿童的身高和体重方面,该文章认为中国孩子的身高和体重达不到其他国家的孩子的水平,因此中国母亲需要更加努力,在各种重要的指标上达到国际标准。病菌也是具有现代知识的母亲所应该教育子女防范的:"不要让你的孩子被太多人亲吻,它会传播对孩子有害的病菌。"(佚名,1937b)父母显然要为孩子提供基本的生活条件,包括食物、住所、衣服等复杂细碎的方面,这些育儿知识指向一种日趋专业而细致的知识体系。

1943 年陈科美提出,家庭教育可以分为两部分:一种是"养育",强调养育和保护孩子的身体;另一种则为"训教",强调孩子的精神情感与道德训育(陈科美,1943)。广义而言,家庭教育是儿童在家庭中接受的一切体质上的照顾和精神上的训教的总和。一个更受到重视的问题是对孩子开展道德教育。早在 1915 年之前,杂志撰稿人就指出了在家庭教育中关注儿童德育与道德情感对于塑造"国民性"的重要性。1902 年,《家庭家育是造就国民的基础》一文提出中国人对家庭教育的理解不够深刻,导致家庭教育走入歧途。荒唐无礼的举止使个人家庭蒙羞事小,无法造就未来优秀的国民则事大,知识分子愈发忧心当时的家庭教育。(言淑华,1902)上述观点表明,20 世纪以降,时人关注的焦点从为家庭利益而教养子女上升到了为国家利益而关注家庭教育(福建省妇女联合会 等,

1996）[133]。

虽然秉持"幸福家庭"论的知识分子笃信正确的家庭道德教育是国家强盛计划不容置疑的核心议题，但这一时期家庭教育的思想倾向于对传统育儿方式进行彻底批判（Saari，1990）[6]。知识分子们希望借此重塑中国人对儿童的理解，并重新制定儿童早期的家庭教育方案。在对子女进行家庭教育时，知识分子认为更为重要的是父母对自己言行举止的自制与自检。"家庭教育的对象虽然是儿童，但家庭教育的重心不必专在儿童，……讨论家庭教育，不可专限于儿童的训教，亦须涉及父母的修养。"（陈科美，1943）由此可见，他们显然依旧期望女性对子女家庭教育负主要责任。（Hsiung，2005）[161]

"幸福家庭"论并未提出家庭教育应全盘西化，但使得知识分子们对于主妇"启蒙者"角色信心倍增的正是现代性的家庭教育。新女性的践行者冰心曾在其小说《两个家庭》中细致地刻画了作为典型现代主妇的"亚茜"。在冰心的构想中，现代主妇不仅主持家政内务与家庭经济预算，更应该是科学知识的施教者与年幼儿童的启蒙者。正如1919年的《妇女杂志》撰稿人指出的那样，通过"愚弄、吓唬、责骂、殴打"来教育孩子已经不被接受了，相反，母亲们需要花时间用儿童可以理解的语言向儿童解释正确的科学原理和道德是非（胡品元，1919）。例如，冰心描写主人公亚茜在对孩子进行一番科学教育之后，有效解决了儿童夜间怕黑的问题，孩子便可以在自己的房间独自入睡。

> 我从来不说那些神怪悲惨的故事，去刺激他的娇嫩的脑筋。就是天黑，他也知道那黑暗的原因，自然不懂的什么叫做害怕了。（冰心，1933）[15]

显然，作为新主妇的亚茜身上体现出一种知识传统的现代性转变。她对孩子施以富有逻辑而讲求证据的科学知识观，摒弃了"五四"之后被诟为"糟粕"的前现代迷信思想与荒诞的神怪观念，旨在培育孩子科学严谨的思维与行为方式，使孩子在日常生活中身体力行，并成长为一个富有智识与道德的优秀"国民"（李春时，1934）。我们可以观察到，冰心眼中的新女性在家庭中所应发挥的作用是：主妇不单纯是养育者，更是一名富有智识的施教者与启蒙者。

为了使女性更好地向儿童施以家庭教育，她们自己必须先行接受教育。"幸福家庭"论者笃信母亲的行为和性格品质对孩子具有深远影响，甚至母亲自身的行为所产生的潜移默化的教育可能比口头训育孩子更为有效（沈云秋，1932）。秉持"幸福家庭"论的知识分子正是基于对女性社会责任的这种期待，有效推动了女性家庭教育的进一步发展。1934年一篇关于鼓励母亲尽可能地习得科学知识的文章指出，一名学生的母亲是北京女子师范学校的毕业生，她曾辅导儿子的学习（沈建农，1935）。正如《妇女共鸣》1931年一篇文章所指出的那样，更多地了解儿童发展理论的女性可以改善她们孩子的情绪健康状况（成英，1931）。

综上，以《家庭》杂志的撰稿人为代表的知识分子通过提供关于如何成为"现代母亲"的具体建议，将女性构建为"幸福家庭"最重要的缔造者，这些建议看似从科学性的常识出发，但实际上将未来优秀国民的生育者、养育者、管理者、教育者等角色都集中在了女性的家庭教育职能中。关于女性应如何通过经营"幸福家庭"来最终改善国家的建议似乎更加切实、日常和可行。

本 章 小 结

"幸福"的性质虽然易于区分，但"幸福"的持久度与深度却难以度量。易言之，在"幸福家庭"论的舆论构建下的知识体系为致力于家庭观念改良的知识分子提供了衡量家庭是否"幸福"的标尺。对于"幸福家庭"论者而言，家庭成员的"幸福感"成为界定"好妻子"的准绳。这一"标准"的评定见诸一些报刊中的自评分系统。1946年的《家庭年刊》的"好妻子测验"建议女性逐项对照，对自己是否符合"十全十美的妻子"

之标准进行评分：

> 你时常将你的家庭处置的整齐清洁吗？
>
> 你能允许你的丈夫和他的男朋友出去作正常的娱乐吗？
>
> 你能将餐食弄得很美观而可口吗？
>
> 你能将家庭的经济合法的处理吗？
>
> 你对于自己的容貌是不是很留意的保持美观？
>
> 你始终不会抱怨，固执，而能够守时刻吗？
>
> 你能阻止你的母亲来干涉你的家政吗？
>
> 你对于你丈夫的事业，感受相当的兴趣吗？
>
> 你对于他的朋友，肯加以招待而联络感情吗？（芳菲，1946）[256]

倘若某位女性得到的总分太低，那便意味着她需要从上述各方面多加注意以达到"好妻子"的标准。这些测试题基本是围绕女性是否通过家庭经济管理、家政劳作的效能化与情感工作来扮演好妻子的角色而设置的。鉴于家庭主妇普遍没有社会性收入，丈夫对于家庭主妇而言便是一个首要的评价者（奥克利，2020）[152]。

而在更广泛的社会意义上，当女性参照题目评价自己家务劳作的表现时，就涉及一种家务劳作规则的标准化机制。心理上的奖励源于对标准和例行常规的简单遵守，尽管这些标准和例行常规最初是为了将主妇从那些低效率与杂乱无章的家政劳作境遇中解放出来，但其自身具有客观性（奥克利，2020）[154]。从此方面而言，"幸福家庭"论者无疑为主妇的家务劳作提出了诸多"标准"。奥克利认为，为家务劳作提出"标准"有以下四种功能性意义。第一，它提供了一种由各种各样具体的任务构成家务的统一组织方法，将不同的任务组织在一起，并形成某种连贯的工作结构。第二，它证明了家务劳作是一种"工作"，需要遵循的这些规则将家务与其他工作归为同类。第三，规则的标准化也是一种"增加工作"的手段，规则细致阐释了家务劳作的具体任务，这意味着女性需要持续不断地增加投入劳作的时间。第四，家务规则的制定也建立了一种机制，女性可以以此来奖励自己为家庭所付出的劳动。（奥克利，2020）[152]

帕森斯将行动者所处的地位和承担的角色视为社会结构的最基本单位。在帕森斯看来，尽管每个人都有自己的需要和行为动机，但社会系统是由有着权利和义务关系的社会角色构成的，在这一社会系统中，会形成诸如工具性的、表意性的和道德性的行动取向模式，具有不同取向的行动者之间的互动最终会受到"规范"（也是行动系统的最高系统）的制约，从而彼此形成制度化的角色关系。[①]关于"制度化的角色关系"的理论可供人们诠释与理解"幸福家庭"论者对于女性家庭职责的构建逻辑。易言之，个人幸福感的价值理念是当他（她）扮演了一定的社会角色时才逐渐形成的。同理，"幸福家庭"论者笃信：首先，女性通过积极履行妻职与母职而扮演"贤妻良母"的社会角色，可以进入"幸福"的情境中，她的职责履行有助于敦促家庭中的其他成员；其次，每个人都享有幸福的权利，亦有相应的义务。处于特定经济、文化发展水平的社会往往会形成一套关于幸福的"标准"与"知识体系"，以引导女性建设"幸福家庭"的具体行动。从这个意义上来说，"幸福家庭"的实现，首先涉及对"标准"和"知识体系"的构建。"标准"并不意味着完全的强制化，而是出于理性考虑与实现幸福的需要。

本章试图从 20 世纪初至 20 世纪 30 年代的女性报章杂志中归纳出那些为现代主妇缔造"幸福家庭"而构建的知识体系，其至少包含六方面的内容。其一是主妇基于一夫一妻制的"情感工作"。由于它试图在合作与利他的基础之上将克服爱情与婚姻的易变性作为伦理追求，在家庭中创造关系和谐、丈夫与子女的情感能得到适当表达与抒解的空间，家也就成为

---

① 帕森斯把行动者所处的地位和承担的角色看作社会结构的最基本单位。换言之，社会结构指的是各个地位角色之间稳定的制度化关系。帕森斯将行动系统由低到高分为四个附属系统：行为有机体（含有各种需要的生物特性）、人格系统（动机、目的、角色、个性）、社会系统（制度化的角色关系）和文化系统（价值规范）。参见：帕森斯. 社会行动的结构 [M]. 南京：译林出版社，2003：174.

寄托情感的场域。"情感工作"遂成为"幸福家庭"的稳定基础。此外，女性的"情感工作"还包含对于性别气质的构建与展演的"审美劳作"，这也引发了女性美容意识与身体规训的现代迁变。主妇成功的"审美劳作"体现出两个卓越的标准之间的张力：一方面，一般性的完美身体外形与温柔体贴的个性确认了其"审美劳作"的普遍体现；另一方面，成功的"审美劳作"使得妻子与其他女性相比与众不同，这表明她是一位出类拔萃的"贤妻良母"。"幸福家庭"很大程度上就取决于女性在家庭生活中对于自己身体外形的控制与理想妻子人格的精心塑造。

其二，为了提升家庭空间的舒适程度，主妇被教育将家庭生活纳入一个更为摩登、更为现代的物质性与视觉性图景中。慰藉之所的营造不在于奢华昂贵的家具，而在于主妇能否以审美化与形式化的才能巧妙布置。家政教育中出现的大量聚焦于"家庭美化布置"的内容，已不再仅仅关注家庭空间的物质性外壳。在深层次上，它所许诺将要贯彻的新的家庭观念，已经远远超过它已经直接呈现出的物质需求。

其三，合格的妻子还须创造一个洁净卫生、秩序井然的舒适家居环境，这需要借助大量清洁知识与卫生观念，更为重要的是，"幸福家庭"还有赖于一种象征意义上的"精神洁净"，即旧式弊病的革除。

其四，"幸福家庭"论者认为烹饪一事也绝非仅仅将食物煮熟果腹，而是要求主妇具备有关食物的营养成分与热量的科学知识，使得家庭营养更为健全，并培育健全的新"国民"，从而改善一国的营养状况。而西式的烹饪方法显然更为符合"幸福家庭"论者对于合理烹饪的倡议。

其五，在效能与时间统筹的新观念下，知识分子为女性提出科学管理身体效能与劳动力的新智识，以取代建立在惯例与经验基础上的传统家政劳作方式，实现更高的劳作效率。这一新观念不仅适用于主妇自身的"身体规训"，亦适用于对外来劳动力的利用。

其六，在育儿方面，未生育的年轻女性在学生时期便在生理与心理上受到教导，并被教育为生育未来"国民"而有所预备。"科学母性"在知识传统转换与商业元素袭来的新语境下，被构建为"幸福家庭"论者试图为女性重新审视自己母职角色所树立的一种典范。在生育之后则应通过科学的育儿知识与合理的家庭教育，为国家培养优秀的"国民"。而养育孩童的过程已不再仅是女性单方面的职责，知识男性的参与正是"幸福家庭"论者所期待的现代家庭观念的反映。

从表面观之，上述家政劳作的内容似乎与传统女性并无不同。但本书认为，传统女性与现代主妇的区别并不在于其劳作的内容，而在于家政管理的方法与态度——注重情感、审美、科学、清洁、营养、秩序、能效与合理等——不同维度的"标准"正是构建知识精英所期待的"幸福家庭"的内核。反而言之，具体的"标准"使"幸福家庭"的理念在实际层面显得更为合乎逻辑与常识。这些标准的作用不仅在于减少家政劳作的重复性，还在于提升主妇试图满足这些标准的意愿与智识。鉴于家政管理在较大程度上仍然需要以家务劳作的形式去完成，因此劳作是否采取某种方法、态度与不同方法、态度下的最终劳作结果之间的差异，显然具有重要的意义。因为这不仅关乎劳作结果，更关乎能否使一种新的家庭管理的观念与新的生活方式成为可能。因此，"标准"的提出有助于构建每一位现代主妇所需要具备的知识体系。能否汲取并应用科学与现代的新知识成为一个主妇能否胜任家政事务的关键所在。

前文曾提出家庭革新的驱动力很大程度上源于中国知识传统的近代转型。我们可以从知识评价原则的合理性来理解"幸福家庭"论下的新知识的生产与构建状态。建立起关于情感、审美、科学、清洁、营养、秩序、能效等维度的知识"标准"正是基于"幸福家庭"的理念内核，即在日常和实际层面讲求合理性。它是一种个人或集体在其思想、行为或社会制度中展示的特质，意味着思想和行动自觉符合逻辑规则和经验观察，并以最为合适的手段来达到目的（吴刚，2002）[264-265]。就性质而言，它属于"工具－价值"理性，其价值要求凸显了"实用理性"的倾向。知识既在适应性活动中产生，又成为保障适应性活动的客观性与有效性的基础（吴刚，2002）[244]。

"幸福家庭"话语下的知识生产亦在实际生活层面为那些经验无多的

"新主妇"提供了技术支持。对一些女性来说，在上海这样的新兴都会中组织与建立新居小家庭远非易事。在同居共育的传统大家庭中，持家技能往往可以从母教^①中得到传授与指导。而在新居小家庭模式下，家庭中饮食、住房布置、育儿和家庭经济等各项事务皆需要自行打理，有效而合理地处置家政事务便成为问题。而秉持"幸福家庭"理念的女性报刊中的家政知识生产体系则为解决此问题应运而生。新知识生产在近现代家政知识体系中几乎占据了压倒性优势。在为茫然于家政事务的新主妇们解惑，并为青年更合理地经营"幸福家庭"提供专业性的指导建议的同时，科学育儿、餐饮营养与环境卫生等方面的新的、现代性的家政知识形成了一个专业的知识领域。

报刊中家政知识的传播以"专栏"与"连载"形式呈现，汇聚了大量专业性的知识与建议。鉴于其目标读者群普遍为受教育程度较高的女学生与女教员，与读者的知识互动使这一知识生产形式特别有助于检视"幸福家庭"的话语结构。而相比传统手口相授的母教模式——其在新文化思潮冲击下明显已被知识分子视为一种局限于经验的落后途径，特定媒介话语之下的知识传播模式更为专业，内容更为丰富也更具针对性。而在 20 世纪 30 年代中后期，商业力量渗入关于缔造"幸福家庭"的舆论中，它们也是为那些追求报刊中所描绘的西方"布尔乔亚田园诗歌"般的家庭意识形态的中产阶级量身定制的（张仲礼，1994）¹²⁷。尽管消费主义的袭入使得打上资产阶级烙印的生活方式在一些知识精英看来显得骄矜奢靡与光怪陆离，"幸福家庭"也似乎成为一个提供舒适、精致的现代都会文化生活所需的物质的集合空间；但不可否认的是，在如何就家庭的物质改善以及应用现代化设施使主妇的家政劳作更为高效的意义上，"幸福家庭"仍然产生了鲜明的教育与指导意义。因此，"幸福家庭"论在报刊媒介中的传

---

① 从现有文献看，对"母教"一词的界定大致有两种：母亲对子女的教育，对"母亲"这一养育角色所进行的教育。本论涵盖了这两种含义。梁启超在《倡设女学堂启》中曾强调："母教善者，其子之成立也易；不善者，其子之成立也难。"参见：梁启超. 饮冰室合集 [M]. 影印本. 北京：中华书局，1989：40-41.

布印证了这一观点：新知识与新观念并不一定仅仅停留在知识精英的学理阐说层面，而可以通过报刊媒介与商业文化为大众营造的物质层面的现代性想象得以完成（李中清 等，2000）[31-58]。

更重要的是，"幸福家庭"的理念将主妇、家庭与现代国家紧密相联。三者的联系体现出"幸福家庭"理念与"家国一体"观念的结构同源性。首先，如果女性充分意识到并完美履行自己在家庭中的重要职责，就可以缔造"幸福的家庭"。其次，每个"幸福家庭"都是被纳入国族话语的单位，反而言之，现代性的国族亦是一个共享现代性想象与用以实现现代性运作的"幸福家庭"的集群。显然，民国时期的"幸福家庭"论关注的并非当时家庭的"实然状态"，而更多关注家庭的"应然状态"。因此，它是知识精英试图在谋求现代国家建设的语境中号召女性投入家庭角色的理想期待，并通过报刊媒介为女性如何创造一个理想中的"幸福家庭"设定了诸项有待实现的标准。诸如情感、审美、清洁、卫生、营养、效率与科学等现代家政知识的生产，显然经历了国族主义与"幸福家庭"论的"塑造"与"再造"，为女性在家庭中的重要角色与现代国家相联系提供了舆论资源与思想依据，并起到了鼓励妇女努力建立幸福而稳固的家庭从而为现代国家谋求富强的途径的作用。在有组织地动员女性习得科学、有序与合理的一整套家政知识的过程中，家庭观念也在"幸福家庭"论的话语实践下实现了现代性的迁变。这赋予了近现代家政教育一种独特的使命，家政知识的生产与实践亦在国家层面成为一种必要体系。

第 六 章

结语

　　当我们历史地审视百年之前的社会文化语境，从传统的家政教化到近现代意义上的家政教育，性别图景与家庭想象无不与社会多元价值体系彼相交织，呈现出互相依存或制衡的复杂关系。在中国文化的历史传统中，家政教化及其实践由来已久，其实践主体是男性士人阶层。它蕴含着男性精英对于理想家庭生活图景的期许，在明清时期业已形成一套关于日常生活事务与人伦秩序的较为具体的知识领域。20 世纪初的中国，家政教育逐步发展为一个强调女性性别职能的专门知识领域，历经了一种知识生产"性别化"的历史路径。学校体系中的家政教育或许仅仅呈现出了官方意识形态试图将女性性别职责"制度化"的历程，尝试将视域移至学校以外更为纷繁多元的社会文化领域，诸如经济、媒介、性别化的知识体系生产与家庭观念的文化迁变等面向，较为全面地阐释家政教育近现代转型与其知识体系的性别化构建过程，并将之放置在 20 世纪中国社会文化发生的更为复杂的变革语境中去理解，似乎同样重要。

第一节　家政教育"性别化"转型的历程

　　对于传统男性士人家政实践与家政教化的溯源表明，传统家政实践与教化观念承载了士人阶层对于其智性世界与生活世界的调和性努力。朝不坐燕不与的儒家士人拟以"齐家"促进"治国"，将公领域的政治秩序施用于私领域的家庭，构建起男性"修齐治平"阶序理想中自我完成的图示与家族秩序，并将之生活化与教育化。与传统士人的家政教化相伴而生的是"家国同构"阶序价值的再生产，它既外显为管理手段，亦内化为教育手段。因此，在中国传统思想中，家庭素来是士人借以定位自己的文化身份与社会实践的重要场域。

当社会结构与文化语境发生巨大嬗变，以家庭为中心的家政教育就自然成为知识分子思索自身与社会、国家之关系的核心论题。19世纪末的国危深重与政局失序，全面引发知识分子的家国忧思。一方面，新文化运动所带来的社会体制冲击抽走了传统旧家庭依存的根基。而另一方面，尽管有识之士在追索富国强民途径的过程中面临着文化传统的"断裂"，但"家国同构"的思想观念与精神内核，仍然为现代国家想象与现代国家复兴计划的实际运作提供了最为核心的价值范畴与依据。

然而，现代国家的问题与性别问题几乎是在同一个历史时段进入国人视域的。按照家国同构的阶序逻辑，如果传统男性拟以"齐家"促进"治国"，在管理家政时所习得的统御才能，是为有朝一日入仕以将之施用于管理国家；那么，女性经由家政教育而习得的才能与技艺又该如何定位呢？

随着社会经济迁变与家政实践的复杂化，士人以"不问家"的方式将家政内务委任于妻，传统女性正是依凭其出色的治家才能获得了一种"半正式权力"。就"家户内外"观念而言，妻子代劳家政内务的"合法性"亦正来自"夫妇一体"的互补性，以及女性劳作态度与其道德构建的紧密关系。然而，也正是在这个意义上，女性劳作的价值仅仅在私领域的家庭中体现，而很难在公领域的社会层面彰显。这种性别权力的分配模式在一定程度上导致了女性家务劳作变得更加隐蔽且难以被发觉。因此，家庭管理权的让渡并不是直接引发家政知识近现代转型的原因，它反而在某种程度上导致了对女性劳作价值的遮蔽。

女性劳作在历史中被"遮蔽"的状态为民初知识分子提出"女性分利

说"提供了历史依据。民初的"生利"论说不仅与国计民生之宏旨紧密相联，更与以家庭为单位的经济生活之良窳息息相关，这使知识分子以新的观念重新思索"家庭"与"经济"成为可能。20世纪初，经济论说与"贤母良妻"的性别角色构建密切相关，并直指女性创造经济价值与管理家庭经济的能力。女性报章紧承男性先声的衣钵，遍设"实业"专栏，普及关于家庭化生产的专门技艺与新知识。技艺的教授过程使智识女性发出了自己的声音。一类新式"学者型"女性撰稿人在以民初报章杂志为平台的"公共知识论坛"中脱颖而出，并在学校教育体系之外形成了一种相对独立的知识取向。专业精深的技艺新知识的舶来、传布、研讨与互动等一系列活动，为女性技艺的新知识与新创造性释放了能量与话语空间。在报刊媒介所提供的新的教育形式中，传统技艺的经济利益与专精技术功能得到了空前的强调。首先，它形塑了家政教育的技艺取向，为女性传统技艺劳作的价值与经济地位的彰显提供了契机。其次，它使女性劳作的商品化成为可能，从而达到裨补家计与促进国家经济的"生利"目的，并在更深层次的意义上推动了"象征性"的"女性工作"向"经济性"的"妇女劳作"转变。在"旧德"与"新知"交织的话语构建下，"家庭经济"已并非纯然的经济学数字问题，而是直指一种更具阶层特征的性别职能。女性以技艺复兴与家庭生产促进国计民生的政治构想，正是以重振国家经济为使命与强调性别职能的家政教育来实现的。

　　20世纪以来，报刊媒介成为家政教育文化与知识生产的一个重要平台。传统女性受制于复杂的生存境况与价值观，其劳作的价值素来被低估，关于劳作的书写亦长期处于被"遮蔽"状态。当新旧交替之际的女性将自己家政劳作的技能与经验诉诸书写并刊布于公共场域时，劳作书写的表达便成为女性新的自我构建途径，并形成了一种新的知识取向。与传统才媛的境遇相联系，媒介化的书写活动试图弥合家政劳作与书写之间的裂隙，并促进智识女性阅读社群的形成，为智识女性在报刊媒介中开展家政教育的志业提供了新的契机。从知识生成的角度而言，媒介话语论述的形成与变化固然重要，但如若探究家政知识的再生产历史，女性主持家政的实质经验则是不可或缺的珍贵文本。

媒介的兴起同时还催生了家政教育视觉化的呈现方式。公领域的"观看"与"展演"蕴含着变革的潜能与力量。这同时意味着学校体系内的家政教育的成果无不面临着来自公领域的检验。与早期女学展览无论在形式上还是在展品上都承担着性别隔离与公众凝视的压力不同,新兴媒介使得学校的家政劳作成果在公领域获得了充分的可见性。办学者成为成绩展览会"可见性"的精心筹划者,赋予了学校家政教育课程与女学生劳作成果以自身的方式"被看见"的权利,以及定义公众如何"观看"的权利。在报刊媒介的助推之下,家政教育的劳作成绩品,以及裹挟在其中的那些经由学校教育所获得的关于性别职责与新的家庭意识形态的实践成果,转化为吸引公众的"社会性景观"。也正因为媒介在民初时期的独特属性,本书以由"遮蔽"到"展演"的视角梳理劳作成果呈现方式的历史脉络,形成了探讨家政教育文化在社会文化层面转型的一个独特视角。

第二节 中国现代家庭的想象与女性地位

在新文化思潮下,20世纪的中国还发生了家庭观念与知识传统的转变。新的意义只有借助于旧有的意义才能获得自身的合法性以及被理解的可能性(杜赞奇,2009)[225]。知识青年所向往的家庭图景背后的思想资源与论说范式已经不尽然来自传统,而是呈现出一种跨文化性。一方面,家国一体的精神内核变换其表象为现代国家想象与现代国家复兴计划的实际运作提供了最为核心的价值范畴与依据。另一方面,代表着西方现代中产阶级生活方式的家庭意识形态在20世纪初带来思想冲击的同时,也为知识阶层"重建"传统的意象提供了新的观念与知识图景。因此,为知识分子所向往的"幸福家庭",不仅是形式上的改制家庭,更是一种科学、合理与秩序化的理想家庭。

这一家庭理念在实践方面首先被要求从国族主义的立场来重估家庭与

性别职能的关系：为了实现家庭的革新与家庭观念的现代性迁变，女性在家庭与社会中的职能角色亦需要随之改变，成为家庭的"管理者"与富有智识的"女国民"。报刊媒介再次成为传布"幸福家庭"理念与实现教育意涵的阵地。知识分子从各个维度为"幸福家庭"的女性所应履行的职能角色提供现代性的阐释，不仅包括私领域的再生产，而且包括情感工作、审美劳作、卫生、营养、效率、哺养与教育等一系列有助于实现国家现代化的事项与标准。在有组织地动员女性习得一整套科学、有序与合理的家政知识的过程中，性别化的现代知识体系得到再生产，同时，家庭观念也在"幸福家庭"论的话语实践下实现了现代性的迁变。

从个人实现其主体性的历程来看，男性的自我实现历程普遍是直接的，而女性的自我实现历程则一般是间接的。女性的自我实现首先需要历经一种自我身份的转换。在 20 世纪初到 20 世纪 30 年代的社会语境下，女性的这种转换很大程度上依靠新式教育来完成，而其主要的转换场域正是家庭。"家国同构"在启蒙与新思潮的新语境下完成了家庭与女性职能的重构，并超越了经济与生产的功能层面，作为"幸福家庭"论的政治理想与女性主体认同的"想象性构成要素"发挥效用。

通过强调女性在家庭私领域中对现代国家建设的重要性，这一话语同时也将家庭本身划归为公领域的一部分。"家庭"不再是从属于社会的附属领域，而是作为与社会相平等的公领域的延伸部分。随着家庭被重构为公领域，主持家政的女性得以获得"女国民"这一公共主体的合法地位。正因如此，"幸福家庭"论者所提出的"女性的家庭"与"男性的社会"才有别于所谓现代"作为私人领域的家庭"与"作为公共领域的社会"的一般性划分（任佑卿，2008）。

而实现女性主体性地位的前提之一是女性劳作的"合法化"。家政教育正是通过现代智识实现女性劳作的合法化，从而保障实现这一主体性地位的逻辑与物质基础。就民国的社会现实而言，在女性就业极为有限的情况下，家政教育"性别化"的知识体系试图将"家庭"领域重构为全新的社会空间，将新文化运动的根基表征在"家庭"之内，并构建女性作为家庭经济的生产者、管理者、规划者、教育者与启蒙者等角色，想象她们作为"女国民"的主体性。于是，家政教育承担了将女性重构为无论在生理层面还是文化层面都足以承担国族再生产职能的重要主体。因此，对于民初知识分子而言，嵌入了女性性别职能的家庭想象无异于现代国家理想图景的映射。换言之，现代家庭的图景是作为女性可以获得社会价值的全新空间而被构建的。女性在家庭中的"现代性自我"的实现与现代国家的想象是不可分割的，或者说就是现代国家的想象本身。因此，就当时的社会文化语境而言，"家庭"可以被理解为"现代国家 / 女性的空间"。

第三节　今日缘何重提家政教育？

百年来，家政教育走过了从男性知识领域到女性知识领域的"性别化"路径。值得注意的是，如果以 20 世纪初家政教育所肩负的时代使命与历史语境观之，女性在家庭中的"现代性自我"的实现与现代国家的想象密不可分，接受现代性家政教育的女性被期待在 20 世纪中国社会与家庭想象中扮演至关重要的角色。然而，我们今天回瞻的仅是家政教育走过的百年路途，这一历史转型的过程并不是基于一个很高的文明与认识论的起点的。因为在过去，男性知识分子都致力于依照生理与历史因素将性别自然差异制度化为一种"性别刻板模式"下的文化信念，并将其用于知识生产与教育的方方面面。最为典型的便是"性别化"的知识生产模式成为家政教育历史中的一种"常态"。

"五四"之后，启蒙与性别解放的思潮西来，女性问题与家庭改革几乎同时与启蒙、国族现代性问题一起涌入知识分子的视域。西方有一种典型的重视家庭的思想传统，从亚里士多德、霍布斯到洛克与黑格尔等，西方先哲都从政治哲学角度积极认可了家庭对于建构现代国家的重要意义。帕斯卡尔赋予了"想象"不可比拟的力量："因为理智是不得不让步的，而最聪明的人也会以人类的想象随时都在轻率地介绍给他的那些东西作为自己的原则的。"（帕斯卡尔，1986）[43] 在西潮涌入的新信仰与新语境之下，女性角色被纳入"国民"的身份意涵中，现代家庭的图景也同时由知识分子重新想象。不论是知识分子还是国民政府的官员，都倾向于将家政教育作为一种"国民训练"来推行和倡议，而专业或职业训练性质的家政教育在当时尚为少数，仅在为数不多的女子高校当中开展。因此，由男性知识分子所推动、女性所践行的近现代家政教育，首先是被纳入"国民教育"的范畴中的，属于启蒙思想与工业革命的产物。在国难危重的时局之下，性别图景与家庭想象下的近现代家政教育实则肩负着社会变革与民族革命的政治使命。

在这一意义上，本书认为近现代转型下的家政教育并不仅仅试图将女性培育成家庭主妇，而是致力于使她们具备更高的生产力与全新的智识，成为国民幸福生活的缔造者与倡导者。如今试图复兴家政教育或者将家政教育作为一种生活中不可或缺的素养的趋势也证明了这一点。

面向未来的构想尚待历史的演进。在走过百年历程之后，我们的社会语境与性别观念都已发生全新的蜕变。因此我们有理由认为，今天重提家政教育的前提是我们已经站在了一个更高的认知起点之上，在历史的参照下重新审思当今女性、家庭与国家之间的关系。在今天的"后家政"时代，当我们试图重新联结起家政知识、性别图景与现代家庭想象时，能否引发一种新的公共空间的兴起？在这个全新的公共空间中，家政知识不再是单一性别向度所专属的知识领域，家政教育不再是再生产性别秩序的制度化手段，家庭事务不再是一种纯粹个体的私人事务，却也并不仅仅为"国族"而存在。换言之，性别与国族也不再是家政领域注定的命运与归宿。基于此，今天的家政教育应该旨在超越历史中"性别化"的知识生产路径，赋予女性与男性一种相当的、作为"普遍个人"的职责，使其在自我认同基础上努力构建自我的未来路径。这或许是当下国家复兴家政教育需要再次审思的问题。

参考文献

爱理斯，1922.产儿制限与优生学 [J].杨贤江，译.妇女杂志（6）：69-75.

安德森，2005.想象的共同体：民族主义的起源与散布 [M].上海：上海人民出版社.

奥克利，2020.看不见的女人：家庭事务社会学 [M].南京：南京大学出版社.

巴特基，2007.福柯、女性气质和父权制力量的现代化 [M]// 麦克拉肯.女权主义理论读本.桂林：广西师范大学出版社.

白馥兰，2010.技术与性别：晚期帝制中国的权力经纬 [M].南京：江苏人民出版社.

白馥兰，2017.技术·性别·历史：重新审视帝制中国的大转型 [M].南京：江苏人民出版社.

彬夏，1915.何者为吾妇女今后五十年内之职务 [J].妇女杂志（6）：1-5.

冰心，1933.两个家庭 [M]// 冰心.去国.上海：北新书局.

布尔迪厄，2015.区分：判断力的社会批判 [M].北京：商务印书馆.

布尔迪厄，2017.男性统治 [M].北京：中国人民大学出版社.

CC，1927.小家庭的主妇：能使生活美观化 [J].妇女杂志（1）：68-69.

蔡登山，2019.情义与隙末：重看晚清人物 [M].北京：北京出版社.

柴静仪，2016.与冢妇朱柔则 [M]// 胡晓明.历代女性诗词鉴赏辞典.上海：上海辞书出版社.

尘雄，1933.若倘你的丈夫是——[J].妇人画报（13）：15.

陈端生，1982. 再生缘 [M]. 郑州：中州书画社.

陈宏谋，2015. 五种遗规 [M]. 北京：线装书局.

陈瑚，1994. 圣学入门书卷三 [M]// 佚名. 丛书集成续编：第 78 册. 上海：上海书店出版社.

陈科美，1943. 中国家庭教育上之根本问题 [J]. 家庭年刊（1）：81-86.

陈鹏，2005. 中国婚姻史稿 [M]. 北京：中华书局.

陈平原，等，2007. 教育：知识生产与文学传播 [M]. 合肥：安徽教育出版社.

陈庭帨，1915. 中国府绸及花边之制造 [J]. 中华妇女界（8）：1-11.

陈仪兰，1916. 吾人家庭勃兴之动机 [J]. 中华妇女界（1）：1-11.

陈占彪，2010. 清末民初万国博览会亲历记 [M]. 北京：商务印书馆.

陈姃湲，2004.《妇女杂志》（1915—1931）十七年简史：《妇女杂志》何以名为妇女 [J]. 近代中国妇女史研究（12）：1-38.

陈姃湲，2005. 从东亚看近代中国妇女教育：知识分子对贤妻良母的改造 [M]. 台北：稻乡出版社.

陈致，2012. 余英时访谈录 [M]. 北京：中华书局.

陈紫娟，1935. 时装·美容·流行：最尖端的化妆术 [J]. 妇人画报（25）：32.

成英，1931. 现代家庭母亲的教育 [J]. 妇女共鸣（48）：23-25.

乘黄，真如，1915. 蚕桑为吾国女子唯一之美利、菜食肉食优劣论 [J]. 家庭杂志（1）：7-12.

程谪凡，1934. 中国现代女子教育史 [M]. 上海：中华书局.

丛琯珠，1906. 新编家事教科书 [M]. 上海：中国新女界杂志社.

翠菁，1934. 美容与时装的基本智识 [J]. 妇人画报（24）：20.

大滨庆子，2005. 中日两国女学交流起点新探：以成濑仁藏《女子教育论》的著译流传为中心 [J]. 妇女研究论丛（1）：51-57.

邓小南，2003. 唐宋女性与社会：上 [M]. 上海：上海辞书出版社.

丁耀亢，1999. 丁耀亢全集：下册 [M]. 郑州：中州古籍出版社.

丁耀亢，2017. 家政须知 [M]// 楼含松. 中国历代家训集成：6. 杭州：浙江古籍出版社.

董丽敏，2011. 性别、语境与书写的政治 [M]. 北京：人民文学出版社.

董竹君，1937. 烹饪术概要（续）[J]. 健康家庭（3）：43.

杜威，1990. 民主主义与教育 [M]. 北京：人民教育出版社.

杜威，2005. 学校与社会：明日之学校 [M].2 版 . 北京：人民教育出版社.

杜赞奇，2009. 从民族国家拯救历史：民族主义话语与中国现代史研究 [M]. 南京：
　江苏人民出版社.

方济各玛利亚传教会，1940. 家事学 [M]. 上海：华艺印刷股份有限公司.

方秀洁，2010. 女性之手：中华帝国晚期及民初妇女日常生活中作为一门知识的
　刺绣 [M]// 张国刚，余新忠. 新近海外中国社会史论文选译. 天津：天津古籍出
　版社.

方秀洁，魏爱莲，2014. 跨越闺门：明清女性作家论 [M]. 北京：北京大学出版社.

芳菲，1939. 食物与营养 [J]. 家庭（2）：93-96.

芳菲，1940. 谁说家事是无谓的 [J]. 家庭与妇女（6）：157.

芳菲，1946. 好妻子测验 [J]. 家庭年刊（4）：256.

访仙，1937. 插花艺术 [J]. 家庭（2）：33-36.

费缦云，1938. 几种健美的方法 [J]. 家庭（3）：46.

费瑟斯通，2000. 消费文化与后现代主义 [M]. 南京：译林出版社.

费孝通，1998. 乡土中国　生育制度 [M]. 北京：北京大学出版社.

冯觉新，1994. 家政学：核三角的新枝叶 [M]. 北京：北京科学技术出版社.

冯天瑜，2005. "经济"辨析：上 [J]. 湖北经济学院学报（6）：5-12.

冯友兰，1961. 中国哲学史：上册 [M]. 北京：中华书局.

凤，1937. 主妇须知：怎样去使用佣工 [J]. 家庭良友（2）：76.

凤城蓉君女史，1901. 男女婚姻自由论 [J]. 清议报（76）：4819-4821.

福建省妇女联合会，福建省家庭教育研究会，1996. 中华家庭教育综论 [M]. 福州：
　福建教育出版社.

复，1910. 女学刍言 [N]. 时报，1910-01-01（2）.

傅岩，1935. 妇女的新生活 [M]. 南京：正中书局.

傅以渐，1971. 内则衍义：第 15 卷 [M]// 王云五. 四库全书珍本：第 7 集 . 台北：

商务印书馆.

干宝，2019. 搜神记 [M]. 成都：四川美术出版社.

高君隐，1915. 中等社会之家计 [J]. 中华妇女界（2）：1-3.

高彦颐，2005. "空间"与"家"：论明末清初妇女的生活空间 [J]. 近代中国妇女
　史研究（3）：21-50.

葛兆光，2019. 思想史研究课堂讲录 [M]. 增订本. 上海：生活·读书·新知三联书店.

郭景萍，2007. 西方情感社会学理论的发展脉络 [J]. 社会（5）：26-46，206.

哈里斯，1988. 文化人类学 [M]. 北京：东方出版社.

海张伦，1937. 献在太太们的妆台前 [J]. 妇人画报（44）：18-20.

韩愈，2013. 息国夫人墓志铭 [M]// 郭预衡，郭英德. 唐宋八大家散文总集：卷
　1. 新版校评修订本. 石家庄：河北人民出版社.

何汉章，1937. 模范家庭主妇一日生活 [J]. 健康家庭（2）：14-15.

亨特，2011. 新文化史 [M]. 上海：华东师范大学出版社.

红尘，1933. 新妇须知：油漆新房该用什么颜色？[J]. 妇人画报（4）：19.

侯鸿鉴，1917. 今后之女子教育 [J]. 教育杂志（3）：68-74.

胡彬夏，1909. 复杨君白民论美国女子职业书 [J]. 教育杂志（6）：19-34.

胡寄尘，1922. 小说：不装饰的家庭 [J]. 家庭（7）：1-7.

胡品元，1919. 家政门：治家四要 [J]. 妇女杂志（1）：1-4.

胡适，1919. 大学开女禁的问题 [J]. 少年中国（4）：1-3.

胡适，1998. 胡适文集：2[M]. 北京：人民文学出版社.

胡适，2001a. 世界学生总会年会杂记 [M]// 胡适. 胡适日记全编：2. 合肥：安徽教
　育出版社.

胡适，2001b. 再游波士顿记 [M]// 胡适. 胡适日记全编：2. 合肥：安徽教育出
　版社.

胡晓真，2008. 才女彻夜未眠：近代中国女性叙事文学的兴起 [M]. 北京：北京大
　学出版社.

胡缨，2001. 历史书写与新女性形象的初立：从梁启超《记江西康女士》一文谈
　起 [J]. 近代中国妇女史研究（9）：10-11.

黄端履，1915. 家事课本 [M]. 上海：中国图书公司.

黄厚生，1921. 吾之家庭改革法 [N]. 申报，1921-08-21（18）.

黄克武，1988. 从《申报》医药广告看民初上海的医疗文化与社会生活：1912—1926[J]. "中央"研究院近代史研究所集刊（17）：141-194.

黄影呆，1931. 家事之训练：从松女中成绩展览中带回来的感想 [N]. 民国日报，1931-07-27（6）.

黄宗智，2000. 长江三角洲小农家庭与乡村发展 [M]. 北京：中华书局.

蕙荪，1937. 别有洞天 [J]. 快乐家庭（1）：60-61.

霍尔，2013. 表征：文化表征与意指实践 [M]. 北京：商务印书馆.

霍克希尔德，2020. 心灵的整饰：人类情感的商业化 [M]. 上海：上海三联书店.

基，1939. 小姐们，怎能体态轻盈 [J]. 亚洲影讯（30）：2.

吉登斯，2001. 亲密关系的变革：现代社会中的性、爱和爱欲 [M]. 北京：社会科学文献出版社.

吉人，1937. 主妇们的职务 [J]. 家庭周刊（141）：17-19.

季家珍，2011. 历史宝筏：过去、西方与中国妇女问题 [M]. 南京：江苏人民出版社.

纪一介，1934. 孕妇的常识 [J]. 兴华（39）：18-22.

剑娥，1913. 妇人与经济 [J]. 妇女时报（10）：1-3.

剑我，1922. 女子的发如何洗 [J]. 家庭（6）：1-2.

建英，1933. 摩登生活学讲座：第五讲，夫妇 [J]. 妇人画报（5）：7-8.

蒋维乔，1917. 研究：家事实习之研究 [J]. 江苏省立第一女子师范学校校友会杂志（2）：86-92.

可可，1940. 体态之新感觉 [J]. 沙漠画报（24）：15.

孔子，2020. 广扬名章第十四 [M]// 卢付林. 孝经·忠经. 武汉：崇文书局.

李春时，1934. 女子应受的家庭教育 [J]. 女铎（8）：16-22.

李纯天，1927. 小家庭的主妇：幸福的创造者 [J]. 妇女杂志（1）：66-68.

李翠平，寻霖，2019. 历代湘潭著作述录：湘乡卷 [M]. 湘潭：湘潭大学出版社.

李帝，2007. 近代中国女工的产生及婚姻家庭生活概况 [J]. 昌吉学院学报（6）：31-34.

李范娴增，1915. 吾之家庭 [J]. 中华妇女界（6）：1-14.

李冠芳，1934. 家庭整洁运动 [N]. 女铎月刊，1934-11-01.

李桂林，戚名琇，钱曼倩，2007. 中国近代教育史资料汇编：普通教育 [M]. 上海：
　上海教育出版社.

李海燕，2018. 心灵革命 [M]. 北京：北京大学出版社.

李淏，1919. 家庭改良之研究 [J]. 北京女子高等师范文艺会刊（1）：19-20.

李锦沛，1936. 内部装饰的色彩问题 [J]. 快乐家庭（2）：1-2.

李士英，良，1938. 夫妇之道续集：第五编：胎育问题：（二）养育：育儿与乳妈
　[J]. 现代家庭（11/12）：96-99.

李素筠，1916. 社说：论夫妻平等无碍于三纲 [J]. 妇女杂志（5）：1-6.

李中清，郭松义，定宜庄，2000. 婚姻家庭与人口行为 [M]. 北京：北京大学出
　版社.

丽兰，1933. 你底眉毛怎样描法？ [J]. 妇人画报（8）：13.

梁令娴，1915. 所望于吾国女子者 [J]. 中华妇女界（1）：1-3.

梁启超，1897. 倡设女学堂启 [N]. 时务报，1987-11-05（45）.

梁启超，1916. 新民说：饮冰室从著第一种 [M]. 上海：商务印书馆.

梁启超，1989. 饮冰室合集 [M]. 影印本. 北京：中华书局.

梁漱溟，2005. 梁漱溟全集：第 1 卷 [M]. 2 版. 济南：山东人民出版社.

列斐伏尔，2018. 日常生活批判：第一卷：概论 [M]. 北京：社会科学文献出版社.

林美玫，2011. 妇女与差传：19 世纪美国圣公会女传教士在华差传研究 [M]. 北京：
　社会科学文献出版社.

林瑞香，1922. 洗发 [J]. 家庭（2）：9-11.

林逸媩，1915a. 论说：女子工艺不可废绣论 [J]. 妇女杂志（4）：11-12.

林逸媩，1915b. 美术：家庭职业：刺绣学 [J]. 妇女杂志（9）：1-4.

林郁沁，2013. 闺房里的化学工业：民国初年的家庭制造、知识与性别 [C]// 沙培
　德，张哲嘉. 近代中国新知识的建构. 台北：“中央”研究院.

玲，1935. 一个小家庭的布置 [J]. 家庭星期（1）：2.

刘慧英，2013. 女权、启蒙与民族国家话语 [M]. 北京：人民文学出版社.

刘静贞，1993. 女无外事？：墓志碑铭中所见之北宋士大夫社会秩序理念 [J]. 妇
　　女与两性学刊（4）：21-46.

刘盛，1915. 中华妇女之美术 [J]. 中华妇女界（7）：1-6.

刘王立明，1926. 节制问题：在上海学生会夏令讲学会演讲 [J]. 节制（7）：8-14.

楼含松，2017. 中国历代家训集成：清代编二 [M]. 杭州：浙江古籍出版社.

卢淑樱，2020. 母乳与牛奶：近代中国母亲角色的重塑：1895—1937 [M]. 上海：
　　华东师范大学出版社.

鲁迅，1924. 小说：肥皂 [N]. 晨报副刊，1924-03-27（2-3）.

鲁迅，2007. 秋夜·两地书 [M]. 北京：中国妇女出版社.

露娜，1937. 时装·美容·流行：美容的艺术 [J]. 妇人画报（45）：14-15.

罗莎莉，2015. 儒学与女性 [M]. 南京：江苏人民出版社.

罗威廉，2016. 救世：陈宏谋与十八世纪中国的精英意识 [M]. 北京：中国人民大
　　学出版社.

履箴，1937. 五分钟户外的健美呼吸运动 [J]. 妇人画报（48）：17-18.

绿萍，1935. 母亲日记 [M]. 上海：上海女子书店.

MURRIH R，1932. 家政：健康与美容 [J]. 徐麟，译. 女铎（6）：12-14.

马恩绍，1915. 论说：女子宜广习各项工艺说 [J]. 妇女杂志（1）：10-12.

马龙麦尔柯，1915. 家政：女子发育时代之运动 [J]. 调均，译. 妇女杂志（1）：
　　11-16.

曼素恩，2005. 缀珍录：十八世纪及其前后的中国妇女 [M]. 南京：江苏人民出
　　版社.

曼素恩，2015. 张门才女 [M]. 北京：北京大学出版社.

茅坤，1993. 茅坤集 [M]. 杭州：浙江古籍出版社.

梅鸿英，1932. 提倡新贤母良妻主义 [J]. 妇女共鸣（2）：35-38.

梅梦，1915. 家政：烹饪学：鸡卵之研究 [J]. 妇女杂志（1）：17-20.

米尔斯，2006. 白领：美国的中产阶级 [M]. 南京：南京大学出版社.

米尔斯，2018. 美丽的标价：模特行业的规则 [M]. 上海：华东师范大学出版社.

敏浩，1937. 家事劳作底合理化 [J]. 家庭良友（3）：14-24.

穆因，1934.时装・美容漫谈：红嘴唇 [J]. 妇人画报（24）：19-20.

PM 生，1922.女子之最要时期 [J]. 家庭（10）：1-4.

帕斯卡尔，1986.思想录 [M]. 北京：商务印书馆.

潘诺夫斯基，1987.视觉艺术的含义 [M]. 沈阳：辽宁人民出版社.

潘文瑛，1915a.学艺：女子之与蚕业及养蚕法之大概 [J]. 妇女杂志（4）：1-12.

潘文瑛，1915b.学艺：对于女子制丝之概要 [J]. 妇女杂志（5）：25-32.

佩贞，1939.家庭经济问题：主妇与食物 [J]. 上海生活（9）：59.

朴姿映，2003.小家庭是如何形成的：现代中国城市为例：以 1920-30 年代《妇
　　女杂志》上开展的家庭论争为中心 [G]// 佚名 . 中国语文学论集：第 25 辑. 首
　　尔：中国语文学研究会.

祁彪佳，2017.祁彪佳日记 [M]. 杭州：浙江古籍出版社.

钱单士厘，1981.癸卯旅行记：归潜记 [M]. 长沙：湖南人民出版社.

钱穆，1998.钱宾四先生全集：第 37 册 [M]. 台北：联经出版事业股份有限公司.

钱智修，1911.女子职业问题 [J]. 东方杂志（9）：4-7.

秦方，2013.晚清女学的视觉呈现：以天津画报为中心的考察 [J]. 近代史研究
　　（1）：107-121.

秦邢丽明，1916.家政历 [J]. 中华妇女界（4）：1-9.

邱心如，1984.笔生花 [M]. 郑州：中州古籍出版社.

璩鑫圭，唐良炎，1991.中国近代教育史资料汇编：学制演变 [M]. 上海：上海教
　　育出版社.

瞿骏，2014.教科书的启蒙与生意 [J]. 读书（7）：49-56.

任荣，1915.观唐谢耀钧女士家庭生活摄影记 [J]. 中华妇女界（11）：3-4.

任姝筠，1915.手帕花边之织法 [J]. 中华妇女界（5）：1-4.

任妍幽，1915.论家庭衣食住之当注意 [J]. 妇女杂志（5）：8-11.

任佑卿，2008.现代家庭的设计与女性 / 民族的发现：从冰心《两个家庭》的悖论
　　说起 [J]. 中国现代文学研究丛刊（3）：56-67.

萨特，2003.他人就是地狱：萨特自由选择论集 [M]. 西安：陕西师范大学出版社.

塞托，2015.日常生活实践：1. 实践的艺术 [M].2 版 . 南京：南京大学出版社.

桑塔格，2003. 疾病的隐喻 [M]. 上海：上海译文出版社.

桑塔格，2012. 论摄影 [M]. 上海：上海译文出版社.

沙培德，张哲嘉，2013. 近代中国新知识的建构 [M]. 台北："中央"研究院.

邵飘萍，1917. 实用一家经济法 [M]. 上海：商务印书馆.

沈芳，1915. 家政：妇女卫生谈（续）[J]. 妇女杂志（2）：1-5.

沈蕙玉，2017. 自箴 [M]// 沈德潜. 清诗别裁集：下. 长春：吉林出版集团股份有限
　公司.

沈家骧，1922. 普通家庭的理想布置 [J]. 家庭（7）：1-5.

沈建农，1935. 关于母教 [J]. 妇女旬刊（11）：7.

沈寿，2010. 雪宧绣谱 [M]. 重庆：重庆出版社.

沈维桢，1915. 家政：论小半臂与女子体育 [J]. 妇女杂志（1）：1-2.

沈文钦，2011. 西方博雅教育思想的起源、发展和现代转型：概念史的视角 [M].
　广州：广东高等教育出版社.

沈修梅，1919. 对于家事实习之意见 [J]. 江苏省立第二女子师范学校校友会汇刊
　（8）：8-9.

沈云秋，1932. 女子教育的重要 [J]. 妇女旬刊（26）：9.

施煜方，1928. 如何谋求家庭的幸福 [J]. 妇女旬刊（270/271/272）：1-9.

淑婉，1915. 家政：家庭卫生之新智识：一名细菌之研究 [J]. 妇女杂志（7）：
　21-30.

淑宜，1937. 家庭问题讨论会：家庭与主妇职业问题 [J]. 家庭良友（2）：52-53.

斯密，1972. 国民财富的性质和原因的研究 [M]. 北京：商务印书馆.

斯托达德，2006. 雅致生活 [M]. 北京：中国广播电视出版社.

孙琬录，1918. 家事实习室应如何布置方为适宜 [J]. 江苏省立第二女子师范学校校
　友会汇刊（7）：2-3.

泰勒，2012. 自我的根源：现代认同的形成 [M]. 南京：译林出版社.

太玄，1917. 裁缝教室之设备 [J]. 教育杂志（6）：107-111.

谭绍云，1941. 献给主妇们：家庭的布置和装饰 [J]. 妇女杂志（3）：32-33.

唐顺之，2014. 唐顺之集：中册 [M]. 杭州：浙江古籍出版社.

唐谢耀钧，1915.家庭生活摄影自述 [J].中华妇女界（7）：1-3.

陶希圣，1992.婚姻与家庭 [M].上海：上海书店.

天民，1917.家事教授上教师及生徒之态度 [J].教育杂志（6）：99-107.

田汉，1919.秘密恋爱与公开恋爱 [J].少年中国（2）：33-35.

万秋红，1939.放置家具的基本条件 [J].家庭（5）：65.

王汎森，2004.晚明清初思想十论 [M].上海：复旦大学出版社.

王宏志，2013.翻译史研究 2013[M].上海：复旦大学出版社.

王杰，1929.家庭常识：选择佣妇应注意之点 [J].妇女共鸣（18）：30-31.

王廷干，1917.家政门：物价腾贵与中等之家庭 [J].妇女杂志（6）：13-20.

王雪萍，2013.明代主妇御婢策略与儒家伦理实践：以明代女性碑传文为中心 [J].
    江汉论坛（11）：107-112.

威廉斯，2018.文化与社会：1780—1950[M].北京：商务印书馆.

韦茵，1946.结婚的艺术：整洁第一 [J].家庭十年：184-191.

魏绍昌，1984.鸳鸯蝴蝶派研究资料：上卷：史料部分 [M].上海：上海文艺出
    版社.

文龙，1941.几种西餐汤菜的烹调法 [J].妇女杂志（3）：17-28.

巫鸿，2009.重屏：中国绘画中的媒材与再现 [M].上海：上海人民出版社.

邬瑶章，1933.白夫人的一天工作 [J].玲珑（34/35）：1862，1865-1867.

吴刚，2002.知识演化与社会控制：中国教育知识史的比较社会学分析 [M].北京：
    教育科学出版社.

吴光，2007.刘宗周全集：第六册 [M].杭州：浙江古籍出版社.

吴虞，1917.家族制度为专制主义之根据论 [J].新青年（6）：10-13.

妩灵，1911.家政精明之我妻 [J].妇女时报（2）：19-20.

西神，1917.余兴：通信问答 [J].妇女杂志（上海）（7）：14-17.

希兰，1915.论说：说家庭妇女之当然 [J].妇女杂志（5）：1-8.

下田歌子，1902.新撰家政学 [M].上海：广智书局.

夏东元，1988.郑观应集：下册 [M].上海：上海人民出版社.

夏晓虹，2004.晚清女性与近代中国 [M].北京：北京大学出版社.

湘君，1916. 我之夏闺消遣法 [J]. 妇女时报（18）：45-52.

祥麟，1933. 妇女须知：安慰丈夫的八项要件 [J]. 家庭周刊（49）：18-19.

谢菊曾，1983. 十里洋场的侧影：虹居随笔 [M]. 广州：花城出版社.

熊贤君，2006. 中国女子教育史 [M]. 太原：山西教育出版社.

徐少锦，范桥，陈延斌，等，1993. 中国历代家训大全：上 [M]. 北京：中国广播
　电视出版社.

徐弦，2000. 楞严院新作经堂记 [M]// 周绍良. 全唐文新编：第 4 部第 4 册. 长春：
　吉林文史出版社.

许美瑞，1981. 美国家政教育发展之研究 [M]. 台北：文景书局.

薛志英，1937. 都市女性出门之前需费时一百分钟的化妆时间 [J]. 特写（13）：16.

雪子，1911. 吾家之财政 [J]. 妇女时报（1）：64.

严萃杰，1915. 女子职业 [J]. 中华妇女界（5）：6.

严复，1898. 论沪上创兴女学堂事 [N]. 国闻报，1898-01-10.

言淑华，1902. 赠君以言：家庭家育是造就国民的基础 [J]. 女学报（4）：7-9.

颜之推，1980. 颜氏家训集解 [M]. 上海：上海古籍出版社.

晏始，1923. 家庭制度崩坏的趋势 [J]. 妇女杂志（9）：20-23.

燕宛，1932. 妇女：摩登妻子的责任 [J]. 玲珑（80）：1397.

叶文心，2010. 上海繁华：都会经济伦理与近代中国 [M]. 台北：时报文化出版企
　业股份社.

伊沛霞，2004. 内闱：宋代的婚姻和妇女生活 [M]. 南京：江苏人民出版社.

亦清，一心，晓蓝，1995. 苏青散文精编 [M]. 杭州：浙江文艺出版社.

佚名，1907. 杂说：女子之新职业 [J]. 女子世界（6）：1.

佚名，1908. 预备女学展览成绩品 [N]. 顺天时报，1908-11-15（7/9）.

佚名，1909. 女学展览会志盛 [N]. 顺天时报，1909-04-29（7）.

佚名，1910. 京师出品协会奖单 [N]. 顺天时报，1910-10-23.

佚名，1912a. 丛录：江亢虎先生忠告女同胞书（续第四期）[J]. 女子白话旬报
　（5）：33-40.

佚名，1912b. 上海女士张宝云：百货零售 [N]. 新闻报，1912-11-29（14）.

佚名，1915.提倡女子工艺之热心 [J].中华妇女界（6）：2.

佚名，1917.服务状况：第二届毕业生服务一览表 [J].江苏省立第一女子师范学校校友会杂志（2）：2.

佚名，1918.家政：本科三年级烹饪实习内规（民国七年三月改订）[J].江苏省立第二女子师范学校校友会汇刊（6）：1-7.

佚名，1923.夏服特刊征求稿件 [J].玲珑（3）：7.

佚名，1926.职业教育消息：山东规定家事实习条件 [J].教育与职业（74）：263-264.

佚名，1930a.最新式之家庭装饰 [J].今代妇女（21）：38.

佚名，1930b.漫画：花柳鼻 [N].上海滩，1930-11-10（2）.

佚名，1933.现代居室：上海女青年会主办之国货展览会中之模范家庭布置 [J].妇人画报（13）：33.

佚名，1934.家政：家庭小常识一束：寄信小常识等十一篇 [J].女铎（11）：16-20.

佚名，1935.家事职业科目 [J].青岛私立圣功女子中学校刊（6）：34.

佚名，1936a.美容漫画 [N].新闻报，1936-12-04（13）.

佚名，1936b.谈现代家庭布置：中国式的居室缺少些什么 [J].娱乐（23）：454.

佚名，1936c.现代居室 [J].妇人画报（36）：32.

佚名，1937a.口红的搽法 [J].妇人画报（48）：5.

佚名，1937b.怎样做孩子的母亲 [J].家庭良友（6）：26-36.

佚名，1939a.三百对夫妇发表廿五年来的经验谈：夫妇们怎样建设快乐的家庭生活 [J].家庭良友（4）：16.

佚名，1939b.美满婚姻的条件 [J].家庭良友（4）：16.

佚名，1939c.新时代的主妇们怎样建设非常时期的快乐家庭：从时代精神中贡献具体方案，新的主妇应该负起重大责任 [J].家庭良友（4）：4.

佚名，1939d.怎样健美你的体态：从头看到脚 [J].新新画报（1）：24.

佚名，1939e.几种家用器物的清洗与出新 [J].家庭良友（4）：7.

映蟾，1931.新家庭主妇应有的几种常识 [J].妇女杂志（5）：59-65.

余为义，1937.治家新法：家庭的规律化 [J].家庭良友（3）：28-33.

余英时，2014. 中国近世宗教伦理与商人精神 [M]. 北京：九州出版社.

俞亮时，1925. 牛奶 [J]. 妇女旬刊汇编（1）：19-20.

俞淑媛，1915. 家政：妇人治家谭 [J]. 妇女杂志（10）：28-30.

云锦，1911. 掉经娘（女子职业之一）[J]. 妇女时报（1）：20-23.

蕴杰，1939. 主妇的工作与姿势 [J]. 家庭（4）：58-59.

曾纪芬，1904. 聂氏重编家政学 [M]. 杭州：浙江官书局.

曾仕强，曾仕良，2015. 论语的现代智慧：上 [M]. 北京：北京时代华文书局.

张灏，2016. 梁启超与中国思想的过渡：1890—1907[M]. 北京：中央编译出版社.

张竞生，1923. 论坛：爱情的定则与陈淑君女士事的研究 [N]. 晨报副刊，1923-
　　04-29（4）.

张履祥，1983. 补农书校释：增订本 [M]. 北京：农业出版社.

张品惠，1931. 摩登居室的布置 [J]. 玲珑（4）：120-121.

张倩珠，1922. 我家的装饰谈 [J]. 家庭（7）：1-4.

张舍我，1921. 吾之家庭改革法 [N]. 申报，1921-08-14（18）.

张廷玉，1996. 明史 [M]. 长沙：岳麓书社.

张吟侬，1924. 家政：实习家事之兴趣 [J]. 江苏省立第二女子师范学校校友会汇刊
　　（17）：7.

张仲礼，1994. 城市进步、企业发展和中国现代化：1840—1949[M]. 上海：上海
　　社会科学院出版社.

章锡琛，1992. 从办学校到进入商务编译所 [M]// 高崧. 商务印书馆九十五年：我
　　和商务印书馆. 北京：商务印书馆.

章元善，1916. 家政门：居家房屋之构造 [J]. 妇女杂志（4）：1-3.

赵兴，1919. 家政：述师诚师樸两小儿之性质并教育之法 [J]. 江苏省立第二女子师
　　范学校校友会汇刊（8）：1-2.

赵妍杰，2020. 家庭革命：清末民初读书人的憧憬 [M]. 北京：社会科学文献出
　　版社.

赵园，2015. 家人父子：由人伦探访明清之际士大夫的生活世界 [M]. 北京：北京
　　大学出版社.

浙江省教育厅，1931.怎样举行成绩展览会 [M]. 杭州：[出版者不详].

郑毓秀，1929.发刊词 [J].妇女共鸣（1）：1.

志毅，1934.摩登新家庭讲座：寝室科：寝室备忘录 [J].妇人画报（16）：19.

中华全国妇女联合会妇女运动历史研究室，1981.五四时期妇女问题文选 [M].北京：中国妇女出版社.

周建人，1925.恋爱选择与优生学 [J].妇女杂志（4）：597-603.

周丽华，1937.闲谈家庭设备 [J].快乐家庭（1）：77.

周叙琪，2005.阅读与生活：恽代英的家庭生活与《妇女杂志》之关系 [J].思与言（3）：107-190.

周叙琪，2009.明清家政观的发展与性别实践 [D].台北：台湾大学.

朱锦富，2009.朱氏家训 [M].广州：广东人民出版社.

朱瑞月，1990.申报反映下的上海社会变迁 [D].台北：台湾大学.

庄泽宣，1919.美国家事教育 [M].上海：商务印书馆.

APPLE R D, 1997. Constructing mothers: scientific motherhood in the nineteenth and twentieth centuries [M]// APPLE R D, GOLDEN J. Mothers and motherhood: readings in American history. Columbus: Ohio State University Press.

BANTA M, 1993. Taylored lives: narrative productions in the age of Taylor, Veblen, and Ford [M]. Chicago: University of Chicago Press.

BHABHA H K, 1994. The location of culture [M]. New York: Routledge Press.

BROWNELL S, 1995. Training the body for China: sports in the moral order of the people's republic [M]. Chicago: University of Chicago Press.

CHANG K N, 1958. The inflationary spiral: the experience in China (1939-1950) [M]. Boston: Technology Press of MIT.

CORBIN A, 1986. The foul and the fragrant: odor and the French social imagination [M]. Cambridge, MA: Harvard University Press.

DIKÖTTER F, 1998. Imperfect conceptions: medical knowledge, birth defects, and eugenics in China [M]. New York: Columbia University Press.

EAST M, 1980. Home economics: past, present and future [M]. Boston: Allyn and

Bacon.

FERLANTI F, 2010. The new life movement in Jiangxi Province (1934–1938) [J]. Modern Asian Studies, 44 (5): 961–1000.

FINNANE A, 2008. Changing clothes in China: fashion, history, nation [M]. New York: Columbia University Press.

GATES H, 1997. China's motor: a thousand years of petty capitalism [M]. New York: Cornell University Press.

GLOSSER S L, 2003. Chinese visions of family and state: 1915–1953 [M]. Oakland, CA: University of California Press.

HSIUNG P C, 2005. A tender voyage: children and childhood in late imperial China [M]. Palo Alto, CA: Stanford University Press.

ILLICH I, 1981. Shadow work [M]. Boston, MA: Marion Boyars.

ILLOUZ E, 1998. The lost innocence of love: romance as a postmodern condition [J]. Theory, Culture & Society, 15 (3): 161–186.

JUHASZ S, 1980. Towards a theory of form in feminist autobiography[M]// JELINEK E C. Women's autobiography: essays in criticism. Bloomington: Indiana University Press.

MANN S, 2008. Why women were not a problem in nineteenth-century Chinese thought [M]// HO C W-C. Windows on the Chinese world: reflections by five historians. Lanham, MD: Lexington Books.

MCCOLLUM E V, 1920. Milk as a factor in race development [J]. The China Medical Journal, 34 (1): 98–99.

MCDERMOTT J P, 1991. Family financial plans of the southern sung [J]. Asia Major, 4 (2):15–52.

MILAM A B, 1917. The home economics practice house at Oregon Agricultural College[J]. Journal of Home Economics, 9 (2): 71–74.

ORLISKI C, 2003. The bourgeois housewives as laborer in late Qing and early republican Shanghai [J]. Nan Nu, 5(1): 43–68.

POTTER S H, POTTER J M, 1990. China's peasants: the anthropology of a revolution [M]. Cambridge: Cambridge University Press.

RAPHALS L A, 1998. Sharing the light: representations of women and virtue in early China [M]. New York: State University of New York Press.

REYNOLDS D C, 1991. Redrawing China's intellectual map: images of science in nineteenth-century China [J]. Late Imperial China, 12(1): 27−61.

ROGASKI R, 2000. Hygienic modernity in Tianjin [M]// ESHERICK J W. Remaking the Chinese city: modernity and national identity (1900−1950). Honolulu: University of Hawai'i Press.

ROSS K, 1995. Fast cars, clean bodies: decolonization and the reordering of French culture [M]. Cambridge, Mass: MIT Press.

SAARI J L, 1990. Legacies of childhood: growing up Chinese in a time of crisis (1890−1920) [M]. Cambridge, MA: Harvard University East Asia Center.

SAND J, 1998. At home in the Meiji period: inventing Japanese domesticity [M]// VLASTOS S. Mirror of modernity: invented traditions of modern Japan. Berkeley, CA: University of California Press.

SCHNEIDER H M, 2008. Keeping the nation's house: domestic management and the making of modern China [M]. Vancouver: UBC Press.

SCOTT J W, 1996. Only paradoxes to offer: French feminists and the rights of man [M]. Cambridge, MA: Harvard University Press.

SHUMWAY D R, 2003. Modern love, romance, intimacy, and the marriage crisis [M]. New York: New York University Press.

SWISLOCKI M, 2009. Culinary nostalgia: regional food culture and the urban experience in Shanghai [M]. Palo Alto, CA: Stanford University Press.

TAYLOR R, 1989. Chinese hierarchy in comparative perspective [J]. The Journal of Asian Studies, 48(3): 490−511.

THOMSON J C, 1969. While China faced west: American reformers in nationalist China (1928−1937) [M]. Cambridge, MA: Harvard University Press.

WANG Z, 1999. Women in the Chinese enlightenment: oral and textual histories [M].
　　Berkeley, CA: University of California Press.

WISSINGER E A, 2015. This year's model: fashion, media, and the making of
　　glamour [M]. New York: New York University Press.

仁井田陞，1952. 中国の农村家族 [M]. 東京：東京大学出版社.

后　记

　　从最初涉足的设计史领域步入教育文化领域，我曾以为凭借对物质文化历史的熟习，可轻松迻拓出多元视角的跨学科研究。而从成文过程中所遇的种种困顿来看，这远非易事。首先，性别视角下的教育嬗变虽然是我关注多年的议题，但这一选题背后的性别话语所陷入的悖论亦困扰我多时：一方面，它试图积极争取女性的地位与权利，但另一方面，又不愿放弃女性因处于相对弱势地位而获得的既有特权。步入教育文化领域迫使我思考这一复杂话语结构如何在历史与社会文化中形成，以及对女性自我技术与知识生产的路径产生何种影响。其次，在对家政教育"性别化"构建与近现代转型过程进行勾勒的过程中，我深感瞿骏教授所言不虚，获取、研读、阐释史料再撰写成文，仿佛是从"种麦"做起，最后贡献出"蛋糕"的繁杂工作。随着文献的扩充，我越来越发现这一嬗变历程的异质性与复杂性。而我又是心钝手慢之人，着笔之际往往陷于逻辑不甚严密与论述匮乏无力的沮丧之中。

　　而得到导师丁钢教授的悉心指引，是我此生求学阶段最大的幸运。感谢丁先生时刻不忘的叮咛，逐章逐节的耐心审阅与建议，教予我谨严而丰饶的基本治学态度。在毕业后他依旧对学生热心勉励，相信每一个领受过如此宽容与勉励的学生，都会红着眼眶，在内心深处对丁先生长揖到底。

　　丁先生的一片苦心是我勉力前行的驱动力。在本书撰写期间，勘察注释和翻阅旧刊古籍时常会使人获得一种超然与宁静。深感能与"故纸堆"耳鬓厮磨，在昔日女性的生命历程与治家劳作的叙写中穿梭回往，是一件很有温度的幸事。在这本书即将付梓之际，关于女性和家政的议题已经又发生了诸多变化。幸运的是，我也由一名博士生步入高校，成为一名教师。在备课之余、讲台之下，我也常常就时下热议的性别话题和来自不同专业的同学们探讨，在探讨中共同加深对当今女性处境的理解和反思。诸如为使子女在教育竞争中获得优势地位，女性不得不牺牲一部分事业来保证对教育职能的完整参与，投入大量精力于子女的教养；现今女性消费能力看起来越发强盛，但实际上被大肆鼓励消费是以女性在社会公共领域当中的话语权缺失和权利难以被保障为代价的……我意识到关于性别和女性权利的叙述已经走入一个更为多元的文化语境，女性内部也在产生微妙的分化，这些变化需要我们在更细微、更深入的层面做出更富关怀和洞察的叩问。

还要感谢教育高等研究院的吴刚教授、唐晓菁老师、毛毅静老师，高等教育研究所的李梅教授，教育学系的黄书光教授、杜成宪教授、董轩教授与李林老师，从开题伊始到最终成文，承蒙你们的照顾与关怀。我自知庸碌，无所取长，是诸位老师的暖心鼓励与睿智建议使我坚持下来。更要感谢提出宝贵建议的专家委员们，浙江大学的刘正伟教授，复旦大学的熊庆年教授，华东师范大学的杨小微教授、黄健教授。感谢我的硕士导师张晶教授，是她予我扎实的学科训练与亦师亦友般的无微关怀，如果不是张老师彼时大胆鼓励我踏出跨学科的步履，也许我将难以领略更丰茂多维的学术景观。

感谢我的家人，是他们默默为我撑持起一个可以宁神思考与专注写作的环境，使我无挂无碍地完成论文。在我内心深处，此书是献给他们的。

真诚感谢教育科学出版社的大力支持。或许两年后修改书稿的我并不能使撰写论文时的青涩完全褪去，但青涩的留存也许可以提醒我，别止步于此，你必须走得更远。就像修改出版书稿之际热映的《芭比》中所说的："母亲总是站在原地，这样女儿就可以看到自己究竟走了多远。"也许，每个学者青涩之时的学术生产，就是后续研究的"母亲"吧！

出 版 人　郑豪杰
责任编辑　王晶晶
版式设计　孙欢欢
责任校对　张晓雯
责任印制　米　扬

图书在版编目（CIP）数据

性别图景与家庭想象：家政教育文化的近现代转型 / 樊
洁著. — 北京：教育科学出版社，2024.5
（教育文化研究丛书）
ISBN 978-7-5191-3622-2

Ⅰ.① 性… 　Ⅱ.① 樊… 　Ⅲ.① 家政学—生活教育—研
究 　Ⅳ.① TS976.7

中国国家版本馆 CIP 数据核字（2024）第 076062 号

教育文化研究丛书
性别图景与家庭想象：家政教育文化的近现代转型
XINGBIE TUJING YU JIATING XIANGXIANG:
JIAZHENG JIAOYU WENHUA DE JIN-XIANDAI ZHUANXING

出 版 发 行	教育科学出版社				
社　　　址	北京·朝阳区安慧北里安园甲 9 号	邮　　编	100101		
总编室电话	010-64981290	编辑部电话	010-64989363		
出版部电话	010-64989487	市场部电话	010-64989009		
传　　　真	010-64891796	网　　址	http://www.esph.com.cn		
经　　　销	各地新华书店				
制　　　作	北京大有艺彩图文设计有限公司				
印　　　刷	河北盛世彩捷印刷有限公司				
开　　　本	720 毫米 × 1020 毫米　1/16	版　　次	2024 年 5 月第 1 版		
印　　　张	18	印　　次	2024 年 5 月第 1 次印刷		
字　　　数	244 千	定　　价	82.00 元		

图书出现印装质量问题，本社负责调换。